石油教材出版基金资助项目

石油高等院校特色规划教材

天然气水合物处理技术

史博会　主编

U0199908

石油工业出版社

内 容 提 要

本书共分为八章，主要介绍了天然气水合物的研究历史及其在油气储运工程领域中的作用；天然气水合物的结构、基本性质、生成/分解热力学、生成/分解动力学；干气输送、混相集输系统中水合物的生成防控技术、冻堵移除技术及相关案例解析；水合物法储运天然气技术及其应用。

本书可作为石油高等院校油气储运工程专业的教材，还可供天然气水合物流动安全保障领域的科研人员、工程技术人员参考。

图书在版编目（CIP）数据

天然气水合物处理技术/史博会主编. —北京：
石油工业出版社，2021.7
石油高等院校特色规划教材
ISBN 978-7-5183-4712-4

Ⅰ.①天… Ⅱ.①史… Ⅲ.①天然气水合物-处理-高等学校-教材 Ⅳ.①P618.13

中国版本图书馆 CIP 数据核字（2021）第 112991 号

出版发行：石油工业出版社
　　　　　（北京市朝阳区安定门外安华里 2 区 1 号楼　　100011）
　　　　　网　　址：www.petropub.com
　　　　　编辑部：（010）64251362
　　　　　图书营销中心：（010）64523633
经　　销：全国新华书店
排　　版：三河市燕郊三山科普发展有限公司
印　　刷：北京中石油彩色印刷有限责任公司

2021 年 6 月第 1 版　　2021 年 6 月第 1 次印刷
787 毫米×1092 毫米　　开本：1/16　　印张：17
字数：435 千字

定价：42.00 元
（如发现印装质量问题，我社图书营销中心负责调换）

《天然气水合物处理技术》
编写人员

主　　编：史博会　中国石油大学（北京）

副 主 编：宋尚飞　中国石油大学（北京）

　　　　　王　玮　中国石油大学（北京）

主　　审：宫　敬　中国石油大学（北京）

参编人员：（按姓氏拼音排序）

　　　　　邓道明　中国石油大学（北京）

　　　　　丁　麟　中国石油勘探开发研究院

　　　　　丁　垚　中国石化石油勘探开发研究院

　　　　　李文庆　中国石油国际勘探开发有限公司

　　　　　李晓平　中国石油大学（北京）

　　　　　柳　扬　常州大学

　　　　　吕晓方　常州大学

　　　　　阮超宇　交通运输部水运科学研究院

　　　　　王雨墨　中国石油大学（北京）

　　　　　温　凯　中国石油大学（北京）

　　　　　吴海浩　中国石油大学（北京）

　　　　　阎凤元　中国石油大学（北京）

　　　　　姚海元　中海油研究总院有限责任公司

　　　　　赵建奎　中国石油国际勘探开发有限公司

前　　言

天然存在的天然气水合物，俗称"可燃冰"，是非常规天然气资源，有望成为未来最具潜力的战略接替能源。而非天然存在的天然气水合物在油气开发系统中生成，影响油气安全高效生产，但若在工业储运天然气中加以利用，则有利于气体的高效、安全储运。由此可见，在工业应用中天然气水合物利弊兼具，只有正确地认识其本质特征，才能扬长避短，促进天然气水合物造福于人类社会发展。

天然气水合物处理技术，作为油气储运工程专业的拓展选修课，主要介绍天然气水合物的研究历史、结构、基本性质、生成/分解热力学、生成/分解动力学，天然气水合物的生成防控、移除技术，以及水合物法储运天然气的技术。这可为油气储运工程专业学生学习水合物流动保障、天然气储运技术等相关课程打下基础。为了适应石油院校油气储工程本科专业的教学需求，我们在相关教材基础上，结合多年教学和科研经验，编写了本教材。

本教材的编写尽量反映了近年来国内外天然气水合物研究的新技术和新进展，力求密切联系工程实际。教材中对学术界已公认的天然气水合物的本质特征进行了系统介绍，综述了经典的和新近发表的水合物生成/分解动力学研究进展。在此基础上，从工程应用的角度出发，通过丰富的工程案例，介绍了在干气输送系统、混相集输系统中天然气水合物生成的防控与移除技术，同时系统地对水合物法储运天然气技术应用的关键工艺与发展瓶颈进行了深入分析。

本书由天然气水合物国家重点实验室中国石油大学（北京）分室史博会主编，中国石油大学（北京）宋尚飞、王玮为副主编，中国石油大学（北京）邓道明、李晓平、王雨墨、温凯、吴海浩、阎凤元，中海油研究总院有限责任公司姚海元，中国石油国际勘探开发有限公司李文庆、赵建奎，中国石化石油勘探开发研究院丁垚，常州大学吕晓方、柳扬，中国石油勘探开发研究院丁麟，交通运输部水运科学研究院阮超宇等参与编写。第一章和第二章由史博会编写；第三章由史博会、赵建奎合作编写；第四章由史博会、宋尚飞、吕晓方、柳扬合作编写；第五章由史博会、宋尚飞、王雨墨、温凯合作编写；第六章由史博会、王玮、姚海元、丁垚、李文庆、丁麟合作编写；第七章由史博会、王玮、吴海浩、李晓平、阎凤元合作编写；第八章由史博会、邓道明、阮超宇合作编写。全书由史博会负责统稿工作。中国石油大学（北京）"油气管道输送与流动安全保障课题组"水合物研究团队研究生们参加了本书的文献调研、文字与图表格式校对等工作。

　　本书由中国石油大学（北京）宫敬教授担任主审，中国石油大学（北京）陈光进教授审查了天然气水合物本质特征方面的内容，在此对他们表示衷心感谢。在教材的编写过程中，一直得到中海油研究总院有限责任公司李清平教授、华南理工大学樊栓师教授、澳大利亚科廷大学 Xia Lou 教授等师长的支持，他们提出了很好的建议，在此一并表示感谢。

　　由于编者水平有限，书中难免存在缺点和错误，恳请读者批评指正，以便今后不断完善。

编者

2020 年 12 月

目　　录

1 绪 论

1.1 天然气水合物的概念

气体水合物（gas hydrate），是由小分子气体与水在高压低温条件下形成的类冰状的具有非化学计量性的笼形结晶物质（Makogon，1997；Sloan 等，2007）。根据气体水合物的来源，可将其分为自然界中天然存在的和工业界中非天然存在的两大类（Makogon，1997）。在自然界中，天然存在的气体水合物广泛分布在地球的大陆永久冻土区和海洋中，其客体分子以甲烷为主，与天然气组成相似，常称为天然气水合物；因其外观像冰，且遇火可燃烧，俗称"可燃冰"（fire ice）。另一类工业界中非天然存在的气体水合物，主要是指在油气开发系统中生成并严重威胁油气输送系统安全的天然气水合物（Sloan 等，2010）；同时，非天然存在的气体水合物还可以作为气体输运的媒介（樊栓狮，2005）或气体分离的手段（陈光进等，2020）为人类所用。总之，不论是天然存在的还是非天然存在的气体水合物，其物理本质都是一致的，而两者最大的区别在于所面临的问题、解决问题所选择的方法、研究及应用的终极目的不同。

1.2 天然气水合物的研究历史

针对气体水合物所开展的一系列科学研究与探索，自 1810 年起一直延续至今。特别是自 1934 年 Hammerschmidt 在管道中发现天然气水合物生成并堵塞管道之后，在能源工业界的支持下，天然气水合物在油气工业输送领域所引发的堵塞问题备受关注。自 1965年 Makogon 等科学家首次在西伯利亚冻土地带发现天然气水合物矿藏之后，全球对天然气水合物（以下简称"水合物"）矿藏勘探开发的研究热度持续走高。据不同研究目的，可将气体水合物研究历史分成三类（Makogon，1997；Sloan 等，2007；陈光进等，2020）。具体而言：

（1）1810 年至今，气体水合物的研究主要以科学家对未知事物的好奇为驱动。主要的研究成果表现在：发现了诸多气体可与水形成水合物，包括氯、溴、二氧化硫、硫化氢、烃类气体、氩、氮、氧、氪、氙等。气体水合物，目前仍然在被持续研究和探讨。

（2）1934 年至今，因油气开发领域水合物生成后所引发的管道堵塞等一系列问题的出现，气体水合物的研究主要以工业界的问题导向为驱动。主要的研究成果表现在：三种气体水合物的晶体结构被相继确定，基于统计热力学的水合物热力学预测方法被提出，热力学抑制剂在油气开发系统中被广泛应用。气体水合物，不仅成为油气工业界的问题，同时作为气体分离领域、二氧化碳捕集封存领域的翘楚，目前仍被持续关注。

（3）1960年至今，随着在陆地永久冻土带和海底陆续发现了大量的天然气水合物资源，气体水合物的研究主要以非常规能源开发利用为驱动。主要的研究成果表现在：据估算全球天然气水合物资源储量为 $15×10^{15}\text{m}^3$，其有机碳储量相当于全球化石能源的两倍（Makogon，1997）；随后，天然气水合物的探明储量数据不断被更新（图1.1）：Boswell（2011）指出已知"可燃冰"资源量有 $3000×10^{12}\text{m}^3$。据《中国矿产资源报告2018》预测，我国海域"可燃冰"储量约为 $800×10^8\text{t}$ 油当量 $[(80\sim100)×10^{12}\text{m}^3$ 天然气]。自1990年至今，全球各个国家陆续开始了"可燃冰"试验钻采工作，取得了显著的进展。2017年，我国在南海"可燃冰"的降压试采工程实现了天然气水合物连续开采60d。2020年，我国海域"可燃冰"第二次试采实现了日均产气量 $2.87×10^4\text{m}^3$、连续产气30d，产气总量约 $86.14×10^4\text{m}^3$（叶建良等，2020）。"可燃冰"作为未来石油的战略替代能源，将继续成为学术界与工业界关注的热点问题。

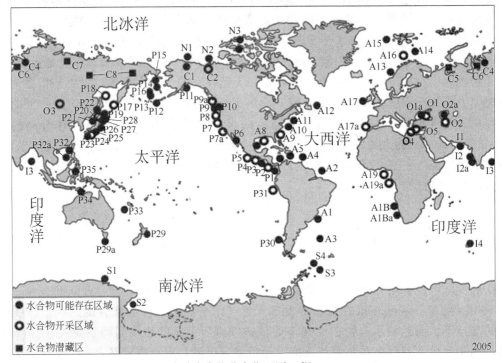

图1.1 全球水合物分布位置图（据Sloan，2007）

根据Makogon（1997）总结的水合物相关基础理论与工业应用的图谱（图1.2）可知，气体水合物研究领域广泛。陈光进等（2020）指出全球天然气水合物研究格局，包括：水合物基础研究、水合物流动保障技术、水合物储运技术、水合物气体分离技术、天然气水合物资源勘探与开发、水合物技术捕集封存温室气体、天然气水合物控制全球长期气候变化等。因此，气体水合物不仅给人类的发展带来一系列的问题和挑战，同时也为人类科学研究带来很多发展机遇。樊栓狮（2005）从水合物科学与技术两个方面对水合物相关研究进行归纳，具体为：以水合物科学研究内容为基础，可将水合物科学划分成水合物物性学（结构、密度、导热、声光学、机械）、水合物热力学（相平衡数据、理论模型）、水合物动力学（成核、生长、分解）等三个方面；从水合物生成及分解存在场所出发，可将水合物技术归纳为"三合成、三分解"，"三"可以解读为自然界、工业界、实验室三大水合物研究的背景场所，"三合成"为自然界水合物成藏、工业界水合物防控、实验室储气与蓄冷，"三分解"为自然界水合物开采、工业界水合物解堵、实验室气体分离。

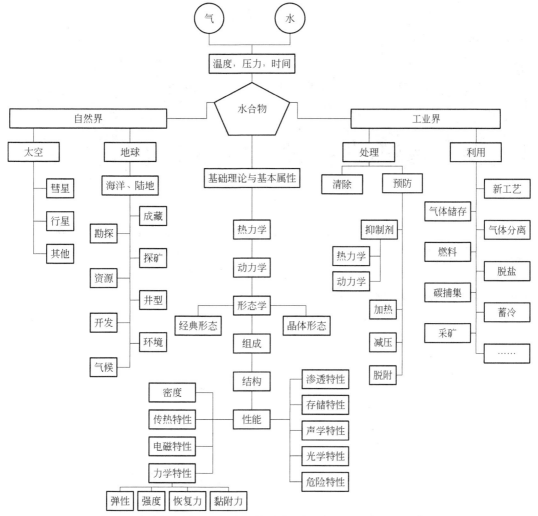

图1.2　水合物相关理论与应用的图谱（据 Makogon，1997，有修改）

1.3　天然气水合物处理技术及其在油气储运工程中的作用

油气储运工程是连接油气生产、加工、分配、销售诸环节的纽带，它主要包括油气田集输、长距离输送管道、储存与装卸及城市输配系统等。在油气田集输系统（冯叔初等，2006）、天然气长距离输送管道（李玉星等，2012）、城市输配（段常贵，2011）等系统中，因水合物生成而引发的安全风险（图1.3）——水合物流动保障问题——备受油气储运工程领域所关注。如何采取经济、有效的措施，防止水合物生成和堵塞的发生，是油气储运工程领域工业界关心的水合物流动保障问题。因此，可将与油气储运工程领域流动保障密切相关的水合物的研究成果，称为"天然气水合物处理技术"。

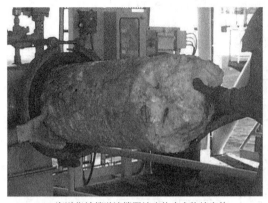

(a) 海洋集输管道清管器清出的水合物堵塞体　　　　(b) 陆地天然气干线管道清管器清出的水合物堵塞体

图 1.3　水合物堵塞体实物图

因此，以固态水合物储存和运输天然气技术，在小输量、中等输送距离的情况下可谓是理想的气体输送方式(图 1.4)，所以"天然气水合物处理技术"的内容，还包括水合物法储运天然气技术。日本在该技术工业化方面取得了一定的成绩（Nogami，2012）。但是，水合物生成效率低仍是制约该技术的关键问题。

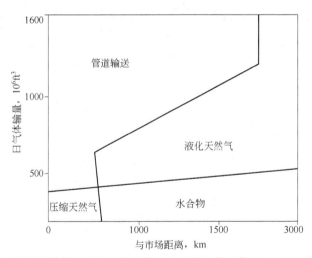

图 1.4　不同气体输送方法适宜的输量及运距比较（据 Fitzgerald，2003）

从事油气储运工程技术的工作者具备水合物相关基础知识，一方面可以及时解决水合物生成给油气储运工程领域所带来的安全问题，另一方面可以了解固体水合物天然气输运技术的应用现状，以便该技术在油气储运工程建设和管理中更好地发挥作用。

2 天然气水合物的结构及基本性质

2.1 天然气水合物的结构

2.1.1 天然气水合物的基本结构

气体水合物是一种特殊的包络化合物，是水分子与小分子气体在特定温度和压力条件下形成的非化学计量性笼型结构的晶体物质。水分子通过氢键组成笼型结构作为主体，小分子气体以客体的形式被包络在主体的笼形结构中。尽管水合物的生成条件随客体分子种类的不同而不同，但是目前被发现并确证的天然气水合物通常有三种结构，习惯上称为Ⅰ型、Ⅱ型和H型结构。

2.1.1.1 水分子与氢键

为什么水分子可以作为水合物笼形结构的主体呢？这是由水分子自身的结构所决定的。1933年，Bernal和Fowler（1933）提出了水分子模型，见图2.1(a)，它由两个氢原子分别

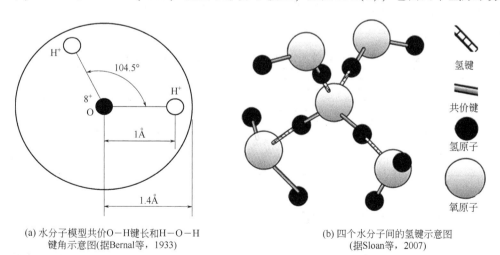

(a) 水分子模型共价O—H键长和H—O—H
键角示意图(据Bernal等，1933)

(b) 四个水分子间的氢键示意图
(据Sloan等，2007)

图 2.1　水分子模型和水分子间氢键示意图*

---

* 1Å = 0.1nm。

和一个氧原子组成。每个氢原子和氧原子之间的键，叫共价键，通过分享一对电子形成。但是，一对电子的共享程度并不均衡，氧原子比氢原子更需要电子。在氢原子和氧原子键合时，共价电子主要在氧原子周围运动。因此，共价键氧原子的一侧带负电（−），氢原子的一侧带正电（+）。

水分子的三个原子（H—O—H）104.5°，呈非线性角分布，因而分子不对称。在负电荷周围，正电荷不均匀分布，表现为正负电荷作用不能相互抵消，两者都有自己的电荷中心，呈现出分子的正负极。氢原子的电子层被剥离，变成了裸露的原子核，表现出极强的正电荷属性；而带负电的氧原子存在孤对电子，表现出极强的负电荷属性。这就是有极分子，通常被称为偶极子。事实上，水是一种特殊的有极分子，其有极的属性较强。因偶极子有正极与负极，如同一个小磁铁，即带负电的氧原子存在孤对电子，能向裸露的质子提供两个电子，两者之间就形成具有方向性、饱和性的氢键。尽管人们把氢键也称作"键"，但与化学键比较，氢键属于一种较弱的作用力，其大小介于范德华力和化学键之间，约为化学键的十分之几，不属于化学键。图2.1（b）示出每个水分子通过氢键，与其他四个水分子组成的空间结构。每一个质子的分子吸引邻近分子的负极；同时，两个负电荷吸引到另外两个带正电的水分子；周围的四个分子以四面体围绕着中央的分子。

氢键属于分子间或分子内的作用，不足以影响物质的化学性质，但是对物理性质影响显著。如果分子内存在氢键作用的物质，分子内形成氢键会使得分子间作用力减少，物质熔沸点降低。如果分子间存在氢键作用，该物质在熔化或汽化时，除了要克服纯粹的分子间力外，还必须提高温度，额外地供应一份能量来破坏分子间的氢键键能（比一般的分子间引力势大一个数量级），所以这些物质的熔点、沸点比同系列氢化物的熔点、沸点高。

水分子间氢键的作用，使得水分子相比于其他分子量相差不大的或氧同族元素的氢化物有一些不同寻常的物理性质（表2.1）。水分子间的氢键能比范德华力强，致使水分子间的结合能较大，表现为水的黏度和表面张力大于一般液体。分子脱离液体需要克服氢键作用，因此沸点也高。冰是水分子通过建立四面体的氢键相连组成的有序晶体，因此其结构稳定。水分子间的氢键在空中能构建成四面体的特性，正是水分子能成为形成气体水合物笼形结构主体的关键所在。

表2.1　水和一些其他氢化物的物理性质比较（据陈光进等，2020）

名称	分子量	熔点，℃	沸点，℃	蒸发潜热，kJ/mol
CH_4	16.04	−182	−162	8.16
NH_3	17.03	−78	−33	23.26
H_2O	18.02	0	100	40.71
H_2S	34.08	−86	−61	18.66

2.1.1.2　水合物的结构特征

水分子（主体分子）间的氢键作用使其可以形成空间点阵结构，进而形成一系列不同大小的多面体孔穴；这些多面体孔穴或通过顶点相连，或通过面相连，构成水合物笼形结构的主体晶格。没有客体分子填充的孔穴可被认为是不稳定的冰。

这些多面体孔穴的点阵排列多样而复杂，能稳定形成气体水合物晶体的孔穴，如图2.2

所示，包括：球形五边十二面体 5^{12}（由 12 个五边形构成十二个面，20 个水分子构成二十个顶点），扁球形十四面体 $5^{12}6^2$（由 12 个五边形和 2 个六边形构成十四个面，24 个水分子构成二十四个顶点），准球形十六面体 $5^{12}6^4$（由 12 个五边形和 4 个六边形构成十四个面，28 个水分子构成个二十八个顶点），不规则的十二面体 $4^35^66^3$（由 3 个四边形、6 个五边形和 3 个六边形构成十二个面，20 个水分子构成二十个顶点），椭球形的二十面体 $5^{12}6^8$（由 12 个五边形和 8 个六边形构成二十个面，36 个水分子构成三十六个顶点）。

(a) 球形十二面体 (5^{12})

(b) 扁球形十四面体 $(5^{12}6^2)$

(c) 准球形十六面体 $(5^{12}6^4)$

(d) 不规则的十二面体 $(4^35^66^3)$

(e) 椭球形二十面体 $(5^{12}6^8)$

图 2.2　气体水合物晶体的孔穴（据 Sloan 等，2007）

气体分子（客体分子）填充于这些多面体孔穴中，通过范德华力稳定在笼形结构中，就会形成稳定的气体水合物。但是，并非所有孔穴都会被客体分子所填充。被填充的孔穴越多，所形成的气体水合物结构越稳定。孔穴填充率或称为孔穴占有率，取决于客体分子大小及其逸度，可以通过严格的热力学方法计算获得。一般而言，一个客体分子通常占据一个孔穴，但是在极端高压的情况下（0.3~2.1GPa），也存在多个小分子客体占据一个大孔穴的情况。

目前，被发现并确证的气体水合物结构，通常有结构Ⅰ型、结构Ⅱ型和结构 H 型（图 2.3），这三种结构晶胞的相关参数，可见表 2.2。其他不常见的类型如结构Ⅲ型至结构Ⅵ型等，因至今尚未被发现此类水合物结构由天然气成分所形成，因此暂不对其进行介绍（Sloan 等，2007）。

表 2.2　三种水合物结构晶胞相关参数（据 Sloan 等，2007）

结构类型	结构Ⅰ型		结构Ⅱ型		结构 H 型		
孔穴类型	小笼	大笼	小笼	大笼	小笼	中笼	大笼
孔穴代号	5^{12}	$5^{12}6^2$	5^{12}	$5^{12}6^4$	5^{12}	$4^35^66^3$	$5^{12}6^8$
孔穴数/晶胞单元	2	6	16	8	3	2	1
孔穴直径，Å	3.95	4.33	3.91	4.73	3.94	4.04	5.79
孔穴配位数	20	24	20	28	20	20	36
理想表达式	$2(5^{12}) \cdot 6(5^{12}6^2) \cdot 46H_2O$		$16(5^{12}) \cdot 8(5^{12}6^4) \cdot 136H_2O$		$3(5^{12}) \cdot 2(4^35^66^3) \cdot 1(5^{12}6^8) \cdot 34H_2O$		

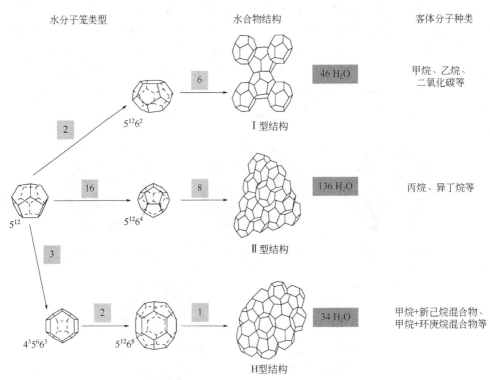

水分子笼类型　　　　　　　　　水合物结构　　　　　　　客体分子种类

$5^{12}6^2$　　Ⅰ型结构　　46 H$_2$O　甲烷、乙烷、二氧化碳等

5^{12}

$5^{12}6^4$　　Ⅱ型结构　　136 H$_2$O　丙烷、异丁烷等

$4^3 5^6 6^3$　　$5^{12}6^8$　　H型结构　　34 H$_2$O　甲烷+新己烷混合物、甲烷+环庚烷混合物等

图2.3　三种典型水合物晶体结构示意图（据 Sloan 等，2007）

结构Ⅰ型水合物，属于体心立方晶体结构，包含 46 个水分子，由 2 个球形十二面体（5^{12}）小孔穴和 6 个扁球形十四面体（$5^{12}6^2$）大孔穴组成。结构Ⅰ型水合物的理想晶胞结构式为 2（5^{12}）·6（$5^{12}6^2$）·46H$_2$O（图2.4），理想分子式为 8M·46H$_2$O（M 代表占据孔穴客体分子的符号），此时所有孔穴都被客体分子占据。因此，理想状态下，当结构Ⅰ型水合物的大孔穴和小孔穴都被占据时，气体分子与水分子的摩尔比为 5.75（通常称为水合数），即结构Ⅰ型水合物的水合数为 5.75，理想分子式还可以写为 M·5.75H$_2$O。结构Ⅰ型水合物可包络甲烷（CH$_4$）与乙烷（C$_2$H$_6$）等小分子烃类气体，二氧化碳（CO$_2$）、氮气（N$_2$）及硫化氢（H$_2$S）等小分子非烃类气体。

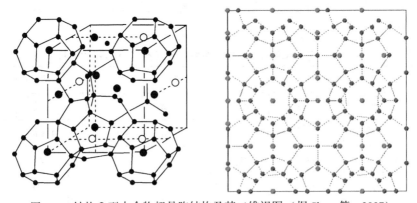

图2.4　结构Ⅰ型水合物超晶胞结构及其二维视图（据 Sloan 等，2007）

结构Ⅱ型水合物，属于面心立方晶体结构，包含 136 个水分子，由 16 个球形十二面体

（5^{12}）小孔穴和 8 个准球形十六面体（$5^{12}6^4$）大孔穴组成。值得注意的是，结构Ⅱ型中的小孔穴的直径略小于结构Ⅰ型的小孔穴。结构Ⅱ型水合物的理想晶胞结构式为 $16(5^{12})\cdot 8(5^{12}6^4)\cdot 136H_2O$（图 2.5），理想分子式为 $24M\cdot 136H_2O$，此时所有孔穴都被客体分子占据。因此，理想状态下，当结构Ⅱ型水合物的大孔穴和小孔穴都被占据时，水分子与气体分子的摩尔比约为 5.67，即结构Ⅱ型水合物的水合数约为 5.67，理想分子式还可以写为 $M\cdot 5.67H_2O$。结构Ⅱ型水合物，除了可包络甲烷（CH_4）与乙烷（C_2H_6）等小分子气体外，大孔穴还可以包络丙烷（C_3H_8）及异丁烷（$i\text{-}C_4H_{10}$）等烃类分子。

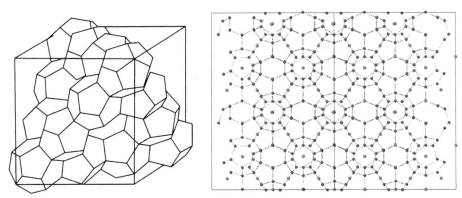

图 2.5　结构Ⅱ型水合物超晶胞结构及其二维视图（据 Sloan 等，2007）

结构 H 型水合物，属于简单六方晶体结构，包含 34 个水分子，由 3 个球形十二面体（5^{12}）小孔穴、2 个不规则的十二面体（$4^35^66^3$）中孔穴和 1 个椭球形二十面体（$5^{12}6^8$）大孔穴组成。结构 H 型水合物的理想晶胞结构式为 $3(5^{12})\cdot 2(4^35^66^3)\cdot 1(5^{12}6^8)\cdot 34H_2O$（图 2.6），理想分子式为 $6M\cdot 34H_2O$，此时所有孔穴都被客体分子占据。因此，理想状态下，如果结构 H 型水合物的大孔穴、中孔穴、小孔穴都被占据时，水合数约为 5.67，理想分子式还可以写为 $M\cdot 5.67H_2O$。结构 H 型水合物的大孔穴，可以包络环戊烷（$c\text{-}C_5H_{12}$）等分子。

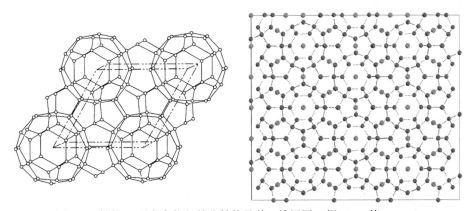

图 2.6　结构 H 型水合物超晶胞结构及其二维视图（据 Sloan 等，2007）

2.1.2　客体分子对水合物结构的影响

Jeffery 和 McMulla（2007）提出能形成水合物的客体分子，应满足如下条件之一：

（1）属疏水化合物；（2）属水溶性酸性气体；（3）属水溶性极性化合物；（4）属水溶性三元或四元烷基铵盐。天然气中能形成水合物中的小分子烃类气体，属于疏水化合物；而 CO_2 和 H_2S 则属于水溶性酸性气体。

客体分子的上述化学属性表现的化学势及其尺寸大小及形状大小，决定了形成水合物的结构，并直接与所形成的水合数（即其化学的非计量性）有关。其中，客体分子的尺寸大小，直接决定了是否能形成稳定的结构 I 型和结构 II 型水合物；而对于结构 H 型水合物而言，客体分子形状特征与其尺寸大小，共同对其形成结构起决定性作用。

因此，客体分子尺寸对水合物结构类型影响起主要作用。气体分子过大或过小均不能形成稳定的水合物。若气体分子太小，不能与孔穴水分子形成稳定的相互作用（如 H_2、He 和 Ne）；若气体分子太大，不能进入孔穴。因此，尺寸较大的分子（如 C_3H_8、i-C_4H_{10} 等），只能进入水合物晶胞结构中的大孔穴。一般而言，在满足水合物客体分子应具有的化学属性基础上，如果物质分子尺寸在 3.8~6.5Å 之间，就具备了形成结构 I 型和 II 型水合物的基础条件；如果物质分子尺寸大于 7.1Å，且满足孔穴对分子形状限制的因素，在小尺寸客体分子的辅助下（如 CH_4、N_2 等），就具备了形成结构 H 型水合物的条件（Sloan 等，2007）。通常，对于尺寸大的客体分子，须在尺寸小的客体分子辅助下，才能形成结构稳定的水合物，这类水合物可称为复杂水合物；而尺寸小的单一客体分子，所能形成的稳定水合物，可称为简单水合物。

根据客体分子与孔穴直径之比，可以获取不同孔穴对客体分子尺寸要求的上、下限制。表 2.3 列出了部分能形成结构 I 型和结构 II 型简单水合物的客体分子与孔穴的直径之比。根据客体分子所能形成水合物结构类型，可以明确：若客体分子与孔穴的直径之比低于 0.76，则客体分子与主体分子间的范德华力无法维持该孔穴的稳定；若该比值高于 1.0，则说明客体分子无法进入该孔穴，且该比值越高，客体分子与孔穴水分子间的范德华力更加稳定。此外，能占据水合物结构类型中 5^{12} 孔穴的客体分子，也会进入该结构的大孔穴。

表 2.3　部分简单水合物客体分子与孔穴的直径之比（据 Sloan 等，2007）

客体分子	结构 I 型		结构 II 型	
	5^{12}	$5^{12}6^2$	5^{12}	$5^{12}6^4$
Ar	0.745	0.648	0.757	0.571
N_2	0.804	0.7	0.817	0.616
O_2	0.824	0.717	0.837	0.631
CH_4	0.855	0.744	0.868	0.655
H_2S	0.898	0.782	0.912	0.687
CO_2	1.00	0.834	1.02	0.769
C_2H_6	1.08	0.939	1.10	0.826
C_3H_8	1.23	1.07	1.25	0.943
i-C_4H_{10}	1.27	1.11	1.29	0.976

也正是由于气体分子尺寸有大小差别、水合物晶格孔穴有大小之分，导致客体分子占据孔穴类型的不同。也可以说，孔穴对气体分子具有选择性。图 2.7 列出了客体分子尺寸与水合物晶体结构及孔穴占据类型的关系（Sloan 等，2007）。该图展示了客体分子尺寸对水合物结构的决定性作用，具体表现为：温度在 260~290K 之间，压力小于 30MPa，若分子尺寸

小于 3.5Å，不能与孔穴分子形成稳定的作用；若分子尺寸大于 7.5Å，因太大而无法进入孔穴。其中，对于分子尺寸较小的 H_2，只有在特高压（大于 2.0GPa）或者在水合物促进剂作用下才能形成稳定的水合物。

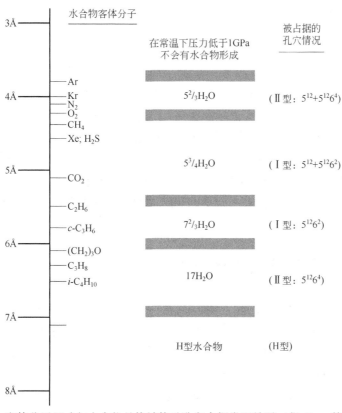

图 2.7　客体分子尺寸与水合物晶体结构及孔穴占据类型关系（据 Sloan 等，2007）

由图 2.7 中信息可知，最小的客体分子氩气（Ar）、氪气（Kr）、氮气（N_2）、氧气（O_2）形成的是结构 Ⅱ 型水合物，而不是结构 Ⅰ 型水合物。小尺寸的客体分子 N_2，可以进入到结构 Ⅰ 型和结构 Ⅱ 型的所有孔穴中；但是，N_2 分子在结构 Ⅱ 型水合物中 5^{12} 孔穴稳定性（N_2 分子直径与结构 Ⅱ 型 5^{12} 孔穴直径之比为 0.817），略高于其在相近结构 Ⅰ 型水合物中 5^{12} 孔穴稳定性（N_2 分子直径与结构 Ⅱ 型 5^{12} 孔穴直径之比为 0.804）；同时，结构 Ⅱ 型水合物中单位体积含有 5^{12} 孔穴数目，约是结构 Ⅰ 型水合物单位体积 5^{12} 孔穴数目的三倍。因此，虽然 N_2 分子与 $5^{12}6^4$ 孔穴的尺寸比为 0.616，小于 0.76，稳定性不高，但是因其在结构 Ⅱ 型水合物单元细胞中 5^{12} 孔穴中占据比率更高，从而 N_2 形成的是结构 Ⅱ 型水合物。

再比如，对于 CH_4 而言，其在结构 Ⅰ 型和结构 Ⅱ 型水合物中 5^{12} 孔穴中的分子直径与孔穴直径的比值接近，分别为 0.855 和 0.868。但是，因为 CH_4 在结构 Ⅰ 型 $5^{12}6^2$ 孔穴中的稳定性，高于其在结构 Ⅱ 型 $5^{12}6^4$ 孔穴的稳定性。因此，纯 CH_4 形成的是结构 Ⅰ 型水合物，且能占据该结构中 5^{12} 孔穴和 $5^{12}6^2$ 孔穴。其他中等尺寸的客体分子 H_2S、CO_2、C_2H_6 等，在结构 Ⅰ 型水合物 $5^{12}6^2$ 孔穴中的稳定性，较之在结构 Ⅱ 型水合物 $5^{12}6^4$ 孔穴中的稳定性高，因此所形成的是结构 Ⅰ 型水合物。

对于较大尺寸的客体分子（C_3H_8、i-C_4H_{10}），只能进入结构Ⅱ型水合物的 $5^{12}6^4$ 大孔穴中，C_3H_8、i-C_4H_{10} 在结构Ⅱ型的 $5^{12}6^4$ 孔穴尺寸比分别为 0.943 和 0.976，因此这两种烃类分子只能形成结构Ⅱ型水合物。对于更大尺寸的客体分子，只有与小分子一起，才能形成稳定的结构Ⅱ型和结构 H 型水合物（陈光进等，2020）。

一般而言，天然气水合物为结构Ⅱ型水合物，而天然气的主要成分纯 CH_4 形成的却是结构Ⅰ型水合物，这又是为什么呢？据表 2.3 和图 2.7 信息可知：一方面，C_3H_8 只能进入结构Ⅱ型水合物的 $5^{12}6^4$ 孔穴中；另一方面，CH_4 分子尺寸与 5^{12} 孔穴直径在结构Ⅰ型（0.855）和结构Ⅱ型（0.868）水合物中比值的差异仅为 1.5%；此外，纯 CH_4 形成结构Ⅰ型水合物，是因为其在结构Ⅰ型水合物 $5^{12}6^2$ 孔穴的稳定性（分子尺寸与孔穴直径比为 0.744）相较于其在结构Ⅱ型水合物 $5^{12}6^4$ 孔穴的稳定性（分子尺寸与孔穴直径比为 0.655）更大；但是，如果天然气中存在少量的 C_3H_8，而 C_3H_8 在结构Ⅱ型水合物 $5^{12}6^4$ 孔穴的稳定性更强（分子尺寸与孔穴直径比为 0.943），又因 CH_4 在结构Ⅰ型和结构Ⅱ型水合物中 5^{12} 孔穴的稳定性相近，所以对于含有一定量丙烷组成的天然气水合物，其主要以结构Ⅱ型水合物而稳定存在。

2.1.3　水合物的非化学计量性

图 2.7 中的宽阴影区域数字如（5¾），表示左侧对应区域单个客体分子形成理想稳定水合物的水合数。例如，在理想情况下，CH_4 同时占满结构Ⅰ型水合物晶胞单元内所有的 $5^{12}6^2$ 孔穴和 5^{12} 孔穴，则 CH_4 水合物的理想水合数为 5¾（5.75）。在理想情况下，C_2H_6 仅占据结构Ⅰ型水合物中所有的 $5^{12}6^2$ 孔穴，因此形成 C_2H_6 水合物的理想水合数为 7⅔（7.67）。在理想情况下，当 C_3H_8 占据结构Ⅱ型水合物所有 $5^{12}6^4$ 孔穴时，所形成的 C_3H_8 水合物的理想水合数为 17。在理想情况下，如果所有的结构Ⅱ型水合物的孔穴都被占据填满，$1m^3$ 水合物含有标准状况下 $182m^3$ 的天然气。水合物的气体密度相当于压缩天然气，但是低于液烃的密度。因此，理想水合数不仅可以作为证实水合物可作为气体储存的证据，也可以作为证实非常规气体水合物矿藏中含有大量烃类物质存储于在深海与冻土地区的证据。

但是，并非所有的孔穴都能被占据。因此，图 2.7 中分子尺寸处在阴影区域附近的客体分子，形成的水合物会表现出较强的非化学计量性。这主要是由于客体分子在孔穴中的分布是随机的。典型的水合物大孔穴被客体分子占据的比率（占有率）会大于 95%，而对于小孔穴的占有率则会因客体分子的类型、所处的热力学条件而变化。Glew（1959）提出具有强烈非化学计量性的客体分子，一般具有与孔穴上限尺寸相近的大小。

只有当客体分子占据孔穴的比例达到一定程度时，水合物晶格才能稳定存在。需要注意的是，结构Ⅰ型和结构Ⅱ型水合物大孔穴的占有率，对水合物结构的稳定性起决定作用；结构 H 型水合物的稳定性则同时依赖于大孔穴与小孔穴的占有率。也就是说，如果结构Ⅰ型和结构Ⅱ型的小孔穴空着，在结构Ⅰ型和结构Ⅱ型的大孔穴被占据的情况下，也能形成稳定的水合物。

而孔穴被客体分子稳定占据与否，取决于客体分子与组成孔穴的水分子间的相互作用。两者间的相互作用又会因为不同分子所处的不同热力学体系而有所不同。因此，客体分子的孔穴占有率，通常随热力学的条件而改变，且变化规律比较复杂。Ripmeester（2000）指出所有能占据小孔穴足够比例的尺寸小的结构Ⅰ型水合物的客体分子，在与尺寸大的不能占据小孔穴的结构Ⅰ型水合物客体分子共存在特定的温度压力条件下时，有可能会形成结构Ⅱ型水合物。例如，CH_4 与 C_2H_6 共存时所形成的水合物，在特定条件下，会从结构Ⅰ型转变成结构Ⅱ型水合物（Hendricks 等，1996）。

总之，形成的水合物结构类型主要取决于客体分子的大小，而水合物结构稳定性则主要取决于客体分子在孔穴中的占有率，孔穴的占有率又会直接影响水合物分解所需的分解潜热和水合物形成的热力学平衡条件。

2.1.4　水合物结构的测试方法

水合物结构的理论研究，是在水合物微观结构可被实验测试手段观察的基础上开展的。因此，欲开展水合物结构的研究，需要借助微观晶体结构的测试手段。其中，常用的方法包括拉曼光谱法、核磁共振波谱法、X 射线多晶衍射法等（陈光进等，2020）。

2.1.4.1　拉曼光谱法

拉曼光谱（Raman Spectra）是一种散射光谱，是 1982 年印度物理学家 Raman 发现，一束单色光通过透明介质，在透射和反射方向以外出现的散射光与入射光频率不同，这种散射光就被称为拉曼散射。与瑞利散射（弹性碰撞，无能量交换，仅存在方向改变，又称"分子散射"）不同，拉曼散射是指光波在被散射后频率发生变化的现象，属于非弹性碰撞，方向会改变，且有能量交换。

同一种物质分子，随着入射光频率的改变，拉曼谱线的频率也改变，但是位移始终保持不变。因此，拉曼位移与入射光频率无关，仅与物质分子的振动和转动能级有关。不同物质分子有不同的振动和转动能级，因而有不同的拉曼位移，这是拉曼光谱可定性分析分子结构的理论依据。拉曼谱线的强度与入射光强度和样品分子浓度成正比，这是拉曼光谱定量分析的理论依据（陈光进等，2020）。

拉曼光谱法广泛地在水合物结构研究领域得以应用，为水合物结构的确定、水合物的形成/分解机理、水合物晶格中孔穴占有率、水合物的组成等研究提供了重要的信息（Sum 等，1997）。

2.1.4.2　核磁共振波谱法

核磁共振波谱法（Nuclear Magnetic Resonance Spectroscopy，NMR）是利用某些原子核磁特性的一项技术。所谓核磁共振，是指处于外磁场中的物质原子核受到相应频率的电磁波作用时，在其磁能级之间发生的共振跃迁现象，检测电磁波被原子核吸收的情况就可以得到核磁共振波谱。因此，就其本质而言，核磁共振波谱是物质与电磁波相互作用而产生的，属于吸收光谱范畴。

NMR 所测量的原子核对射频辐射（约 $4\sim800MHz$）的吸收只有在高磁场中产生。在恒定的外加磁场作用下，处于不同化学环境的同一种原子核，由于环境不同而产生的共振吸收频率也不同。但频率差异范围很小，故实际操作时应以标准物质作为基准，测定样品和标准物质的共振频率之差。在化学位的测定时，常用的标准物是四甲基硅烷。典型的核磁共振谱包括核磁共振氢谱[1]H NMR 和核磁共振碳谱[13]C NMR。

核磁共振碳谱[13]C NMR 在测定水合物分子结构中具有很大的优越性：它能提供分子骨架信息，而不是外围质子信息；它通过化学位移等参数判断水合物结构，但不同的标准物质测定的化学位移不同。此外，应用[13]C NMR 图谱中积分曲线的高度与引起该峰的原子核数成正比的特点，在不需引进任何校正因子，也不需要水合物纯样品时，就可通过[13]C NMR 图谱进行定量分析直接测出其浓度（Subramanian 等，2000）。但是，^{13}C NMR 图谱定量分析的应用受到仪器价格的限制，另外共振峰重叠的可能性随样品复杂性的增加而增加。因此，往往[13]C NMR 图谱可以分析的试样用别的方法也可以方便地完成（陈光进等，2020）。

核磁共振波谱法在水合物晶体结构研究的应用，具体而言，可以通过甲烷、乙烷在水合物结构中的[13]C NMR 位移，判断[13]C NMR 图谱峰值分别归属的客体分子及其所处的孔穴类型（陈光进等，2020）。

2.1.4.3　X射线多晶衍射法

X 射线衍射（XRD）是 X 射线在晶体中发生的衍射现象，是一种快速分析技术，主要用于晶体材料的相识别。X 射线的特点之一是其波长恰好与物质微观结构中原子、离子间的距离（0.001~10nm）相当，所以它能被晶体衍射。这一现象可通过经典的 Bragg 方程描述。

X 射线衍射的基本原理为：当一束单色 X 射线入射到晶体时，由于晶体是由原子规则排列成的晶胞组成，这些规则排列的原子间距离（晶体所具有的点阵结构具有周期性，即晶胞边长）与入射 X 射线波长有相同数量级，故由不同原子散射的 X 射线相互干涉，在某些特殊方向上产生强 X 射线衍射（就是一种基于波叠加原理的干涉现象），衍射线在空间分布的方位和强度与晶体结构密切相关，每种晶体所产生的衍射花样都反映出该晶体内部的原子分配规律。也就是说，晶体衍射 X 射线的方向与构成晶体的晶胞大小、形状以及入射 X 射线的波长有关；衍射光的强度则与晶体内原子的类型和晶胞内原子的位置有关。所以，从所有衍射光束的方向和强度来看，每种晶体都具有自己的衍射图，因此，根据这些信息就可以得到晶体结构的各种信息。

X 射线多晶体衍射是相对于单晶体衍射命名的。在单晶体衍射中，被分析试样是一粒单晶体。而在 X 射线多晶体衍射中，被分析试样是一堆细小的单晶体。因其测试包含的信息丰富，除包含晶体结构本身信息外，还包含晶体中各种缺陷及多晶聚集体的结构信息，如相结构、晶粒尺寸与分布、晶粒取向等诸多信息。因此，它成为研究多晶聚集体结构及其与性能间关系的重要手段。近年来，随着各种高新技术发展，特别是同步辐射及计算机技术的发展，使 X 射线多晶体衍射的能力有了提高，其应用的广度和深度都有所增加（陈光进等，2020）。

X 射线多晶体衍射在水合物晶体结构研究的应用，具体而言，可以获得结构 I 型、结构 II 型、结构 H 型水合物的基本结构数据，包括对称性、原子空间位置以及一系列的晶格参数（X 射线的波长、晶格参数、衍射角范围、峰强范围）等信息（Yousuf 等，2004）。

2.2 天然气水合物的基本性质

了解物质的基本性质对于其工业应用至关重要，对于天然气水合物也不例外。天然气水合物基本性质的确定因其结构类型的不同、客体分子的不同、孔穴占有率的不同（非化学计量性）而更为复杂。其中，水合物孔穴占有率的确定较为困难，而水合物的热容、导电与力学特性与冰相近，但唯有热导率与冰差异较大。

2.2.1 摩尔质量

水合物的摩尔质量，与水合物的结构和孔穴占有率有关，可由式(2.1)给出。尽管该式看起来相对比较复杂，但式(2.1)也仅表达了基于水合物中所含分子个数而给出的水合物的摩尔质量。

$$M = \frac{N_w M_w + \sum_{j=1}^{c} \sum_{i=1}^{n} Y_{ij} \nu_i M_j}{N_w + \sum_{j=1}^{c} \sum_{i=1}^{n} Y_{ij} \nu_i} \tag{2.1}$$

式中　M——水合物的摩尔质量，g/mol；

　　　M_w——水的摩尔质量，g/mol；

　　　M_j——j 客体分子的摩尔质量，g/mol；

　　　N_w——水合物单元晶胞结构中水分子个数（结构Ⅰ型水合物该值为 46，结构Ⅱ型水合物该值为 136，结构 H 型水合物该值为 34）；

　　　Y_{ij}——i 类型孔穴中 j 客体分子的占有率；

　　　ν_i——i 类型孔穴的个数；

　　　n——水合物单元晶胞结构中孔穴类型 i 的个数（结构Ⅰ型和Ⅱ型水合物该值为 2，结构 H 型水合物该值为 3）；

　　　c——水合物单元晶胞结构中客体分子的个数。

表 2.4 给出了在 0℃ 水合物平衡压力条件下，部分纯物质简单水合物的摩尔质量。表 2.4 中所列六种不同客体分子形成的水合物摩尔质量均接近 20g/mol。这是因为水合物中的主要组成仍然是水分子（18.015g/mol）。需要关注的是，水合物的摩尔质量是压力和温度的函数。这是因为水合物的摩尔质量是其孔穴占有率的函数，而孔穴占有率是随着体系温度和压力的不同而变化的。

表 2.4　在 0℃ 水合物平衡压力条件下部分纯物质水合物的摩尔质量

客体分子	气体摩尔质量 g/mol	水合物类型	0℃ 水合物平衡压力 MPa	孔穴占有率		水合物摩尔质量 g/mol
				5^{12}	$5^{12}6^2$	
CH_4	16.04	Ⅰ	2.546	0.866	0.9725	17.74
H_2S	34.08	Ⅰ	0.099	0.6898	0.9798	20.2

客体分子	气体摩尔质量 g/mol	水合物类型	0℃水合物平衡压力 MPa	孔穴占有率		水合物摩尔质量 g/mol
				5^{12}	$5^{12}6^2$	
CO_2	44.01	I	1.243	0.7248	0.9808	21.59
C_2H_6	30.07	I	0.447	0	0.986	19.39
C_3H_8	44.1	II	0.169	0	0.9987	19.46
$i-C_4H_{10}$	58.12	II	0.106	0	0.9987	20.24

2.2.2 密度

水合物的密度，与水合物的结构、孔穴占有率和晶胞单元的体积有关，可由式(2.2)给出。与式(2.1)一样，虽然看起来相对比较复杂，但式(2.2)也仅是基于单位晶胞水合物中所含有分子个数的质量，除以水合物单位晶胞的体积而确定的水合物的密度。此外，在计算时，一定要关注计算式中各参数的单位。对于由单一客体分子形成的结构 I 型或结构 II 型水合物，式(2.2)可简化为式(2.3)。

$$\rho = \frac{N_w M_w + \sum_{j=1}^{c} \sum_{i=1}^{n} Y_{ij} \nu_i M_j}{N_A V_{cell}} \qquad (2.2)$$

$$\rho = \frac{N_w M_w + (Y_1 \nu'_1 + Y_2 \nu'_2) M_j}{N_A V_{cell}} \qquad (2.3)$$

式中　ρ——水合物的密度，g/m^3；

M_w——水的摩尔质量，g/mol；

M_j——j 客体分子的摩尔质量，g/mol；

N_w——水合物单元晶胞结构中水分子个数（结构 I 型水合物该值为 46，结构 II 型水合物该值为 136，结构 H 型水合物该值为 34）；

Y_{ij}——i 类型孔穴中 j 客体分子的占有率；

ν_i——i 类型孔穴的个数；

n——水合物单元晶胞结构中孔穴类型 i 的个数（结构 I 型和 II 型水合物该值为 2，结构 H 型水合物该值为 3）；

c——水合物单元晶胞结构中客体分子的个数；

N_A——阿伏伽德罗常数，取值为 $6.022 \times 10^{23}/mol$；

V_{cell}——单元晶胞的体积（结构 I 型水合物该值为 $1.728 \times 10^{-27} m^3$，结构 II 型水合物该值为 $5.178 \times 10^{-27} m^3$）；

Y_1——小孔穴中客体分子的占有率；

Y_2——大孔穴中客体分子的占有率；

ν'_1——小孔穴的个数；

ν'_2——大孔穴的个数。

表 2.5 给出在 0℃水合物平衡压力条件下，部分纯物质水合物的密度。一般而言，气体

水合物的密度在 $0.8\sim1.2g/cm^3$，表 2.5 中所列的六种不同客体分子形成的水合物的密度均接近 $0.9g/cm^3$。这是因为水合物中的主要组成仍然是水分子，纯水在 0℃的密度为 $1.0g/cm^3$，冰的密度为 $0.917g/cm^3$。需要关注的是，水合物的密度也是压力和温度的函数。同理，水合物的密度也是其孔穴占有率的函数，而孔穴占有率则随着体系温度和压力的不同而变化。

表 2.5　在 0℃水合物平衡压力条件下部分纯物质水合物的密度

客体分子	气体摩尔质量 g/mol	水合物 类型	0℃水合物 平衡压力 MPa	孔穴占有率		水合物密度 g/cm³
				5^{12}	$5^{12}6^2$	
CH_4	16.04	I	2.546	0.866	0.9725	0.913
H_2S	34.08	I	0.099	0.6898	0.9798	1.034
CO_2	44.01	I	1.243	0.7248	0.9808	1.106
C_2H_6	30.07	I	0.447	0	0.986	0.967
C_3H_8	44.1	II	0.169	0	0.9987	0.899
i-C_4H_{10}	58.12	II	0.106	0	0.9987	0.934

2.2.3　相变焓

水合物的相变焓，又称为水合物生成焓，是水合物重要的热物理属性之一，其物理意义表征水合物分解所需吸收的热量，或水合物生成所能释放的热量。表 2.6 给出了部分烃类纯物质气体水合物相变焓，与通常情况下水的升华焓相当（51.0kJ/mol）。显然，冰的相变焓（6.01kJ/mol）显著低于气体水合物。这说明水合物的分解过程不同于简单的冰融化，因为这包含了高效压缩在固态水合物中的客体分子直接转化成气态分子的过程。而气态的气体分子处于相对较高能量状态，因此欲将气体水合物同时分解成气态分子和液态水，所需的能量自然要高于冰融化成水所需的能量。

表 2.6　部分气体水合物的相变焓（据 Handa，1986）

客体分子	水合物类型	相变焓，kJ/mol 气体	
		$T>273K$	$T<273K$
CH_4	I	54.2±0.3	18.1±0.3
C_2H_6	I	71.8±0.4	25.7±0.3
C_3H_8	II	129.2±0.4	27.7±0.3
i-C_4H_{10}	II	133.2±0.3	31.0±0.2

根据水合物生成的压力温度数据，绘制纵坐标为水合物生成压力对数，横坐标为温度倒数的二维数据图，根据所获得直线的斜率，结合 Clausius-Clapeyron 方程式(2.4)，就可以计算给定压力和温度下的纯物质水合物相变焓。因此，水合物的相变焓与压力和温度相关。Gupta（2007）通过高压微量差式扫描测量仪所测的甲烷水合物的相变焓数据，在 20MPa 以内的相变焓在 54.44±1.45kJ/mol 气体（504.07±13.48J/g 水或者 438.54±13.78J/g 水合物）的范围内。根据 Gupta（2007）的分析可知，在高压范围内 Clausius-Clapeyron 方程式(2.4)的预测精度会下降，而 Clapeyron 方程式(2.5) 则具有较好的预测精度。但是，无论是通过

Clausius-Clapeyron 方程式(2.4) 还是通过 Clapeyron 方程式(2.5)，确定水合物相变焓，均需要水合物生成实验数据或经验相关式。

$$\frac{\mathrm{d}\ln p}{\mathrm{d}\frac{1}{T}} = -\frac{\Delta H}{zR} \tag{2.4}$$

式中　ΔH——相变焓，J/mol；

　　　p——水合物平衡压力；

　　　T——水合物平衡温度；

　　　z——给定压力和温度下的气体压缩因子；

　　　R——气体常数，8.314J/(mol·K)。

$$\frac{\mathrm{d}p}{\mathrm{d}T} = \frac{\Delta H}{T\Delta V} \tag{2.5}$$

式中　ΔV——水合物分解成液态水和液态烃气的体积变化。

2.2.4　水合物的热容

水合物的热容，是水合物重要的热物理属性之一，它决定着水合物生成、分解特性。水合物的热容，是客体分子组成、水合物结构类型以及体系温度压力的函数。Sloan（2007）总结了文献中部分水合物的摩尔定压热容数据，见表 2.7。Makogon（1997）提出了表 2.7 中数据的经验计算式(2.6)。

表 2.7　部分气体水合物的摩尔定压热容[J/(mol·K)]（据 Sloan，2007）

T, K	$CH_4 \cdot 6.0H_2O$	$C_2H_6 \cdot 7.67H_2O$	$C_3H_8 \cdot 17.0H_2O$
85	107.7	149.6	281.7
90	112.1	156	294
100	121.4	167.2	318.8
110	131.5	177.2	342
120	140.3	188.6	366.5
130	149.0	199.4	392.4
140	156.8	210	415.9
150	164.2	219.6	437.6
160	171.1	229	459.3
170	178.6	237.9	481.0
180	186.3	248.2	502.4
190	194.1	259.1	524.8
200	201.4	269.2	548.3
210	209.8	277.4	573.5
220	219.3	292.8	599.5

T, K	$CH_4 \cdot 6.0H_2O$	$C_2H_6 \cdot 7.67H_2O$	$C_3H_8 \cdot 17.0H_2O$
230	225.9	301.7	617.7
240	233.7	310.9	644.0
250	240.4	323.0	674,.4
260	248.4	337.8	710.2
270	257.6	—	—

$$C_p = a + bT + cT^2 + dT^3 \tag{2.6}$$

式中　C_p——水合物的摩尔定压热容，J/(mol·K)；

a——计算系数，对 CH_4 为 6.6（85~270K），对 C_2H_6 为 22.7（85~265K），对 C_3H_8 为 −37.6（85~265K）；

b——计算系数，对 CH_4 为 1.454（85~270K），对 C_2H_6 为 1.872（85~265K），对 C_3H_8 为 4.86（85~265K）；

c——计算系数，对 CH_4 为 −3.64×10⁻³（85~270K），对 C_2H_6 为 −5.36×10⁻³（85~265K），对 C_3H_8 为 −1.625×10⁻²（85~265K）；

c——计算系数，对 CH_4 为 -3.64×10^{-3}（85~270K），对 C_2H_6 为 -5.36×10^{-3}（85~265K），对 C_3H_8 为 -1.625×10^{-2}（85~265K）；

d——计算系数，对 CH_4 为 6.31×10^{-6}（85~270K），对 C_2H_6 为 1.076×10^{-5}（85~265K），对 C_3H_8 为 3.291×10^{-6}（85~265K）；

T——体系所处的温度。

2.2.5　热导率

水合物的热导率，也是水合物重要的热物理属性之一，是分解水合物过程中重要的参数之一。水合物的热导率约为 $0.50 \pm 0.01W/(m·K)$，显著低于冰的热导率 $[2.2W/(m·K)]$。正是因为水合物的热导率较低，因此需要更长的时间才能将其分解。

Gupta（2007）总结了相关研究者们报道的水、冰、水合物在纯水体系及其在含沉积物体系中的热导率数据，并指出大部分数据表明含沉积物体系水合物的热导率大于纯水体系；因含沉积物饱和度及沉积物类型的不同，水合物的热导率数据会随实验体系的不同而变化。

2.2.6　力学性能

了解水合物的力学性能，对于明确管道内水合物堵塞体的状态至关重要。一般来说，水合物的力学性能与冰的力学性能相似。在缺乏有效资料的情况下，可以假定水合物的力学性能与冰的力学性能相同。比如，水合物堵塞体的剪切强度为 $40N/m^2$（Bondarev 等，1978），冰的剪切强度为 $85N/m^2$（Michel，1996）。

同时，值得注意的是在制定管道内水合物堵塞体的解除方案时，不能假设管道中生成的水合物是柔软的、黏稠的物质，应预估认为水合物块像冰一样硬。工程人员应根据工程实际设计出更为合理、安全的水合物堵塞体解除方案，以避免堵塞体在管道中出现高速移动时造成管道系统的严重破坏。

2.2.7　水合物中包络的气体量

一般而言，空的水合物晶格就像一个高效的分子水平的存储器，$1m^3$ 水合物可存储 $160 \sim 180m^3$ 天然气（标准状况下）。但是，具体到不同体系，不同的客体分子，水合物中能存储的气体量是不同的。

【例 2.1】 已知甲烷水合物在 0℃ 的密度是 $913kg/m^3$，摩尔质量为 17.74kg/kmol，甲烷的饱和摩尔浓度为 14.1%（甲烷水合物中每 859mol 水对应含有 141mol 气体）。确定方法：$1m^3$ 甲烷水合物的物质的量为 51.45kmol（=913kmol/17.74），其中甲烷分子的物质的量为 7.257kmol（=51.45kmol×14.1%）。根据理想气体状态方程，确定工况 20℃、101.326kPa，如式（2.7）所示：

$$V = n_g RT/p = 7.257 \times 8.314 \times (20 + 273.15) \div 101.325 = 174.5\,(m^3) \tag{2.7}$$

式中　V——工况 20℃、101.325kPa 下，甲烷水合物包络气体体积量，m^3；

T——温度，293.15K；

p——压力，101.325kPa；

n_g——水合物中甲烷物质的量，kmol；

R——气体常数，8.314J/(mol·K)。

因此，在 20℃、101.325kPa，对应例 2.1，$1m^3$ 甲烷水合物包络甲烷气体体积为该工况下的 $174.5m^3$。对比，$1m^3$ 甲烷液体（沸点为 -161.5℃）含有甲烷为 26.33kmol，对应转换为该工况下的 $633.0m^3$。$1m^3$ 压缩甲烷气体含有甲烷为 3.15kmol（7MPa，27℃），对应转换为该工况下的 $75.7m^3$。通过上述分析，表明水合物可以作为一种有效的气体存储方式。换一种说法来讲，以上述比例来计算存储 $25000m^3$ 甲烷气体，三种气体存储形式：各自约需要 $143.3m^3$ 水合物，$39.5m^3$ 液化甲烷，$330.3m^3$ 压缩甲烷。

2.2.8　其他物理性质

一般而言，除本书中所列出的条件下水合物的物理属性，实际上更大范围条件下水合物的诸多属性是不能获得的。因此，在缺少相关必要信息的情况下，可以通过冰的属性来假设水合物的属性。但是，在多数情况下，这种假设情况会出现预测偏差。表 2.8 列出了陈光进等（2020）总结的水合物结构Ⅰ、结构Ⅱ和冰的基本物性对比信息，可供参考。

表 2.8　水合物结构Ⅰ、结构Ⅱ及冰的基本物性对比（据陈光进等，2020）

项目	参数	结构Ⅰ型	结构Ⅱ型	冰
光谱 性能	水分子数	46	136	4
	晶胞参数，0℃	12	17.3	$a = 4.52$，$c = 7.36$
	介电常数，0℃	约 58	58	94
	远红外光谱	$229cm^{-1}$ 峰和其他峰	$229cm^{-1}$ 峰和其他峰	$229cm^{-1}$ 峰
	水扩散相关时间，μs	>200	>200	2.7

项目	参数	结构 I 型	结构 II 型	冰
力学性能	等温杨氏模量（268K，10^9Pa）	8.4	8.2	9.5
	泊松比	约0.33	约0.33	0.33
	压缩/剪切速度比（273K）	1.95	−1.88	1.88
	体积弹性模量（273K）	5.6	/	8.8
	剪切弹性模量（273K）	2.4	/	3.9
热力学性能	线性热膨胀系数（220K），K^{-1}	$7.7×10^{-5}$	$5.2×10^{-5}$	$5.6×10^{-5}$
	绝热体积压缩系数（273K），10^{-11}Pa	14	14	12
	长音速度（273K），km/s	3.3	3.6	3.8
	导热系数（263K），W/（m·K）	0.49±0.2	0.51±0.2	2.23

3 天然气水合物生成/分解热力学

有关天然气水合物生成/分解热力学的研究，是水合物开发、流动保障、工业应用的基础。天然气水合物生成/分解的热力学条件，对于固定组成的天然气而言，是随温度单调上升的曲线。实际上，只有明确了水合物、水、天然气等客体分子，在给定压力、温度下的热力学相平衡状态，才能准确计算天然气水合物生成/分解的热力学条件。本章将简单介绍基本的热力学相平衡和热力学相图，介绍天然气水合物生成/分解热力学条件的经验确定方法和热力学相平衡理论，并对水合物热力学抑制剂在工程中的应用及相关热力学计算软件进行介绍。

3.1 热力学相平衡简介

"相"是指体系中的一个均匀空间部分，其性质区别于其余部分。当两相接触时，在相间将发生物质交换，直至各相的性质（如温度、压力和组成等）不再发生变化为止。当达到这种状态时，两相处于平衡状态（郭天民，2002）。热力学相平衡在许多科学领域中具有重要的意义，包括化学、物理和生物领域。特别是在油气工业领域应用更为普遍，比如在油气藏开发、化工炼化领域等。对水合物基础科学研究领域而言，理论上只有在热力学理论基础上进行相平衡计算，才能确定天然气水合物生成/分解的条件。

要定量描述体系的相平衡，就存在两个或多个相互接触的相变量。其中，处于平衡状态的均匀相在不计特殊力（如重力、电场、磁场或表面力）的情况下，在空间中任何部位的强度性质（与质量、尺寸或形状无关）均相同。这些强度性质包括温度、压力、密度和组成。

根据 Gibbs 相律，为了明确体系平衡状态，在不发生化学反应时，必须指定独立强度性质数目为组分数目减去相数加上2。该数值也被称为多相平衡体系的自由度。比如，纯物质处于气—液相平衡时自由度为 1(=1−2+2)，即在已知该体系的压力时，即可确定其所处的温度，反之亦然。再比如，水在三相点的自由度为 0 (=1−3+2)，因此水的三相点也是确定的 (610.75Pa，273.16K)。对于甲烷、水、水合物两物质组成的三相体系而言，其自由度为 1 (=2−3+2)，即在该体系，在给定压力下，就可以唯一确定甲烷水合物的生成温度。

在明确体系自由度的情况下，如何进行相平衡计算是问题的关键。经过严密的热力学理论推导，式(3.1) 至式(3.3) 表述了 m 个组分在 π 个相的封闭多相体系的相平衡判据，即各相的温度、压力和各组分在各相中的化学势均应相等（郭天民，2002）。化学势是偏摩尔 Gibbs 自由能，但是因其太过抽象，不便实际应用。Lewis 提出逸度可作为辅助函数来表示化学势（郭天民，2002）。逸度的定义源于等温变化时理想气体化学势变化的类比。对于理想气体，逸度等于压力；对于理想气体混合物中的各组分的逸度就等于其分压。因此，式(3.3) 可以通过式(3.4) 来替代, 即 m 个组分在 π 个相的封闭多相体系的相平衡判据可以通过逸度表达为各相的温度、压力和各组分在各相中的逸度均应相等。

$$T^{(1)} = T^{(2)} = \cdots = T^{(\pi)} \tag{3.1}$$

$$P^{(1)} = P^{(2)} = \cdots = P^{(\pi)} \tag{3.2}$$

$$\begin{cases} \mu_1^{(1)} = \mu_1^{(2)} = \cdots = \mu_1^{(\pi)} \\ \mu_2^{(1)} = \mu_2^{(2)} = \cdots = \mu_2^{(\pi)} \\ \vdots \\ \mu_m^{(1)} = \mu_m^{(2)} = \cdots = \mu_m^{(\pi)} \end{cases} \tag{3.3}$$

$$\begin{cases} f_1^{(1)} = f_1^{(2)} = \cdots = f_1^{(\pi)} \\ f_2^{(1)} = f_2^{(2)} = \cdots = f_2^{(\pi)} \\ \vdots \\ f_m^{(1)} = f_m^{(2)} = \cdots = f_m^{(\pi)} \end{cases} \tag{3.4}$$

式中　T——体系温度, K;

　　　P——体系压力, MPa;

　　　μ——化学势, MPa;

　　　m——组分个数;

　　　π——相个数。

3.2　水合物热力学相图

相图有助于讨论气体水合物的生成/分解热力学条件。Pressure-Volume-Temperature 相图, 简称 p-V-T 三维相图, 可以将物质的相态特性表述清楚。但是, 方便使用的相图通常为 p-T 或 p-V 平面上的投影图。本书主要以 p-T 相图讲解为主, 通过对典型纯物质的 p-T 相图概念的介绍, 理解二元、多元水合物的 p-T 相图。

3.2.1　纯物质的 p-T 相图

典型纯物质 p-T 相图 (图 3.1) 包括五区 (固相区、液相区、蒸气区、气相区、超临界区)、两点 (临界点、三相点)、三条线 [气液共存的饱和蒸气压曲线 (也是泡点线和露点线)、液固共存的熔化曲线、气固共存的升华曲线]。

对于纯物质而言, 使气体液化的最高温度称为临界点温度, 该点即为临界点。临界点对应的压力和比体积, 被称为临界压力和临界比体积。根据实验研究, 在临界状态下, 气液比体积相同, 其他与物质量无关的强度性质, 诸如温度、密度、比焓等都相同, 气液两相变为均匀的一种相态。在临界点, 物质的光学性质也发生明显变化, 光束通过物质时有散射现象, 物质呈乳白色并能观察到物质发出的荧光等, 据此可确定纯物质的临界点。对于任意纯物质而言, 其临界点是唯一确定的, 可以通过纯物质参数表获得 (郭天民, 2002)。例如, 水的临界点是 647.3K, 22.06MPa; 甲烷的临界点为 190.6K, 4.6MPa; 丙烷的临界点是

305.4K，4.88MPa。临界点所对应的参数，是进行严格热力学相平衡计算的关键参数。

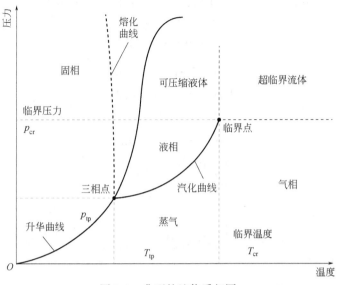

图 3.1　典型的纯物质相图

三相点是三条线（气液共存的饱和蒸气压曲线、液固共存的熔化曲线、气固共存的升华曲线）的交点，是气、液、固三相共存的点。对于任意纯物质而言，气液固三相点是唯一确定的，可以通过纯物质参数表获得。比如，对于水而言，其三相点是明确的 273.16K，610.75Pa；甲烷的气液固三相点为 90.7K，11.7kPa；丙烷的气液固三相点是 85.5K，1.1Pa。这可以通过吉布斯相律来解释，因为单一物质三相体系的自由度为 0（=1-3+2）。对于单一物质两相体系而言，其自由度是 1（=1-2+2）。因此，处于气液共存或液固共存、气固共存的两相，在 p-T 相图中是一条明确的曲线。对于单一物质，处于单相体系的自由度为 2（=1-1+2），所以在 p-T 相图中，固相区、液相区和气相区是一个区域。气液共存的曲线就是饱和蒸气压曲线，液固共存的曲线就是熔化曲线，气固共存的曲线就是升华曲线。这些两相共存的曲线，恰成为了单相区域的划分边界。所以，对于气液固共存的三相而言，其对应的是相图中唯一确定的点，恰是三条两相共存曲线的交点（Carroll，2014）。

图 3.1 中，气态以临界点温度为分界，以虚线划分成蒸气区和气相区。蒸气区一般在室温下，在满足该温度的饱和蒸气压条件下，体系会呈现气液两相共存的状态。而气相区，则指在室温下，只要压力低于其临界点压力的任意压力，体系肯定为气相。而蒸气是液体沸腾和蒸发得来，即从液态过渡到气态。当液体的温度低于一定压力下的沸点时，它的表面就会发生蒸发。沸腾则发生在液体表面以下。

图 3.1 中，超出临界点压力和临界点温度的区域，为超临界区。温度和压力处于超临界区的纯物质性质将发生极大变化，包括其密度、介电常数、黏度、扩散系数、热导率和溶解性等。

3.2.2　水合物客体分子—水分子的二元物系 p-T 相图

由两种纯化合物构成的物系为二元物系。

对于定组成的二元物系而言，其 p-T 相图如图 3.2 所示。其中，由泡点线、临界点和露点线构成的相包络线以及所包围的相包络区，取决于体系组成和各组分的蒸气压曲线。露点是满足物系内除微量的平衡液体外全都是饱和蒸气的特定点，相应的温度和压力称为露点温度和露点压力（对于烃类物系而言，液体析出为液烃，此露点为烃露点，简称露点）。当物系内除微量的平衡气泡外，蒸气全部变为饱和液体，该点称为泡点，相应的温度称为泡点温度和泡点压力。

二元物系相特性的显著特点是：泡点线与露点线并不重合，但却交汇于临界点，因而在相包络区内等具有汽化率线（或等液化率线），图3.2中仅表示了90%的汽化率线。这些等汽化率线均交汇于临界点 C。值得注意的是，二元物性在高于临界点时仍可能存在饱和液体，直至露点线最高温度 M 为止。图3.2中 M 点的温度是相包络区内气、液能够平衡共存的最高温度，称为临界凝析温度。同样，高于临界压力时仍可能存在饱和蒸气，直至露点线最高压力 N 为止。图3.2中 N 点是相包络区内气、液共存的最高压力，称为临界凝析压力。临界凝析温度和临界凝析压力的位置取决于体系的组成。正是由于二元物系中临界点 C，临界凝析温度 M 和临界凝析压力 N 不重合，因而在临界点附近的相包络区内会出现反凝析（反常冷凝）或反汽化（反常汽化）现象，即在等温下降低压力时会使蒸气冷凝（图3.2的 JH 线），而在等压下升高温度可以析出液体（图3.2的 LK 线）。

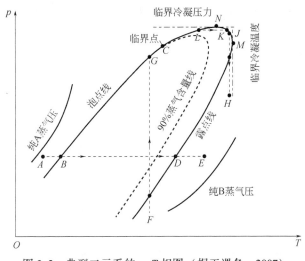

图 3.2　典型二元系的 $p\text{-}T$ 相图（据王遇冬，2007）

本章关注的相图与天然气水合物的生成/分解热力学相关，因此，从最简单的水合物客体分子—水分子的二元相图（图3.3），来了解简单气体水合物生成/分解的热力学特性。图3.3中，I 表示冰相，L_w 表示液态水相，V 表示饱和水的水合物客体蒸气相，H 为水合物相，L_{HC} 为饱和水的液态烃相。

根据吉布斯相律，对于气—水的二元物系，处于气—液态—冰—水合物四相体系的自由度为 0（=2-4+2），其对应于 $p\text{-}T$ 相图是一个点；处于三相体系的自由度为 1（=2-3+2），其对应于 $p\text{-}T$ 相图是一条曲线；处于二相体系的自由度为 2（=2-2+2），其对应于 $p\text{-}T$ 相图示是一个区域。

满足图3.3(a) 相图特点的水合物客体气体，包括甲烷和氮气，仅存在第一四相点；其他，诸如乙烷、丙烷等，均满足图3.3(b) 所示相图，存在两个四相点。表3.1列出了典型天然气组分的四相点信息。其中，第一四相点指的是气—液态水—冰—水合物四相共存的

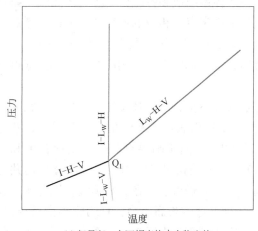
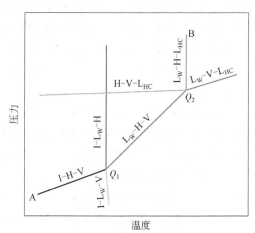

(a) 仅具有一个四相点的水合物客体
分子—水分子的二元 p-T 相图

(b) 具有两个四相点的水合物客体
分子—水分子的二元 p-T 相图

图 3.3　气—水二元物系相图（据 Sloan 等，2007）

点，而第二四相点指的是气—液态水—液态烃—水合物四相共存的点。

表 3.1　天然气中水合物客体气体分子的四相点信息（据 Sloan 等，2007）

客体分子	第一四相点 Q_1		第二四相点 Q_2	
	温度，K	压力，MPa	温度，K	压力，MPa
CH_4	272.9	2.563	无	无
C_2H_6	273.1	0.53	287.8	3.39
C_3H_8	273.1	0.172	278.8	0.556
i-C_4H_{10}	273.1	0.113	275	0.167
CO_2	273.1	1.256	283	4.499
N_2	271.9	14.338	无	无
H_2S	272.8	0.093	302.7	2.239

3.2.2.1　仅具有一个四相点的水合物客体分子—水分子的二元 p-T 相图

纯甲烷形成的是结构 I 型水合物，纯氮气形成的是结构 II 型水合物，但是甲烷—水的二元相图和氮气—水的二元相图是类似的，均不存在第二四相点，如图 3.3(a) 所示。原因是甲烷（氮气）的临界点温度 191K（126K）远低于其第一四相点温度 272.9K（271.9K），则该水合物客体分子—水分子的二元 p-T 相图就仅具有一个四相点 Q_1。

在 p-T 相图 3.3(a) 中，L_W-H-V 和 I-H-V 曲线是被油气行业最为关注的曲线，该曲线就是通常意义上的水合物生成/分解的热力学温度压力边界。只有在该曲线的左上方的低温、高压区，水合物才有可能生成；反之，在该曲线的右下方的高温、低压区，水合物就会分解。由此可知液态水和冰，都能引起水合物生成的问题。I-L_W-H 曲线没有上界限，因为这三个相态都是不可压缩的，所以在封闭系统中，该曲线的斜率较高。也就是说，温度微小的变化所需要满足的水合物生成压力变化很大。图 3.3(a) 中，两个三相曲线间的区域代表两相区。例如，L_W-H-V 和 I-H-V 两条曲线之间是 H-V 共存区域；L_W-H 两相共存于 L_W-

H–V 和 I–L$_W$–H 两条曲线之间；同理，I–H 两线共存于 I–L$_W$–H 和 I–H–V 曲线间。在 p–T 二维相图上，两相区之间是有重叠的，因为它是三维度（压力、温度、组成）的压缩状态。

3.2.2.2　具有两个四相点的水合物客体分子—水分子的二元 p–T 相图

当水合物客体为乙烷、丙烷、异丁烷（二氧化碳或者硫化氢）时，这些水合物客体分子与水分子组成的二元 p–T 相图，就类似于图 3.3（b）所示。这些相图具有 L$_W$–V–L$_{HC}$、H–V–L$_{HC}$ 曲线，位于相图的右上部，这条两相曲线类似于纯烃相图的饱和蒸气压曲线（V–L$_{HC}$），而纯水的饱和蒸气压比较低。

图 3.3（b）中的第二四相点是 L$_W$–H–V、L$_W$–V–H$_{HC}$、H–V–L$_{HC}$、L$_W$–H–L$_{HC}$ 的交点 Q_2，四相为 L$_W$–H–V–L$_{HC}$。由于第二四相点的存在，水合物的生成曲线是压力低于 Q_1 的 I–H–V，压力在 Q_1 和 Q_2 之间的 L$_W$–H–V，以及压力在 Q_2 上部的 L$_W$–H–L$_{HC}$ 三相线，即 A–Q_1–Q_2–B 曲线是水合物生成/分解的热力学边界曲线。此外，Q_2 所对应的温度，一般而言是水合物能生成的最大温度，因为 L$_W$–H–L$_{HC}$ 三相线几乎垂直于 p–T 相图的温度坐标轴。

同理，图 3.3（b）三相线间的区域是两相区。例如，被 I–L$_W$–H、L$_W$–H–V 和 L$_W$–H–L$_{HC}$ 这三条三相线包络的区域是 L$_W$–H 共存的区域，也就是说这里的水合物仅与液态水能处于相平衡状态。类似的，H–V 共存的区域是由 H–V–L$_{HC}$、L$_W$–H–V 和 I–H–V 所包络的区域。H–L$_{HC}$ 共存于 L$_W$–H–L$_{HC}$ 和 H–V–L$_{HC}$ 所辖范围内。I–H 共存于 I–L$_W$–H 和 I–H–V 所辖范围内。值得注意的是，理论上存在 H–V、H–L$_{HC}$ 和 I–H 区域，因此冰相也可生成水合物。

图 3.4 所示为天然气中几种常见客体分子水合物生成/分解曲线。除甲烷外，乙烷、丙烷、异丁烷、二氧化碳和硫化氢均具有图中所示的第二四相点，且在高于第二四相点的温度范围内，水合物生成压力随温度变化斜率会显著增加，该曲线恰是 L$_W$–H–L$_{HC}$ 三相线。

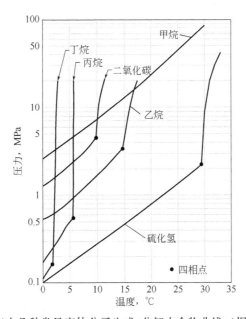

图 3.4　天然气中几种常见客体分子生成/分解水合物曲线（据 Carroll，2007）

3.2.3 多元物系天然气 *p-T* 相图

天然气属于多组分体系，其相特性与二元物系基本相同。但是，因为天然气中各组分的沸点差别较大，所以其相包络区域就比两组分体系更大。干天然气中组分较少，包络区域较窄，临界点在相包络区的左侧；当体系中含有较多的丙烷、丁烷、戊烷等更重组分或凝析气时，临界点将向相包络线顶部移动。

对于多元物系天然气 *p-T* 相图而言，四相点 Q_2 变为一条线 CK（L_W-H-V-L_{HC}），如图 3.5 所示。当存在多元烃的物系时，液态烃一般是混合物。从而，图 3.5 中的 L_W-V-L_{HC} 由图 3.2（b）的曲线拓宽成为一个区域，该区域被由泡点-E-C-F-K-L-露点组成的相包线所包络。天然气组成复杂，会使得水合物生成/分解曲线与气体混合物的相包线相交。水合物的生成/分解曲线，是图 3.5 中的"I-H-V"-Q_1-"L_W-H-V"→Q_{2L}-"L_W-H-V-L_{HC}"→Q_{2U}-"L_W-H-L_{HC}"。图 3.6 为表 3.2 中典型酸气、典型天然气的 *p-T* 相图。

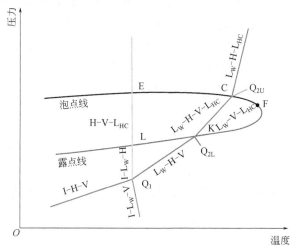

图 3.5 多元物系天然气 *p-T* 相图（据 Sloan 等，2007）

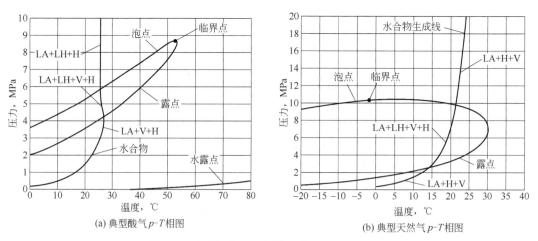

(a) 典型酸气 *p-T* 相图   (b) 典型天然气 *p-T* 相图

图 3.6 典型气体 *p-T* 相图（据 Carroll，2007）

LA—液态水相；LH—饱和水的液态烃相；V—饱和水的水合物客体蒸气相；H—水合物相

表 3.2　气体组成摩尔分数信息（据 Carroll，2014）　　　　　　单位：%

组成	CH_4	C_2H_6	C_3H_8	$i\text{-}C_4H_{10}$	$n\text{-}C_4H_{10}$	CO_2	H_2S
典型酸气	3.19	0.51	0	0	0	49.1	47.2
典型天然气	70.85	11.34	6.99	3.56	4.39	2.87	0

3.2.4　含热力学抑制剂的水合物 $p\text{-}T$ 相图

热力学抑制剂（thermodynamics hydrate inhibitors，THI），是具有较高水溶性能力的一类物质，主要包括醇类、甘醇类及盐类。这些热力学抑制剂溶于水，与水相中水分子发生作用，形成一定的竞争关系，增加水相中水分子间通过氢键形成水合物笼形结构晶格的阻力，进而需要提高系统压力或降低体系温度，才能满足水合物生成的热力学稳定条件。

因此，热力学抑制剂可以使输送运行温度下水合物的相平衡压力高于油气输送系统的运行压力，或使输送运行压力下水合物的相平衡温度低于油气输送系统的运行温度，缩小水合物生成热力学稳定区域，使得输送工况下处于水合物分解区域，从而避免管输系统中水合物的生成。

图 3.7 是添加了甲醇的烃类水合物生成/分解曲线的 $p\text{-}T$ 相图。其中，AQ_1Q_2B 为不加热力学抑制剂（甲醇）的水合物生成/分解的边界曲线，具有两个四相点，类似于图 3.2（b）中的水合物生成/分解的边界线，被两个四相点分成了具有不同斜率的三段。甲醇的注入使得原水合物生成/分解曲线的上三分之二 Q_1Q_2B 向左平移（$\ln p\text{-}T$ 坐标体系中），使得 $L_W\text{-}H\text{-}V$ 与 $I\text{-}H\text{-}V$ 交点的第一四相点 Q_1 略有下降，在图 3.7 中分别为 Q_1'（10% MeOH）和 Q_1''（20% MeOH）。这里甲醇的浓度指其在体系中自由水的质量浓度。在加注了 10% MeOH 的体系内，水合物仅在 $AQ_1'Q_2'B'$ 的左侧生成；在加注了 20% MeOH 的体系内，水合物仅在 $AQ_1''Q_2''B''$ 的左侧稳定存在。

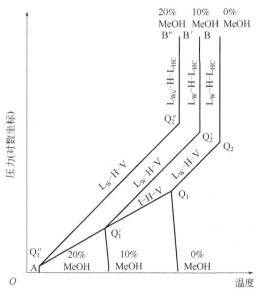

图 3.7　添加了甲醇的烃类水合物生成/分解曲线 $p\text{-}T$ 相图（据 Sloan 等，2007）

为了清楚地表示加入抑制剂后水合物生成/分解曲线向左平移的现象，图 3.7 简化省略了其他未显示的三相曲线。而实际上，图 3.7 是对应于存在第二四相点的水合物客体而言。不同抑制剂随加注量的不同，其抑制效果不同。有关热力学抑制剂的作用机理等内容，将在本章的第六节中进行详细说明。

3.3 经验法确定水合物生成/分解热力学条件

要确定体系所处的温度、压力条件是否满足水合物生成/分解的条件，获得准确的水合物生成/分解曲线至关重要。通过实验方法，确定天然气的水合物生成/分解的温度、压力，可谓是最佳方式。但是，一方面受高压、低温严苛的实验条件限制，另一方面油气藏特性多变复杂，加之实验获得一个水合物平衡点实验周期较长，因此，难以通过实验方法快速测量每一种油气水合物生成/分解曲线。

在热力学相平衡研究还未发展到描述水合物相平衡的热力学模型阶段时，通过经验法来确定水合物生成/分解曲线，是工业界所能应用的主要方法。经验法的优点在于其能快速估算；缺点在于其计算的准确性不高。以 Katz 及其研究团队研究成果为基础（Carroll，2014），被工业界广泛应用可确定水合物生成/分解热力学条件的经验法，包括气体相对密度法、K_{vsi} 值法、经验式法。

3.3.1 气体相对密度法

气体相对密度法由 Katz 和其研究团队在 1940 年提出（Wilcox 等，1941），这个方法的最大优点是足够简化。该方法在确定气体相对密度 [式(3.5)] 基础上，根据图 3.8 或图 3.9，可以快速确定该气体水合物的生成/分解热力学条件。

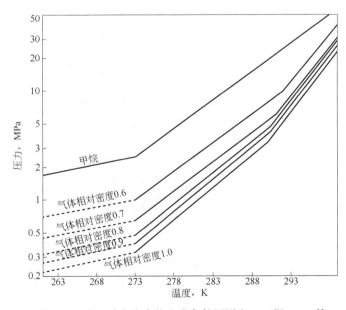

图 3.8 气体相对密度法确定水合物生成条件用图之一（据 Sloan 等，2007）

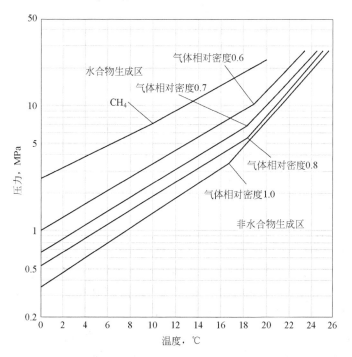

图 3.9　气体相对密度法确定水合物生成条件用图之二（据 Carroll，2007）

$$\gamma = \frac{M_g}{M_{air}} \tag{3.5}$$

式中　γ——气体相对密度；

　　　M_g——气体的摩尔质量，g/mol；

　　　M_{air}——空气的摩尔质量，28.966g/mol。

　　根据具体工程需要，来参照案例进行分析。若要确定该气体在给定压力和温度下是否会生成水合物，则需在图 3.8 或图 3.9 中找到该温度压力点：若该点在该气体对应相对密度条件水合物生成曲线的左上部（高压低温区），则可确定在该温度、压力下满足水合物生成热力学条件；若要确定该气体在给定温度下生成水合物的平衡压力条件，则需要在图 3.8 或图 3.9 中找到该温度，并在该点绘制垂直于温度轴线的直线，该直线与该气体对应相对密度条件水合物生成曲线的交点的压力值，即为所求；若要确定该气体在给定压力下生成水合物的平衡温度条件，则需要在图 3.8 或图 3.9 中找到该压力并在该点绘制垂直于压力轴线的直线，该直线与该气体对应相对密度条件水合物生成曲线的交点的温度值，即为所求。

　　【例 3.1】　根据图 3.8 确定表 3.3 所示气体在 283.2K 时水合物生成/分解所需压力。

　　首先分析气体组成，计算各组分在混合物中的平均摩尔质量及相对密度，列于表 3.3 中。查图 3.8，得到该气体在 283.2K 的水合物生成压力为 3.1MPa。而实验数据表明，该气体在 283.2K 下的水合物生成/分解压力测量值为 2.24MPa。

　　【例 3.2】　据图 3.8 确定 278.2K 含有摩尔质量为 95.6% 甲烷和 4.4% 丙烷的二元混合气，水合物生成/分解压力为 1.95MPa；而据文献可知，278.2K 下该二元混合气的水合物生成压力为 1.3MPa（Sloan，2007）。

表 3.3　某气体的摩尔分数、摩尔质量及相对密度信息（据 Sloan 等，2007）

组成	摩尔分数（y_i），%	摩尔质量（M_i），g/mol	在混合物中的平均摩尔质量（$y_i \cdot M_i$），g/mol	相对密度
CH_4	92.67	16.043	14.867	
C_2H_6	5.29	30.07	1.591	
C_3H_8	1.38	44.097	0.609	
$i-C_4H_{10}$	0.182	58.124	0.106	—
$n-C_4H_{10}$	0.339	58.124	0.196	
C_5H_{12}	0.14	72.151	0.101	
合计	100	—	17.47	0.603

例 3.1 和例 3.2 说明，气体相对密度法的预测精度有限。Sloan（2007）指出，大量数据表明对于气体相对密度小于或等于 0.7 时，本方法所预测的水合物生成/分解条件的准确度较高，然而对于气体相对密度高于 0.9 时，则存在较大的偏差。此外，还应注意图 3.8 或图 3.9 中数据适用于烃类气体。如果气体中含有大量非烃类客体气体，如 CO_2 或 H_2S 等，其预测结果有待考证。尽管如此，气体相对密度法仍是工程中应用较为广泛的估算水合物生成/分解热力学条件的经验方法。

3.3.2　K_{vsi} 值法

K_{vsi} 值法，最初是由 Wilcox 等（1941）构思，并由 Caeson 和 Katz（1942）确定。随后，诸多学者通过补充实验数据不断完善。K_{vsi} 值的定义式为式(3.6)，表示的是气体组分 i 在气相与水合物相的摩尔分数之比。该方法假设体系内存在足量的水可以生成水合物。

$$K_{vsi} = \frac{y_i}{x_{si}}$$
(3.6)

式中　K_{vsi}——气固平衡系数；

y_i——气体组分 i 在气相中的摩尔分数；

x_{si}——气体组分 i 在固相中的摩尔分数。

对于常见的纯水合物客体气体分子（甲烷、乙烷、丙烷、丁烷、异丁烷、硫化氢和二氧化碳），K_{vsi} 值是温度和压力的函数，如图 3.10 至图 3.17 所示。对于甲烷（图 3.10）和氮气（图 3.17）而言，其 K_{vsi} 值大于 1，表明这些组分倾向于存留在气相中；而对于丙烷（图 3.12）或异丁烷（图 3.13），其 K_{vsi} 值小于 1，表明这些组分多倾向于存留在水合物相中。提取图 3.10 至图 3.17 中数据，回归至式(3.7)，能计算不同客体分子 K_{vsi} 值。受限于实验数据，式(3.7) 计算 K_{vsi} 值的适用范围是 0~20℃，压力范围是 0.7~7MPa。要确定气体水合物的相平衡点，应满足气体分子在水合物相中的摩尔分数之和等于 1 [式(3.8)]，这是满足体系的相平衡条件之一。

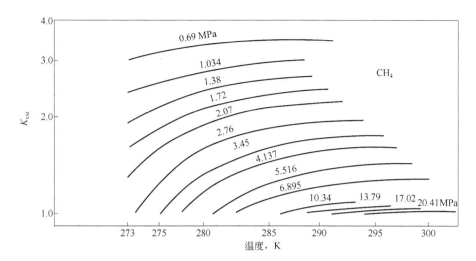

图 3.10 甲烷 K_{vsi} 值图（据 Sloan 等，2007）

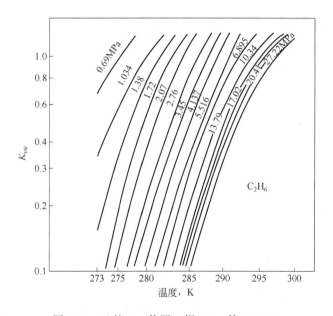

图 3.11 乙烷 K_{vsi} 值图（据 Sloan 等，2007）

$$K_{vsi} = A + BT + C_{\Pi} + DT^{-1} + E\Pi^{-1} + F\Pi T + GT^2 + I\Pi T^{-1} + J\ln(\Pi T^{-1}) + K(\Pi^{-2}) + LT\Pi^{-1} +$$
$$MT^2\Pi^{-1} + N\Pi T^{-2} + OT\Pi^{-3} + QT^3 + R\Pi^3 T^{-2} + ST^4 \tag{3.7}$$

$$\sum_{i=1}^{n} \frac{y_i}{K_{vsi}} = 1 \tag{3.8}$$

式中　T——温度，℉；

　　　Π——绝对压力，psi；

　　　A，B，C，…，Q，R，S——回归系数，见表 3.4。

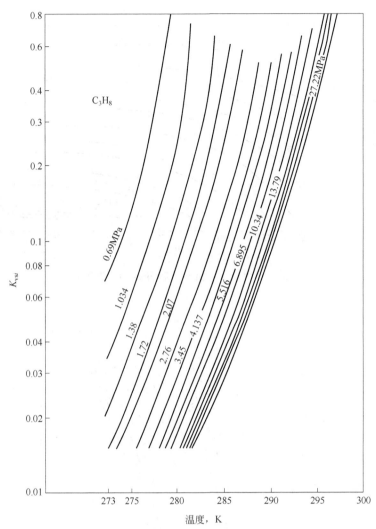

图 3.12 丙烷 K_{vsi} 值图 （据 Sloan 等，2007）

表 3.4 式 (3.7) 对应的系数 （据 Sloan 等，2007）

组分	A	B	C	D	E	F	G	H	I
CH_4	1.63636	0	0	31.6621	-49.3534	-5.31×10^{-6}	0	0	0.128525
C_2H_6	6.41934	0	0	-290.283	2629.1	0	0	-9.00×10^{-8}	0.129759
C_3H_8	-7.8499	0	0	47.056	0	-1.17×10^{-6}	7.15×10^{-4}	0	0
$i-C_4H_{10}$	-2.17137	0	0	0	0	0	1.25×10^{-3}	1.00×10^{-8}	0.166097
$n-C_4H_{10}$	-37.211	0.86564	0	732.2	0	0	0	9.37×10^{-6}	-1.07657
N_2	1.78857	0	-0.001356	-6.187	0	0	0	2.50×10^{7}	0
CO_2	9.0242	0	0	-207.033	0	4.66×10^{-5}	-6.99×10^{-3}	-2.89×10^{-6}	-6.22×10^{-3}
H_2S	-4.7071	0.06192	0	82.627	0	-7.39×10^{-6}	0	0	0.240869

组分	J	K	L	M	N	O	Q	R	S
CH_4	-0.78338	0	0	0	-5.3569	0	-2.30×10^{-7}	-2.00×10^{-8}	0
C_2H_6	-1.19703	-8.46×10^4	-71.0352	0.596404	-4.7437	7.82×10^4	0	0	0
C_3H_8	0.12348	1.67×10^4	0	0.23319	0	-4.48×10^4	5.50×10^{-6}	0	0
$i\text{-}C_4H_{10}$	-2.75945	0	0	0	0	-8.84×10^2	0	-5.40×10^{-7}	-1.00×10^{-8}
$n\text{-}C_4H_{10}$	0	0	-66.221	0	0	9.17×10^5	0	4.98×10^{-6}	-1.26×10^{-6}
N_2	0	0	0	0	0	5.87×10^5	0	1.00×10^{-8}	1.10×10^{-7}
CO_2	0	0	0	0.27098	0	0	8.82×10^{-5}	2.55×10^{-6}	0
H_2S	-0.64405	0	0	0	-12.704	0	-1.30×10^{-6}	0	0

注：丙烷生成水合物的前提条件是与至少存在一个小分子的客体。

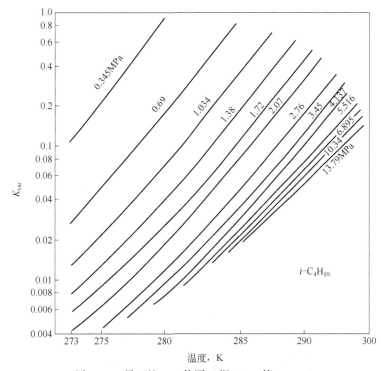

图 3.13 异丁烷 K_{vsi} 值图（据 Sloan 等，2007）

一般而言，在已知气相组成的情况下，欲通过 K_{vsi} 值法确定给定温度条件下的水合物生成/分解压力。需要根据式（3.7）计算任意两个压力下该给定温度条件的两个 K_{vsi} 值。所选择的两个压力，至少满足其中一个压力计算的式（3.8）等式左侧值大于 1，另外一个压力计算的该值小于 1，如此可以确定给定温度下的水合物生成/分解压力在试算的两个压力范围之间。随后通过线性内插，找到满足式（3.8）条件的压力，则通过本法确定了该给定温度下水合物的生成/分解压力。

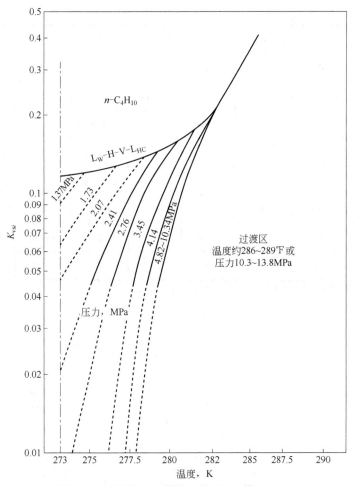

图 3.14　正丁烷 K_{vsi} 值图（据 Sloan 等，2007）

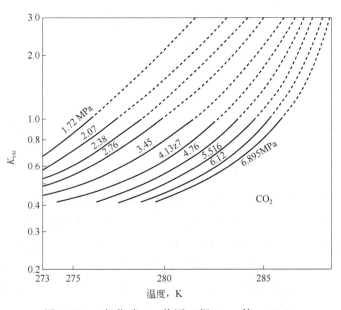

图 3.15　二氧化碳 K_{vsi} 值图（据 Sloan 等，2007）

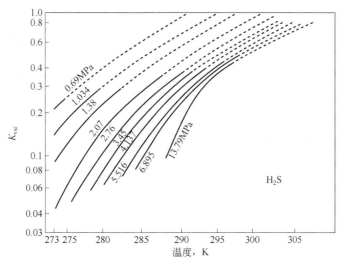

图 3.16　硫化氢 K_{vsi} 值图（据 Sloan 等，2007）

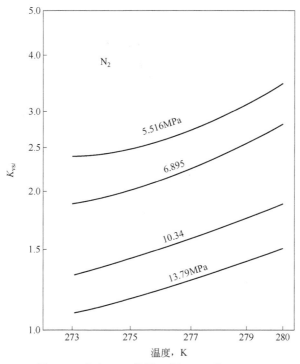

图 3.17　氮气 K_{vsi} 值图（据 Sloan 等，2007）

【例 3.3】　应用 K_{vsi} 值确定表 3.3 所示气体组成在 283.2K 的水合物生成/分解所需压力。

首先，分别选取 2.07MPa 和 2.41MPa 计算各组分的 K_{vsi} 值及式（3.8）等式左侧值，随后通过线性内插确定给定温度下该气体的水合物生成/分解压力是 2.3MPa。该计算值较为接近该气体在 283.2K 下的水合物生成/分解压力测量值 2.24MPa。

【例 3.4】　应用 K_{vsi} 值确定 278.2K 时含有摩尔分数分别为 95.6%甲烷和 4.4%丙烷的二元混合气，水合物生成/分解压力为 1.26MPa，该值较接近实验数据测量值 1.3MPa。

例 3.3 和例 3.4 表明 K_{vsi} 值法的预测精度相较于气体相对密度法有提高，但是相比于气体相对密度法，该方法应用的复杂度有增加。当计算确定甲烷水合物生成/分解热力学平衡条件时，应用 K_{vsi} 值法计算精度较高；当重烃组分多或酸性气体多或压力较高时，应用该方法的误差较大。此外，该法没有考虑水合物结构变化对水合物生成/分解热力学条件的影响。Mann 等（1989）对 K_{vsi} 值法进行改进，增加了结构的影响。但是，值得注意的是，该方法只适用于冰点以上的水合物生成/分解热力学条件的确定。

3.3.3 经验式估算法

常用的经验式式(3.9)，是根据气体不同密度来估算给定温度下的水合物生成/分解的压力的方法，称为波诺马列夫法，回归系数列于表 3.5。

$$\begin{cases} \lg p = -1.0055 + 0.0541(B + T - 273.1) & (T > 273.1\text{K}) \\ \lg p = -1.0055 + 0.0171(B_1 - T - 273.1) & (T \leqslant 273.1\text{K}) \end{cases} \tag{3.9}$$

式中　T——水合物生成/分解温度，K；

　　　p——压力，MPa；

　　　B、B_1——系数，见表 3.5。

表 3.5　波诺马列夫法估算水合物生成条件

气体相对密度	B	B_1
0.56	24.25	77.4
0.58	20.00	64.2
0.60	17.67	56.1
0.62	16.45	51.6
0.64	15.47	48.6
0.66	14.76	46.9
0.68	14.34	45.6
0.70	14.00	44.4
0.72	13.72	43.4
0.75	13.32	42.0
0.80	12.74	39.9
0.85	12.18	37.9
0.90	11.66	36.2
0.95	11.17	34.5
1.00	10.77	33.1

3.4　水合物生成/分解热力学相平衡理论

气体水合物热力学模型研究，起源于 20 世纪 50 年代。基于统计热力学，van der Waals 和 Platteuuw（1959）提出了经典的水合物热力学模型。该模型判断水合物相平衡的标准是满足水在富水相和水合物相中的逸度相等。在此模型的基础上，诸多研究者从算法及理论上进行了不同的改进，被广泛应用的模型包括 Parrish‑Prausnitz（1972）、Ng‑Robinson（1975）、John‑Holder（1985）、Chen‑Guo（1998）、Ballard‑Sloan（2002）等模型。本节将简述经典的、应用广泛的水合物热力学模型及含水合物相平衡闪蒸计算方法。

3.4.1　van der Waals‑Platteeuw 模型

根据相平衡准则可知，对于含水合物体系，需要满足各组分在气相、液烃相、水相（冰相）和水合物相的化学势均相等。由于水在气相和液烃相中的含量很低，而在水相和水合物相的含量较高，因此对于水而言，其在水相和水合物相（或冰相和水合物相）的化学势相等，是约束体系相平衡计算的关键，即对于液态水体系需要满足式(3.10)，对于冰点以下体系需要满足式(3.11)。以假定的空水合物晶格的化学势作为参考态，则平衡准则可改写为式(3.12) 至式(3.16)。需要注意的是，水合物相平衡不仅仅包括水在各相中的平衡计算，同样离不开气体各组分中的平衡计算。

$$\mu_{W,H} = \mu_{W,L} \tag{3.10}$$
$$\mu_{W,H} = \mu_{W,I} \tag{3.11}$$
$$\Delta\mu_{W,H} = \Delta\mu_{W,L} \tag{3.12}$$
$$\Delta\mu_{W,H} = \Delta\mu_{W,I} \tag{3.13}$$
$$\Delta\mu_{W,H} = \mu_\beta - \mu_{W,H} \tag{3.14}$$
$$\Delta\mu_{W,L} = \mu_\beta - \mu_{W,L} \tag{3.15}$$
$$\Delta\mu_{W,I} = \mu_\beta - \mu_{W,I} \tag{3.16}$$

式中　$\mu_{W,H}$——水在水合物相的化学势；

$\mu_{W,L}$——水在液态水相的化学势；

$\mu_{W,I}$——水在冰相的化学势；

μ_β——空水合物晶格中的化学势；

$\Delta\mu_{W,H}$——空水合物晶格中的化学势与水在水合物相的化学势之差；

$\Delta\mu_{W,L}$——空水合物晶格中的化学势与水在液态水相的化学势之差；

$\Delta\mu_{W,I}$——空水合物晶格中的化学势与水在冰相的化学势之差。

van der Waals 和 Platteeuw（1959）所提出模型的假设条件如下：（1）假设水分子（主体）对水合物自由能的贡献与孔穴被填充的状况有关，可以避免填充在孔穴中的客体分子使水合物晶格变形；（2）每个孔穴最多只能容纳一个客体分子，客体分子不能在孔穴之间交换位置；（3）客体分子之间不存在相互作用，气体分子只与紧邻的水分子存在相互作用；（4）不需要考虑量子效应，因此经典统计力学可以适用；（5）客体分子的内运动配分函数与理想气体分子一样；（6）客体分子在孔穴中的位能可用球形引力势来表示，以此将孔穴壁上的水分子均匀分散在球形化的孔穴壁上。

基于上述假设，van der Waals 和 Platteeuw 应用巨正则配分函数推导水在水合物相的化学势。其中，水合物的正则配分函数由空水合物晶格（水分子的贡献）、客体分子在不同类型孔穴中的排列方式数、孔穴中所有客体分子的配分函数三项乘积获得。根据配分函数以及宏观热力学性质之间的相互关系，最终推导出水在水合物相中的化学势是孔穴中客体分子占有率的函数［式(3.17) 或式(3.18)］。因此，孔穴客体分子占有率越大，水在水合物相的化学势越小，表明水合物结构越稳定。

$$\mu_{W,H} = \mu_{W,\beta} + kT \sum_{i=1}^{n_{cav}} v_i \ln\left(1 - \sum_{j=1}^{n_{comp}} \theta_{ji}\right) \tag{3.17}$$

$$\Delta\mu_{W,H} = \mu_{W,\beta} - \mu_{W,H} = - kT \sum_{i=1}^{n_{cav}} v_i \ln\left(1 - \sum_{j=1}^{n_{comp}} \theta_{ji}\right) \tag{3.18}$$

式中 $\mu_{W,H}$——水在水合物相的化学势；

       $\mu_{W,\beta}$——空水合物晶格中的化学势；

       k——Boltzmann 常数；

       T——温度；

       i——孔穴类型序号；

       n_{cav}——孔穴类数目；

       j——组分序号；

       n_{comp}——组分数；

       v_i——水合物结构特性常数，表示每个水分子所拥有的 i 型孔穴数目（结构 I 型水合物，大孔取 3/23，小孔取 1/23；结构 II 型水合物，大孔取 1/17，小孔取 2/17）；

       θ_{ij}——客体分子 j 在 i 类型孔穴中的占有率。

    van der Waals-Platteeuw 模型提出客体分子被水分子包络的过程，类似于 Langmuir 等温吸附过程。Langmuir 常数可用来反映孔穴对客体分子吸引程度的大小。客体分子的孔穴占有率可通过 Langmuir 常数式(3.19) 来确定，取决于所采用的分子势能模型，是温度的函数。该表达式中的参数，可由单气体分子水合物实验数据拟合获得，计算相对复杂。此模型已被广泛用于水合物生成/分解热力学条件计算中，是经典的水合物相热力学模型。

$$\theta_{ji} = \frac{C_{ji} f_j}{1 + \sum_{k=1}^{n_{comp}} C_{ki} f_k} \tag{3.19}$$

式中 θ_{ij}——客体分子 j 在 i 类型孔穴中的占有率；

       C_{ji}——客体分子 j 在 i 孔穴中的 Langmuir 常数；

       f_j——表示 j 组分的逸度；

       f_k——表示 k 组分的逸度；

       k——Boltzmann 常数；

       T——温度；

       i——孔穴类型序号；

       j——组分序号；

       k——组分序号；

       n_{comp}——组分数。

3.4.2   Parrish-Prausnitz 模型

    Parrish-Prausnitz 考虑到 Langmuir 常数仅为温度的函数，在 van der Waals-Platteeuw 模型基础上，引入式(3.20)，即 Langmuir 常数的经验计算式，使得 van der Waals-Platteeuw (1959) 模型计算更简化、更高效（1972）。同时，Parrish-Prausnitz 首次将改进的 van der Waals-Platteeuw 模型应用到多元天然气体系和含抑制剂体系中水合物生成/分解热力学条件的预测。

$$C_{ji} = \frac{A_{ji}}{T}\exp\left(\frac{B_{ji}}{T}\right)$$ （3.20）

式中　C_{ji}——客体分子 j 在 i 孔穴中的 Langmuir 常数；

A_{ji}、B_{ji}——通过 Kihara 势能模型与实验相结合确定拟合参数，对于不同的水合物结构，对应的不同参数（具体参数值详见原始文献）。

3.4.3　Ng-Robinson 模型

为了解决 Parrish-Prausnitz 模型对非对称混合物体系水合物生成/分解热力学条件预测偏高的问题，Ng-Robinson 模型（1976）在 van der Waals-Platteeuw 模型的基础上，提出了水在液态水相化学势计算的修正式［式(3.21)］。该修正式引入了不同分子大小或类型、不同物质间的交互作用系数，从而使该修正式能预测混合气体、液烃相的水合物生成/分解热力学条件。

$$\Delta\mu_{\mathrm{W,L}} = RT\prod_{j=1}^{n_{\mathrm{comp}}}[1 + 3(\alpha_j - 1)y_j^2 - 2(\alpha_j - 1)y_j^3] \times$$

$$\Big[\sum_{i=1}^{n_{\mathrm{cav}}}v_i\ln\Big(1 + \sum_{j=1}^{n_{\mathrm{comp}}}C_{ji}f_j\Big) + \ln X_{\mathrm{W}}\Big]$$ （3.21）

式中　$\Delta\mu_{\mathrm{W,L}}$——空水合物晶格中的化学势与水在液态水相的化学势之差；

R——气体常数；

T——温度；

i——孔穴类型序号；

n_{cav}——孔穴类数目；

j——组分序号；

n_{comp}——组分数；

v_i——水合物结构特性常数，表示每个水分子所拥有的 i 型孔穴数目（结构 I 型水合物，大孔取 3/23，小孔取 1/23；结构 II 型水合物，大孔取 1/17，小孔取 2/17）；

C_{ji}——客体分子 j 在 i 类型孔穴中的 Langmuir 常数；

α_j——混合物中最轻的组分与水合物客体组分 j 之间的交互作用参数；

y_j——混合物中某一组分 l 的摩尔分数（干基）；

X_{W}——水在液相中的摩尔分数。

3.4.4　John-Holder 模型和 Du-Guo 模型

John 和 Holder（1985）改进了 van der Waals-Platteeuw（1959）模型中 Langmuir 常数的计算表达式，提出应考虑客体分子的非球形及外层水分子对孔穴的势能影响。但是该改进计算方法仍相对复杂，Du 和 Guo（1990）以更为简单的方式改进了 John-Holder（1985）所提出的 Langmuir 常数计算式，以式(3.22) 直接与温度相关联。

$$C_{ji} = \frac{a_{ji}}{T} \exp\left(\frac{b_{ji}}{T} + \frac{d_{ji}}{T^2}\right)$$ (3.22)

式中 C_{ji}——客体分子 j 在 i 孔穴中的 Langmuir 常数；

　　　a_{ji}，b_{ji}，d_{ji}——客体分子 j 在 i 孔穴中计算 C_{ji} 的常数。

3.4.5 Chen-Guo 模型

1999 年，中国石油大学（北京）的陈光进教授和郭天民教授，提出了两阶段水合物生成机理（Chen 和 Guo, 1998）。

在第一阶段，水合物生成被认为是准化学反应动力学过程，可通过拟化学反应平衡反应描述 [式(3.23)]。在这个阶段中，可获得具有化学计量型的基础水合物。而基础水合物恰是溶于水中的气体分子与包围它的水分子形成的不稳定分子簇，这些分子簇形成的是络合孔。分子簇是具有多面体的络合孔，在缔合过程中需要保持水分子四个氢键处于饱和状态，因此不能紧密堆积，从而必然形成空的包腔，可称之为联结孔。基础水合物就是络合孔经联结孔联结，并向周围空间发展，形成具有固定化学组成和一定晶体结构的物质。在第一阶段所形成的基础水合物，络合孔被认为全部占据，而联结孔未被占据。

$$H_2O + \lambda_2 G \longrightarrow G_{\lambda_2} \cdot H_2O$$ (3.23)

式中 G——气体客体分子；

　　　λ_2——基础水合物中每一个水分子所包络的气体分子数（对于结构 I 型水合物该值为 3/23，对于结构 II 水合物该值为 1/17）。

在第二阶段，水合物的生成被认为是吸附动力学过程，溶于水中的气体小分子（如 CO_2、CH_4 等）会进入联结孔，但这一过程并不一定会发生。由于联结孔的孔径较小，较大的气体大分子（如 C_3H_8、$i-C_4H_{10}$ 等）无法进入。即使较小的气体分子，也不会占据百分之百的联结孔。因此，对于这一填充联结孔的过程，可以用 Langmuir 吸附理论来描述联结孔中的物理吸附平衡。

不同客体分子形成的基础水合物的结构和化学计量性不同。从局部稳定性分析，一般认为大笼是络合孔；而从动力学机理分析，则络合孔未必是大笼。实际上，在处理混合气体问题时，以大笼为络合孔建立统一的数学模型更方便；但从物理意义上说，以小笼为络合孔的假设更符合实际。

Chen-Guo（1998）在两阶段水合物生成机理基础上，假设小笼为联结孔，大笼为络合孔，结合热力学基础知识推导得式(3.24) 和式(3.25)；若假设大笼为联结孔，小笼为络合孔，则表达式转为式(3.26) 和式(3.27)。

$$\theta_1 = \frac{C_1 f_g}{1 + C_1 f_g}$$ (3.24)

$$f_g = \exp\left(\frac{\Delta\mu_w}{RT\lambda_2}\right) \times \frac{1}{C_2} \times (1 - \theta_1)^{\lambda_1/\lambda_2}$$ (3.25)

$$\theta_2 = \frac{C_2 f_g}{1 + C_2 f_g}$$ (3.26)

$$f_g = \exp\left(\frac{\Delta\mu_w}{RT\lambda_1}\right) \times \frac{1}{C_1} \times (1-\theta_2)^{\lambda_2/\lambda_1} \tag{3.27}$$

式中　θ_1——气体在小笼［对式（3.24）和式（3.25），为联结孔；对式（3.26）和式（3.27），为络合孔］中的占有率；

θ_2——气体在大笼［对式（3.24）和式（3.25），为络合孔；对式（3.26）和式（3.27），为联结孔］中的占有率；

C_1——气体在小笼［对式（3.24）和式（3.25），为联结孔；对式（3.26）和式（3.27），为络合孔］中的 Langmuir 常数；

C_2——气体在大笼［对式（3.24）和式（3.25），为络合孔；对式（3.26）和式（3.27），为联结孔］中的 Langmuir 常数；

f_g——客体组分的逸度；

$\Delta\mu_w$——空水合物晶格中的化学势与水在液态水相或冰相的化学势之差；

λ_1——小笼［对式（3.24）和式（3.25），为联结孔；对式（3.26）和式（3.27），为络合孔］与水分子的比值，对于结构 Ⅰ 型水合物该值为 1/23，对于结构 Ⅱ 型水合物该值为 2/17；

λ_2——大笼［对式（3.24）和式（3.25），为络合孔；对式（3.26）和式（3.27），为联结孔］与水分子的比值，对于结构 Ⅰ 型水合物该值为 3/23，对于结构 Ⅱ 型水合物该值为 1/17；

R——气体常数；

T——温度。

对于多元气体水合物而言，满足平衡气相中各组分的逸度的计算方法见式（3.28），其中小笼中的占有率的计算方法见式（3.29），Langmuir 常数可通过关联式（3.30）计算获得。同时，客体分子在基础水合物中的摩尔分数应满足归一化条件，见式（3.31）。

$$f_i = x_i \exp\left(\frac{\Delta\mu_w}{RT\lambda_2}\right) \times \frac{1}{C_{2i}} \times \left(1 - \sum_{i=1}^{k}\theta_{1i}\right)^{\alpha} \tag{3.28}$$

$$\theta_{1i} = \frac{C_{1i}f_i}{1 + \sum_{i=1}^{k}C_{1i}f_i} \tag{3.29}$$

$$C_{2i} = X_i \exp\left(\frac{Y_i}{T-Z_i}\right) \tag{3.30}$$

$$\sum_{i=1}^{k}x_i - 1 = 0 \tag{3.31}$$

式中　θ_{1i}——客体分子 i 在小笼中的占有率；

x_i——客体分子 i 在基础水合物中的摩尔分数；

C_{2i}——客体分子 i 在大笼中的 Langmuir 常数；

f_i——客体组分 i 的平衡逸度；

$\Delta\mu_w$——空水合物晶格中的化学势与水在液态水相或冰相的化学势之差；

α——为 λ_1 与 λ_2 的比值，是水合物的结构参数，对于结构 Ⅰ 型水合物该值为 1/3，对于结构 Ⅱ 型水合物该值为 2；

R——气体常数；

T——温度；

k——水合物客体分子数；

X_i，Y_i，Z_i——Langmuir 常数计算所用 Antoine 常数（具体参数值详见原始文献）。

经过对基础水合物的特征化处理及推演，式（3.28）可改写为式（3.32）：其中，水相、冰相的逸度分项可分别通过式（3.33）、式（3.34）确定，与水合物结构有关的平衡逸度分项可通过式（3.35）计算，与水活度对应的逸度分项由式（3.36）给出。客体分子间的交互作用，会影响混合气体水合物生成条件的计算精度。而实际上，对于 Ⅰ 型结构水合物，二元交互作用很小，可以忽略；对于 Ⅱ 型结构水合物，小分子与小分子间、大分子与大分子间的交互作用也可忽略。因此，实际用到的交互作用参数值并不多，其中最重要的是甲烷和丙烷、丁烷间的交互作用参数值，对天然气水合物的生成条件影响较大。

$$f_i = x_i f_{iT,0} f(p) f(a_\text{w}) \left(1 - \sum_{i=1}^{k} \theta_{1i}\right)^{\alpha} \tag{3.32}$$

$$f_{iT,0} = \exp\left(-\frac{\sum\limits_{j=1}^{k} A_{ij}\theta_{1j}}{T}\right) a_i \exp\left(\frac{b_i}{T - c_i}\right) \tag{3.33}$$

$$f_{iT,0} = \exp\left[\frac{D_i(T - 273.15)}{T}\right] \exp\left(-\frac{\sum\limits_{j=1}^{k} A_{ij}\theta_{1j}}{T}\right) a_i \exp\left(\frac{b_i}{T - c_i}\right) \tag{3.34}$$

$$f_p = \exp\left(\frac{\beta P}{T}\right) \tag{3.35}$$

$$f(a_\text{w}) = a_\text{w}^{-1/\lambda_2} \tag{3.36}$$

式中　θ_{1i}——气体在小笼中的占有率；

x_i——客体分子 i 在基础水合物中的摩尔分数；

f_i——客体组分 i 的平衡逸度；

$f_{iT,0}$——纯基础水合物客体组分 i 的平衡逸度分项；

f_p——与水合物结构有关的客体组分 i 的平衡逸度分项；

$f(a_\text{w})$——水活度对应的逸度分项；

α——为 λ_1 与 λ_2 的比值，是水合物的结构参数，对于结构 Ⅰ 型水合物该值为 $1/3$，对于结构 Ⅱ 型水合物该值为 2；

β——只与水合物结构类型有关的常数，对于结构 Ⅰ 型水合物其值为 0.4242K/bar，结构 Ⅱ 型水合物其值为 1.0224K/bar。

λ_2——大笼与水分子的比值，对于结构 Ⅰ 型水合物该值为 $3/23$，对于结构 Ⅱ 型水合物该值为 $1/17$。

a_w——富水相中水的活度，对于纯水体系，a_w 可近似取 1；

p——压力；

T——温度；

a_i，b_i，c_i——不同客体分子对应的不同结构水合物的 Antoine 常数（具体参数值详见原始文献）；

D_i——不同客体分子在冰点以下水合物生成的校正系数（具体参数值详见原始文献）；

A_{ij}——由典型的二元水合物生成数据回归得到的二元交互作用参数（具体参数值详见原始文献）。

Chen-Guo 模型在非纯水体系的扩展应用，主要依赖于对式(3.36) 中水活度的计算改进（Ma 等，2003）。Liu 等（2017）和 Du 等（2019）分别基于实验数据提出了适用于含有 THIs 热力学抑制剂或盐类物质的水活度的计算式，分别为式(3.37) 和式(3.38)。为了拓展 Chen-Guo 模型在油水乳液体系中的应用，陈俊（2014）开展了水合物在油包水乳液生成的亚稳态边界实验，耦合了毛细管压力和相界面作用影响，提出了乳液体系水活度的计算方法。

$$a_w = x_w \exp \left[(1-x_w)^2 \times (AA_1 + AA_2 \times x_w^{AA_3}) \right] \tag{3.37}$$

$$\ln a_w = -\frac{\Delta H}{nR}\left(\frac{1}{T} - \frac{1}{T_0}\right) \tag{3.38}$$

式中　a_w——富水相中水的活度；

　　　x_w——水在醇溶液中的浓度；

　　　AA_1、AA_2、AA_3——实验数据回归参数（具体参数值详见原始文献）；

　　　ΔH——水合物生成放热量；

　　　n——水合数；

　　　R——气体常数；

　　　T——温度；

　　　T_0——纯水体系水合物生成温度。

因 Chen 和 Guo（1998）模型在水合物热力学计算中所需输入的参数简单，并可将水合物的热力学和溶解热力学计算统一，更接近普通的溶液热力学模型，所以该模型比起传统的 van der Waals-Platteeuw（1959）模型的数学表达式简单得多，避免了直接计算化学势。经大量实验数据测试，特别是对天然气水合物生成计算，Chen 和 Guo（1998）模型计算稳定性好，计算精度满足工程应用（陈光进等，2020）。此外，在天然气酸性气体体积量超过 1%时，Chen-Guo 模型表现出较好的预测精度，且拓展到了更多的应用领域，包括预测多孔介质中水合物的生成条件等（陈光进等，2020；Wang 等，2021）。

3.4.6　Ballard-Sloan 模型

Ballard-Sloan（2002a，2002b，2004a，2004b）在 Bishnoi 教授团队 Gupta（1990）突破性工作的基础上扩展，提出了 Gibbs 自由能最小的水合物相平衡计算方法。此方法的优势在于：如果在不知道体系中相态情况下，可以通过 Gibbs 自由能确定体系相态的情况，即对于一个具有 m 个组分、π 个可能的相平衡条件下，须满足各组分在各相中的物料守恒 [式(3.39)]，以系统处于 Gibbs 自由能最小，作为平衡闪蒸的收敛条件。该模型的详细计算方法，本书不做详细介绍，可参见原始文献。

$$E_k = \sum_{i=1}^{m} \frac{z_i(x_{ik}/x_{ir} - 1)}{1 + \sum_{j=1, j \neq k}^{\pi} \alpha_j(x_{ij}/x_{ir} - 1)} = 0 \qquad (k = 1, \cdots, \pi) \tag{3.39}$$

式中　z_i——入流组分 i 的摩尔分数；

　　　α_j——j 相的相摩尔分数；

x_{ik}——组分 i 在 k 相的摩尔分数；

r——下标 r 表示参考相。

3.5　水合物生成/分解热力学相平衡计算软件

3.5.1　水合物生成/分解热力学相平衡计算软件

对含水合物的体系，常常涉及气、液态（水）、固态（水合物）等多个相态，这是多变而复杂的体系。富水相的化学势和其在水合物相的化学势计算，是多相闪蒸计算的关键（陈光进等，2020）。因 Chen-Guo 模型在水合物热力学计算中的稳定性强（Wang 等，2021），中国石油大学（北京）宫敬课题组编制了适用于水合物生成的计算程序（HyFlow），选用不对称 NDD 混合规则和 PR-EOS 状态方程相结合，进行天然气—凝析液—凝析水三相平衡闪蒸计算；应用 Chen-Guo 模型判断水合物相平衡的收敛条件；计算程序同时能对混输管道的相特性及多元气体水合物生成条件进行预测（宫敬等，2016）。

基于 Ballard-Sloan（2002a，2002b，2004a，2004b）的 Gibbs 自由能最小理论，美国科罗拉多矿业学院水合物研究中心编制了多相闪蒸计算软件 CSMGem，能处理水相、冰相、晶体盐相、气相、液烃相、Ⅰ型水合物相、Ⅱ型水合物相和 H 型水合物相。该软件计算的温度高于冰点，压力最大可以达到 103.35MPa。能够实现的计算包括：预测特定压力下的水合物生成温度；预测特定温度下的水合物生成压力；实现特定温度与压力的平衡闪蒸；计算特定温度与组成的泡点和露点；计算特定压力与温度的泡点和露点；实现特定压力下的等焓闪蒸；实现特定压力下的等熵闪蒸；该软件可以通过与微软 Office 的 Excel 连接计算相态包络线。该计算程序可到科罗拉多矿业大学水合物研究中心网站下载（http：//www.mines.edu/research/chs/）。

HydraFLASH 是由英国赫瑞瓦特大学自 1986 年以来一直致力于开发的一款以水合物计算为特色的相态计算软件。该软件是一款综合性的计算工具，能够模拟多种条件下的相平衡计算，目前已经被诸多公司广泛应用。它能应用 SRK、PR、VPT、CPA 及 PC—SAFT 等状态方程，模拟油、气、水，含盐、含醇、含 CO_2、含水合物、含冰的体系，在其数据库中共收录 170 余种组分，可用于模型计算，具有操作简单灵活的特点。软件的相关介绍，可以查阅赫瑞瓦特大学的水合物研究中心官网（http：//www.hydrafact.com）。

3.5.2　商业软件相态计算模块

除了上述科研院所与高校所编制的针对水合物相特性的软件外，实际上油气工业领域，相态模拟计算更早、更广泛的应用是在化学工程的平衡分离中，因此化工模拟软件在相态计算方面发展更久，功能也更加完善。其中典型的化工模拟软件为美国 Aspen 科技有限公司的 Hysys 和 Aspen+。同时，因相态和物性模拟作为管流计算尤其是多相流计算的重要基础，是多相流模拟软件中必不可少的一部分。其中的典型为烃类多相流模拟软件 OLGA 中 PVTsim 和 Multiflash 的应用。这些软件中，均具有水合物生成/分解热力学相平衡的计算模块。

Hysys 作为一款主要面向油气分离、处理和加工的软件，在油田地面工程设计与模拟中应用十分普遍。其应用主要集中在联合处理站工艺设计方面，包括气液分离、脱酸、脱碳、脱水等。而组分和相态计算模块作为上述工艺过程的基础，在 Hysys 中也有十分重要的地位。由于准确的模拟结果需要基于合适的模型和可靠的数据，Hysys 为此提供了丰富的热力学计算数据和方法。当前通用版本包括 4500 多个纯组分数据、20000 多个交互作用参数，以及理想气体、RK、SRK、PR、酸性气体 SRK、酸性气体 PR 等近 20 个状态方程，此外还包括假组分的计算等功能。

由于 Hysys 主要针对油气系统，而 Aspen+ 面向更广的化工模拟，后者包含更多的模型算法，功能也更加丰富。Aspen+ 数据库几乎可以涵盖石油化工理论研究和工程实践中可能遇到的所有纯组分，更重要的是对于同一组分物性参数，Aspen Plus 还提供不同实验和数据来源的参数值。热力学模型方面，Aspen Plus 也提供了丰富的选择。相比之下，Hysys 有明显的石油行业针对性，而其中的数据和模型也主要限于油气体系的分析和处理。

PVTsim 是石油工程和油气储运领域、尤其是油气田管道多相流模拟计算中应用最广泛的相态模拟软件之一。早期版本的 PVTsim 的开发目的在于为水力计算提供组分物性计算数据，因而与 Hysys 相比，其组分数据、热力学模型非常有限，仅局限于满足基础工程计算。其中，热力学状态方程以 SRK 和 PR 两种基础模型为主，最新版本增加了 PC—SAFT 模型；闪蒸计算主要针对气液两相闪蒸，物性模拟也远不如面向化工的相态计算软件丰富。PVTsim 的主要特点是其在石油和储运工程中的应用。PVTsim 除基础闪蒸、相图生成的功能外，一个十分重要的功能是生成用于水力热力计算的组分物性文件（其中包含组分流体在一定温度压力范围内各物性参数值）。该文件被作为许多水力计算软件物性输入标准文件，因此该功能使 PVTsim 在油气储运和多相流计算领域占据了十分重要的地位。除物性文件生成以外，PVTsim 还提供包括水合物和蜡在内的流动保障问题分析功能。为更好地辅助水力计算及其他工程计算软件，PVTsim 还设计有 OLGA、PipePhase 等流动软件及 Hysys、PRO/II 等其他软件的数据接口。

Multiflash 在功能上类似 PVTsim，是目前 OLGA 和多相流瞬态模拟流动保障软件 LedaFlow 指定的相态模拟计算软件。Multiflash 在物性方法选择方面略多于 PVTsim，而其在相态模拟计算方面更倾向于多相模拟计算，但其在物性模拟精度方面略差于 PVTsim。为方便相态计算软件的调用，很多流动模拟软件中会内嵌商业相态计算软件的部分功能，其中 OLGA 和 LedaFlow 中都内嵌有 Multiflash 的基础功能模块。

综合分析上述软件，Aspen+ 更适于应用在基础理论研究中，尤其科研中模型的建立及验证可以参考 Aspen+ 丰富的模型和基础数据；而就油气储运工程应用而言，Hysys 的计算结果更具有参考价值。而 PVTsim 和 Multiflash 主要面向油气管道多相流计算的软件，在理论模型方面比面向化工模拟的 Hysys 和 Aspen+ 有所欠缺，但其面向油气管流工程计算方面的功能十分全面且模拟结果在工程需求范围内足够可靠。油气管道模拟计算软件中，也有部分软件内置相态和物性计算模块。以 PipePhase 为例，该软件提供组分流体的建立和热力学模型选择等基础设置，内嵌了非独立的相态模块，可在计算过程中直接调用，获得所需的物性数据。

目前，我国一些研究机构和高校院所在设计开发多相流计算软件或化工模拟软件的过程中或多或少内嵌了功能相对简单的相态计算模块，但目前尚没有对外开放并在工程上得到认可的成型软件。因此，研发具有多模型、多算法、大规模组分数据支持，可封装模块化，被工程认可的，具有自主知识产权的相态计算软件，对于油气工程软件自主的开发至关重要。

3.6　水合物热力学抑制剂

水合物在油气输送系统生成，是危害油气开发连续安全生产的不利因素。根据前述图 3.7 所示的含热力学抑制剂的水合物 p—T 相图分析可知，注入热力学抑制剂，改变水合物生成热力学条件，是油气输送系统中有效防控水合物生成的常用方法。本节重点介绍各类热力学抑制剂，并介绍工程应用热力抑制剂注入量的估算方法、注入方式及回收等方面的注意事项。

3.6.1　醇类、甘醇类热力学抑制剂

醇类、甘醇类热力学抑制剂，工业上常用的主要为甲醇（MeOH）、乙二醇（MEG）。甲醇和乙二醇的化学结构（图 3.18）是决定其可以抑制水合物生成的关键。根据相似相溶原理，甲醇和乙二醇结构中具有羟基的氧原子（具有两对孤对电子）和相邻水分子中氢原子（带正电）相吸，从而形成作用力较强的氢键。抑制剂和水分子间的氢键，会与生成水合物笼形结构的水分子间的氢键竞争，有效削弱了水合物结构中水分子相互结合的能力，阻止水分子参与固体水合物结构的形成，使这些水分子留在液相中，改变水合物相的化学位，降低界面上的水蒸气分压，使水合物的生成区域向更高压力、更低温度方向缩小。此外甲醇和乙二醇的甲基（亚甲基）端，具有与水形成溶剂簇的趋势。因此，与抑制剂不存在的情况相比，在注入甲醇或乙二醇的体系，水分子组成笼形结构的阻力增加，使得天然气中水蒸气分压低于水合物的蒸气压，致使水合物生成稳定区域缩小。

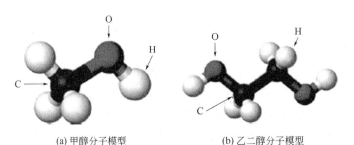

(a) 甲醇分子模型　　　　　　　(b) 乙二醇分子模型

图 3.18　甲醇及乙二醇分子模型（据 Sloan 等，2007）

如图 3.19 中所示，随着注入热力学抑制剂占游离水质量浓度增加，表明体系中被注入的甲醇和乙二醇量越多，进而阻止水分子参与水合物结构的能力就越强。但是，当加注甲醇和乙二醇的质量浓度相同时，则在其他条件相同情况下，甲醇的抑制效果最好，乙二醇次之。

由于甲醇（MeOH）、乙二醇（MEG）两种醇类各自的物理性质不同（表 3.6），在工程应用中，作为热力学抑制剂防控油气开发系统的水合物生成的优劣也不同（表 3.7）。因甲醇所具有的易燃、有毒（空气中甲醇含量达到 $39\sim65mg/m^3$ 时，人在 $30\sim60min$ 内会出现中毒现象）性质会恶化下游系统催化剂等问题，因此在中东、北海和环太平洋地区的油气田

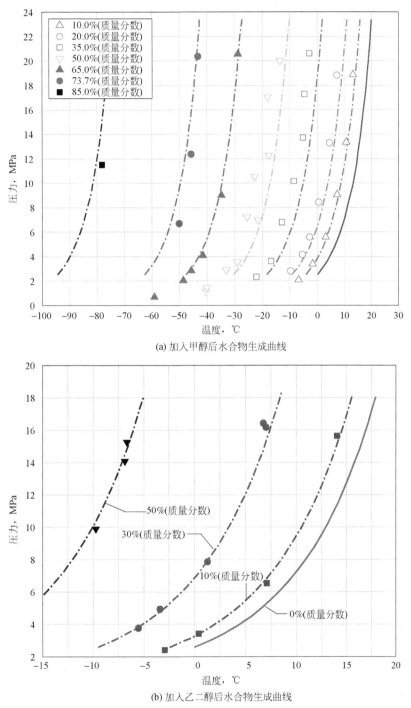

(a) 加入甲醇后水合物生成曲线

(b) 加入乙二醇后水合物生成曲线

图 3.19 加入不同类型热力学抑制剂后水合物生成曲线 （据 Carroll，2007）

地面系统中，乙二醇作为抑制剂应用更为广泛。通过向管线内注醇类热力学抑制剂是目前国内外防控水合物生成最有效、最成熟的方式，但其具有耗量大、成本高等缺点。应合理制定热力学抑制剂的加注工艺、加注量、加注时间和加注周期，并根据现场实际情况，实时动态调整热力学抑制剂的加注方案。

表 3.6　甲醇和乙二醇抑制剂性质（据冯初叔等，2006）

名称	甲醇（MeOH）	乙二醇（MEG）
分子式	CH_3OH	$C_2H_6O_2$
分子量	32.042	62.07
凝点，℃	−97.8	−11.5
蒸气压（20℃），kPa	12.5	0.011
常压沸点，℃	64.7	197.30
密度（25℃，1atm），g/cm^3	0.7928（20℃）	1.088
理论热分解温度，℃	—	165
实际再生温度，℃	—	129
闪点，℃	15.6	111.1
黏度（25℃），mPa·s	0.5945	17.71
比热容（25℃），kJ/（kg·K）	2.512	2.395
表面张力（25℃），N/m	—	4.7
性状	无色、易挥发、易燃液体，有中毒毒性	无色、无臭、无毒黏稠液体

表 3.7　甲醇与乙二醇优缺点比较（据 Sloan 等，2007）

抑制剂	优点	缺点
甲醇	（1）沸点低，易汽化； （2）能与天然气混合均匀，不需雾化，注入系统简单	（1）具有中等毒性； （2）操作温度较高时，气相损失较多，多用于低温场合； （3）易燃
乙二醇	（1）无毒； （2）气相损失小，可回收循环使用，适于连续注入； （3）液烃中溶解度低	（1）沸点较高，难雾化，需保证雾状甘醇液滴与天然气充分混合才能防止冰堵，积液难汽化； （2）低温下黏度高

3.6.2　盐类热力学抑制剂

　　盐类也可以作为水合物热力学抑制剂的一种，因其具有较高的水溶性。但是，其抑制作用机制不同于醇类、甘醇类热力学抑制剂。

　　盐类在水相中溶解后的离子，会与极性水分子，通过库仑作用形成团簇体，从而抑制了水合物生成。水分子与盐离子之间的吸引作用，强于水分子组成水合物晶格结构的氢键作用。此外，由于盐离子与水分子作用形成团簇，因此会降低水合物客体分子在水中的溶解度，称为"盐析"作用。在离子团簇体和盐析共同作用下，水分子欲通过氢键形成水合物的主体笼形结构，则需要更大的驱动力或更大的过冷度。

　　如图 3.20 所示，通过加入盐浓度矿化度的增加，水合物生成温度会显著下降，下降的温度差即为该图纵坐标所示。盐类抑制效果优于甲醇，甲醇好于甘醇。但是，因盐类会加剧管道腐蚀，因此应用较少。

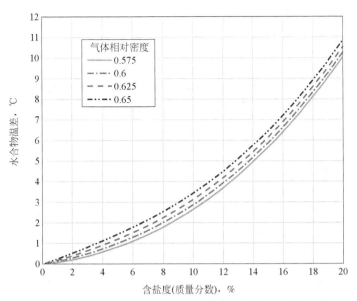

图 3.20　盐类对水合物生成抑制效果影响（据 Carroll，2007）

Sloan 等（2007）结合研究者对盐类影响水合物生成温度降低的经验式，提出简化的预测含盐时水合物的生成温度的关系式[式（3.40）]。该关系式未考虑压力影响的分析，也未考虑水合物结构及空隙占有率对水合物分解释放热的影响，但该预测式可通过一种简化的方法预测盐对水合物生成的影响。若将其拓展至含盐混合物，需与水的活度计算相结合，才能提高其预测精度。

$$\frac{1}{T_w}-\frac{1}{T_s}=\frac{6008n}{\Delta H}\left(\frac{1}{273.15}-\frac{1}{T_{fs}}\right) \tag{3.40}$$

式中　T_s——水合物在含盐体系中的水合物生成温度，K；

　　　T_w——水合物在纯水体系中的水合物生成温度，K；

　　　T_{fs}——水在含盐体系的冰点，K；

　　　ΔH——水合物分解释放热量；

　　　n——水合数。

【例 3.5】　计算 2.69MPa 时含摩尔分数 0.03936% 的 NaCl 在水相中的水合物生成温度（对应含摩尔分数 0.03936% 的 NaCl 的冰点为 268.9K，甲烷水合物分解的热量为 54.19kJ/mol，甲烷水合物的水合数为 6.0，纯水体系水合物在 2.69MPa 的水合物平衡温度为 273.3K）。

解：将上述参数代入式（3.40），计算该含盐体系水合物生成温度为 270.45K（实验测量值为 268.3K）。

3.6.3　估算醇类、甘醇类热力学抑制剂注入用量

醇类、甘醇类热力学抑制剂在工业上应用广泛。确定该类热力学注入剂的加入量，关系到是否能有效抑制加注系统水合物的生成。一般而言，注入甲醇的投资低，操作费用高，常

用于气量小、断续注入的情况防止季节性间歇，或用于临时性系统的防冻；而注入乙二醇的投资高、操作费用低，常用于需连续注入的场合。根据经验，若甲醇的连续注入量超过0.115m³/h就不经济了，应改用乙二醇为抑制剂（冯初叔等，2006）。在单位体积气流内甘醇的经济注入量为0.8~1.4mL/m³。

Hammerschmidt（1939）最早提出了醇类、甘醇等热力学抑制剂用量估算方法。实际上，通过严格的热力学计算，确定热力学抑制剂用量是优化抑制剂用量，可避免过度加注。可以通过3.5所述的计算软件，确定热力学抑制剂的用量。本节将简要介绍Hammerschmidt估算醇类、甘醇类抑制剂用量的方法，有助于对工程所需抑制剂注入量的理解。因醇类、甘醇类抑制剂用量会具有一定的挥发性，同时又会存在微量溶于液烃中。所以估算这类热力学抑制剂的用量，包括三部分：水相所需抑制剂用量、气相损失、液烃相内溶解损失量。其中，水相中抑制剂用量是防止水合物生成的关键（冯初叔等，2006）。

首先，计算抑制剂在水溶液中的用量。设要求水合物生成温度降低 Δt，水相内所需抑制剂最低质量浓度可由式(3.41)计算，注意该式适用条件为甲醇浓度低于20%~25%，乙二醇浓度大于60%~70%。加入管输系统内的抑制剂为水溶液，在随流体流动过程中会有游离水析出，从而引起抑制剂质量浓度降低，致使流出系统时抑制剂浓度下降。因此，需要使流出体系抑制剂浓度大于式(3.41)计算出的抑制剂最低质量浓度 C_m，才能有效地抑制管输系统中水合物的生成。根据物料平衡原理，流体的产水量等于抑制剂浓度稀释所需水量，即式(3.42)。如果流出系统抑制剂的浓度与抑制剂最低质量分数相同（$C_{out} = C_m$），那么式(3.42)可改写为式(3.43)。若向系统注入抑制剂浓度为 $C_{in} = 100\%$，则式(3.43)可以改写为式(3.44)。而实际上，在抑制剂水相用量计算中，应遵守两条原则：一是流出系统的抑制剂浓度应大于抑制剂最低质量浓度；二是用甘醇作为抑制剂时，注入管线系统的抑制剂浓度应尽量在60%~70%范围内。当系统不确定因素（流量、温度、压力）较多时，进入系统和流出系统的浓度差不应小于10%。若系统稳定、温度高于-7℃，容许抑制剂有较大浓度差时，最大也不宜超过20%。若设备防冻，由于防冻效果受甘醇喷雾状态影响，应采用更小的抑制剂浓度差（如5%）。

$$C_m = \frac{100\Delta tM}{K_H + \Delta tM} \tag{3.41}$$

$$w_g = I\left(\frac{100 - C_{out}}{C_{out}} - \frac{100 - C_{in}}{C_{in}}\right) = I\left(\frac{100}{C_{out}} - \frac{100}{C_{in}}\right) \tag{3.42}$$

$$w_g = I\left(\frac{100 - C_{out}}{C_{out}} - \frac{100 - C_{in}}{C_{in}}\right) = I\left(\frac{K_H + \Delta tM}{\Delta tM} - \frac{100}{C_{in}}\right) \tag{3.43}$$

$$w_g = I\frac{K_H}{\Delta tM} \tag{3.44}$$

式中 C_m——抑制剂最低质量浓度；

    M——抑制剂的分子量；

    K_H——经验常数［Hammerschmidt（1939）对所有醇类的经验常数，为1297；Arnold-Stewart（2014）指出该经验常数对甲醇为1297，对乙二醇为1222，对二甘醇为2427；GPSA Engineering Data Book（2004）指出该经验常数对甲醇为1297，对乙二醇为2222］；

    Δt——抑制水合物生成的温度降，℃；

w_g——气体脱水量，mg/m^3；

C_{in}——进入系统的抑制剂浓度；

C_{out}——流出系统的抑制剂浓度；

I——纯抑制剂用量，mg/m^3。

其次，估算气相中损失量。一般而言，每 $10^6 m^3$ 气体内乙二醇蒸气的估算值为 $0.0035 m^3$，在抑制剂用量计算中可以忽略。甲醇在气相中的蒸发损失较大，可以通过气相中甲醇的损失估算图估算（冯初叔等，2006）。

最后，估算液烃中损失量。甲醇在烃液相内的溶解量比甘醇类抑制剂高得多，是甲醇浓度、系统温度的函数，一般可按液烃质量浓度的 0.5% 估算。甘醇在烃液相内的溶解量和甘醇的分子量、温度、甘醇溶液内的质量浓度有关。甘醇分子量越大，溶解量越多，三甘醇在液烃内的溶解量最大，乙二醇最小；温度越高，溶解量越多；甘醇在水溶液的质量分数浓度越大，溶解量越多。甘醇在烃液相内的溶解度常在 $0.01\% \sim 0.001\%$ 内，或以 $0.01 \sim 0.07$ L/m^3（甘醇/液烃）表达其损失。甘醇除了在液烃相中的溶解损失外，还有再生损失、甘醇与液烃乳化分离困难而引起的损失等。

【例3.6】 某海底管道内输送天然气凝析液，相对密度为0.7，输量是 $2.8 \times 10^5 m^3/d$，管线内单位体积气体析出的凝析水量为 $520 mg/m^3$，该管线凝析烃产量 $60.7 m^3/d$，液烃的密度为 $850 kg/m^3$。管线内压力 $11.55 MPa$ 条件下，水合物的生成温度是 $20 ℃$，海底管道最低温度为 $4 ℃$，立管出口压力 $5 MPa$，温度 $10 ℃$，为了最大限度地防止水合物的生成风险，请分别计算甲醇和乙二醇的用量（其中，甲醇的气相损失数值上等于 25 倍甲醇在水相中最低的质量浓度，甲醇在液烃中溶解质量浓度为 0.5% 计）。

解：（1）计算甲醇水相中最低的质量浓度的用量，有

$$C_{out} = \frac{100\Delta t M}{K_H + \Delta t M} = \frac{100 \times 16 \times 32}{1297 + 16 \times 32} = 28.3\%$$

假设管道入口处甲醇的质量浓度为 $C_{in} = 100\%$，出口处甲醇的质量浓度为 $C_m = 28.3\%$，有

$$I = \frac{w_g \Delta t M}{K_H} = \frac{520 \times 16 \times 32}{1297} = 205(mg/m^3)$$

输气量为 $2.8 \times 10^5 m^3/d$，则

$$甲醇水相用量 = 2.8 \times 10^5 m^3/d \times 205 mg/m^3 = 58 kg/d$$

甲醇在气相中的含量 $= 25 \times 28.3 = 707.5 mg/m^3$，输气量为 $2.8 \times 10^5 m^3/d$，则

$$甲醇在气相中的损耗 = 2.8 \times 10^5 m^3/d \times 707.5 mg/10^6 m^3 = 198 kg/d$$

$$溶解在液烃中的甲醇量 = 60.7 \times 850 \times 0.005 = 258(kg/d)$$

$$总的甲醇用量 = 58 + 198 + 258 = 514(kg/d)$$

（2）计算乙二醇水相中最低的质量浓度的用量，有

$$C_{out} = \frac{100\Delta t M}{K_H + \Delta t M} = \frac{100 \times 16 \times 62}{2220 + 16 \times 62} = 30.9\%$$

假设管道入口处乙二醇的质量浓度为 $C_{in} = 75\%$，出口处乙二醇的质量浓度按 60%，远高于最低的浓度，有

$$I = \frac{w_g}{\frac{100}{C_{out}} - \frac{100}{C_{in}}} = \frac{w_g}{\frac{100}{60} - \frac{100}{75}} = 1560(mg/m^3)$$

输气量为 $2.8 \times 10^5 \mathrm{m}^3/\mathrm{d}$，则

乙二醇水相用量 $= 2.8 \times 10^5 \mathrm{m}^3/\mathrm{d} \times 1560 \mathrm{mg}/\mathrm{m}^3 = 437 (\mathrm{kg}/\mathrm{d})$

加入浓度是 75% 的乙二醇注入量为 583kg/d，乙二醇在气相和液烃相的损失可忽略不计。

若在分输节流过程中，需要采取注醇措施防控水合物的生成。可根据实际天然气饱和含水后的析水量，来计算具体的注醇量：①计算分输站场分输节点后运行压力对应的水合物生成温度 T_{Hyd}。若分输节点后的运行温度低于 T_{Hyd}，则进入下一步计算，否则无需采取注醇措施。②根据分输站场的水露点监测值，计算天然气的实际含水量 A（单位：mg/m^3）。③根据分输站场节流后的运行工况点，计算天然气的饱和含水量 B（单位：mg/m^3）。④应用 Chen-Guo 模型，计算使分输节点后运行工况在水合物生成区域外，所需注入的醇类药剂用量占水相的质量浓度 m。⑤若 $A < B$，则说明管道中不会有游离水析出，无需采取注醇措施；若 $A \geqslant B$，则说明管道中会有游离水析出，游离水析出量为 $Q \times 10^{-2}(A - B)$（单位：kg/d），其中 Q 为分输节点分输量，单位为 $10^4 \mathrm{m}^3/\mathrm{d}$。⑥计算所需注醇量为 $Q \times 10^{-2}(A - B) \times m$（单位：kg/d）。

王遇冬（2007）指出由于在实际生产过程中存在一些不确定因素，甲醇的注入量，在设计时一般取计算值的 2~3 倍；乙二醇的注入量应大于理论计算值：若向湿气管道中注入的实际甘醇量在设计时可以取计算值，但是应考虑比最低环境温度低 5℃ 的安全裕量；如向气/气换热器中的管板或向透平膨胀机入口气流中注入甘醇时，则在设计甘醇注入和再生系统时，应考虑注入的实际甘醇量可高达计算值的 3 倍；但是，为防止透平膨胀机损坏，最高甘醇注入量不应大于总进料量的 1%（质量分数）。在工程应用中，抑制剂的具体用量还需要根据实际运行情况予以调整。

需要注意的是甲醇、乙二醇等热力学抑制剂的注入量，会随油气田产水量的增加而增大。特别是在深水油气田开发中，高压、低温恶劣的环境，会使得注醇防控水合物的技术成本显著提升。

3.6.4　醇类、甘醇类热力学抑制剂的注入方式

甲醇和乙二醇分子量不同，物理属性不同，抑制性能不同，因此其注入方式也不同。甲醇适用于任何气体温度的场合，一般在低于 -25℃ 时优先采用甲醇；而当温度高于 -25℃ 并且连续注入的情况下，采用乙二醇比采用甲醇更为经济。但是，乙二醇低温下黏度高，若操作温度低于 0℃ 时，需保证甘醇类抑制剂水溶液的质量分数在 60%~70%，才能使溶液具有较好的流动性，从而有效抑制水合物生成。

甲醇的分子量较低，可汽化后与气相混合抵达自由水堆积处，一般为管道的低洼处或管壁处，适用于管道上部的堵塞体。相比于液态式点滴注入甲醇，汽化式甲醇注入技术能使得甲醇全面溶解天然气中的水，使甲醇注入量下降，且防冻堵效果显著。

乙二醇的分子量较高，密度大、不易挥发，蒸发到气相中的量很小。通常以液体形式注入到水相中抑制水合物的生成，同时吸收管壁的水。乙二醇具有更多的羟基能提供更多与水分子形成氢键的机会，但是其蒸气压低，必须经喷雾头将醇雾化成非常细小的液滴分散于气流内，才能有效地抑制水合物的生成（王遇冬，2007）。布置喷嘴时应考虑气流使锥形喷雾面收缩的影响，以使乙二醇雾滴覆盖整个气流截面并与气流充分混合。喷嘴一般应安装在距

降温点上游的最小距离处，以防止乙二醇雾滴聚集；由于乙二醇黏度较大，特别是在低温下有液烃相存在时，会使乙二醇水溶液与液烃分离困难，增加了乙二醇抑制剂的携带损失。为此，需要对其加热到 30~60℃，在乙二醇水溶液–液烃分离器中进行分离；如果系统管线设备温度低于 0℃，注入乙二醇抑制剂还需要判断抑制剂水溶液在此温度下是否有"凝固"的可能性。虽然这里的凝固只是黏稠的糊状体，并不是真正的凝结成固体，但却严重影响了气液两相的流动和分离。因此，最好保持乙二醇溶液的浓度在 60%~70%。实际上，只要能保证很好的流动和气液分离效果，也可以根据具体情况采取较低的浓度。

工程中应用较多的热力学抑制剂常用的连续注入装置为注醇计量泵（或带有雾化装置），包括柱塞式计量泵、高压液压隔膜式计量泵和双波纹泵。注醇橇则是在天然气管道分输站场中防冻堵较为常用的间歇性、季节性注入设备，其制造安装周期短、对正常的运行影响小，还具有良好的防冻效果。

加注周期及加注时间，则需要根据系统的运行工况对应水合物热力学生成条件来确定。若水合物生成温度较高，可考虑每天加注 2~3 次或夜间气温较低时适当延长加注时间，以确保加注效果。对于不同的应用场景，所加注的周期与时间也不同。胡德芬等（2009）根据重庆气矿的特点，指出小排量连续加注，可提高加注效果；若对于高含硫的集输管线，应采取每加 30min 停 2~3h 的方式，甚至温度较低时采取连续加注；对于一般集输系统，应根据生产情况采取每天加注 1 次或每 2~3d 加注 1 次，尽量安排在夜间 22:00 左右或清晨 6:00 左右加注，且尽可能保证每次加注时间 30~60min。

3.6.5　醇类、甘醇类热力学抑制剂的回收

一般不对甲醇进行回收，但是当甲醇用量较大时（产品中甲醇的质量分数大于 95%），则应考虑将含醇污水送至蒸馏再生系统回收甲醇（王遇冬，2007）。如果在气井井口向采气管线注入甲醇，由于地层水、凝析油的存在，需要根据水质情况（例如含有凝析油、悬浮物、矿化度、pH 值偏低而呈酸性等），首先进行预处理，以减少蒸馏再生系统设备和管线的腐蚀、结垢和堵塞；另外，在集气（含采气）、处理工艺和运行季节不同时，含醇污水量、污水的性质以及甲醇含量也会存在较大差异。目前，我国长庆气区已采用多套蒸馏再生装置从含醇污水中回收甲醇（王遇冬，2007）。

乙二醇的气相损失小，为保证其流动性，其注入量浓度在 70%~80%，因此需建回收装置、再生后循环使用。由于乙二醇的高分子量，通常可以通过排出的水将其回收，适合油井和立管的防冻。乙二醇回收需要关注的问题是：溶液中矿化度增加，矿盐会在乙二醇回收过程中结晶而堵塞管线，降低炉效，严重时导致乙二醇再生回收装置无法运行，但采用化学方法脱盐又会使成本提升。总之，应该根据工程实际，确定甲醇是否回收、乙二醇的回收效率等问题，通过最优化的方法，确定经济、安全的回收方案。

4 天然气水合物生成/分解动力学

水合物的生成/分解，不仅受热力学条件所控制，更是一个与时间相关的动力学过程，受本征驱动力、传质、传热等多因素所影响。单纯依赖水合物热力学相平衡研究，不足以描述水合物结晶与生长过程的多阶段性以及分解的复杂性。本章将对水合物的成核、生长及其分解动力学的经典理论和新近研究进行说明，可为全面、深入理解工程应用中的"天然气水合物处理技术"提供基础理论背景。

4.1 水合物生成/分解动力学基本概念

水合物的生成/分解动力学，包括化学动力学和结晶动力学。化学动力学是物理化学分支学科，研究的是物质性质随时间变化的非平衡的动态体系，分析的是化学反应的速率及其反应机理。结晶动力学，类似化学反应但又有不同，描述的是不同材料的相变，研究的是结晶物质的结晶方式、过程及结晶速率对时间、温度和分子结构等影响因素的依赖关系。

水合物的生成过程，是具有非化学计量的晶体结晶过程。而实际上，水合物作为一种相态，其生成过程也属于相变过程。类似相变动力学，转相速率随时间的变化会呈 S 形的变化，即在开始和结束的时候转相速度慢，中间过程快。在该变化过程中，初始需要足够数量的结晶点完成新相态的形成，其转相速率较慢；随着结晶点长到颗粒大小使得转相加速，结晶体快速生长；如果转相接近完成，结晶量下降，转相速度将变缓；最后，随着结晶体颗粒间紧密相连，使得继续结晶生长存在一定的屏障，生长停止。

水合物的生成过程与相变动力学类似，如图 4.1 所示，包括：第一阶段，水合物晶核

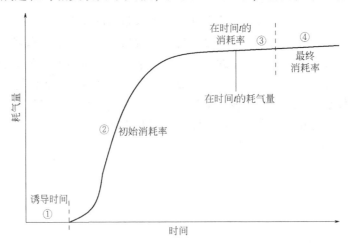

图 4.1 水合物生成过程中气体消耗随时间的变化（据 Sloan 等，2007）

孕育阶段，通常称为诱导期（诱导时间）；第二阶段，水合物晶核达到临界尺寸后快速生长；第三阶段，水合物生长速率下降；第四阶段，水合物生成速率因传质传热等因素接近于零。

图4.2是在下述实验甲烷水合物生成、分解过程中的温度和压力轨迹图。实验过程中体积维持恒定，物料守恒，体系压力和温度随时间变化。实验高压可视反应釜容积为300mL，内装150mL水，首先通过注入甲烷给系统增压，随后随着系统温度的下降，气体溶解，引起压力下降；接着，降温持续至D点，虽然该条件刚好满足水合物、液态水、甲烷气的三相热力学平衡（H—L_W—V），但系统仍处于亚稳定，无水合物生成；随着温度的持续下降，除因气体溶解所致压力略有下降外，仍无水合物大量生成；当温度持续下降到B点，水合物才开始大量生成，系统压力会迅速下降。

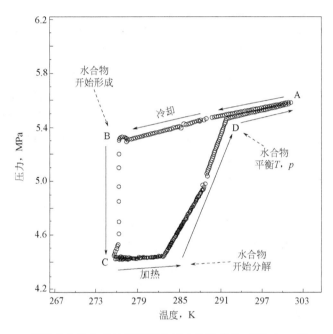

图4.2　甲烷水合物生成过程温度和压力轨迹变化（据Sloan等，2007）

通常，实验过程中从A到B所历经的时段，被定义为诱导期；而从B到C所历经的时段，被称为水合物快速生长期。随后，从C到D逐步增加温度，是水合物的分解过程。值得关注的是水合物分解过程的温度与压力轨迹，与水合物生成过程并不重合。水合物分解初始阶段分解得较为缓慢，压力逐步回升（每小时加热0.12K），随后快速分解，至D点水合物完全分解。这个实验过程一般要花费1~2d的时间，才能实现一个降温—分解实验环。而降温生成与升温分解的交点D，恰恰就是传统地通过实验方法确定水合物相平衡的温度压力点（H—L_W—V）。需要注意的是，为了使实验方法确定的D点更为准确，水合物分解过程的加热速率要低。

水合物在生成之初，水和气体是无序分子状态；水合物生成后是有序的晶体状态。根据热力学定律，可知体系的熵更倾向于无序状态，所以初始水合物的生成会存在一个较长的不稳定的阻滞阶段，也就是诱导期。而水合物分解作为气生成的逆过程，分解开始则会比生成相对更快。

4.1.1　诱导期

在诱导期内，体系的压力、温度满足水合物生成热力学要求的高压、低温条件。但是，水合物生成在这个时间段内，系统不稳定处在非平衡状态。因此，诱导期具有评估过饱和系统保持在亚稳平衡态下能力的内涵，是具有该状态的系统寿命的物理意义。诱导期不是系统的基本物性参数，但诱导期数据包含关于新相成核或生长动力学的有价值信息。诱导期在气体水合物结晶中的重要性已经被许多学者证实。正是由于诱导期所处的阶段是一个亚稳态的平衡过程，具有显著的随机性，这也就更增加了实现诱导期预测建模的困难度。

从微观角度出发，可以认为诱导期是出现晶核尺寸之上的第一个水合物簇所需的时间，这样的一个簇可以自发生长到宏观尺寸，也就是系统处于平衡态到出现第一个超量核水合物晶体（具有临界尺寸、性能稳定的临界晶核）所经历的时间。以临界晶核形成的时间为依据定义的诱导期，通过宏观实验难以界定，存在更强的不确定性。

从宏观可视角度出发，以预先设定的可探测体积的水合物相为诱导期的终止时刻，即水合物成核诱导期一般指以大量可视水合物晶核出现的时间定义。在这段时间，既包括水合物临界晶核出现所需要的时间，同时也包括其长大到可宏观检测的时间。因为水合物成核诱导期自身的随机性特征，通过统计学数据所获得的诱导期实验数据的可信性更高。

根据不同学者所用实验体系、实验条件和实验装置等的不同，宏观诱导期确定的依据也有所不同，所得到的水合物成核诱导期分布范围较广（雍宇等，2019），其短至几分钟，长则高达数十个小时。一种简单可靠且易于测量的水合物结晶诱导期定义方法就显得非常必要。对于混输管道流动体系，一种易于确定的诱导期方法为：以图 4.3 中系统温度降至水合物生成平衡曲线上的点作为水合物成核诱导期的起始点（t_s），以水合物大量生成、温度开始上升的点作为水合物成核诱导期的结束点（t_e），两者之间的时间差即为该流动体系下水合物的诱导期（宫敬等，2016）。如图 4.4 所示的重复实验可知，这种定义方法对于该实验系统和实验流程，具有典型性与普适性。

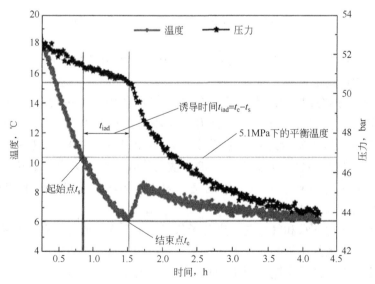

图 4.3　水合物成核诱导期（据宫敬等，2016）

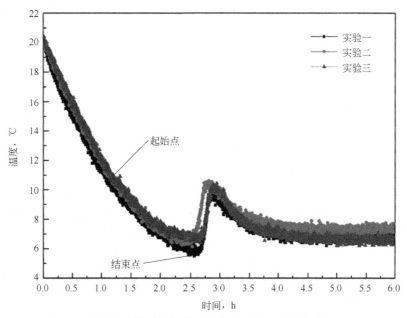

图 4.4　水合物成核诱导期的重复实验示意（据宫敬等，2016）

影响水合物成核诱导期的关键因素包括：温度、压力、溶液磁化度或矿化度、气相组成、含水率、各种添加剂、搅拌转速或流体流速、多孔介质环境、不同实验流程等（宫敬等，2016）。一般而言，在更高的压力、更低的温度下水合物结晶成核驱动力更大，诱导期越短；而溶液磁化对水合物成核诱导期的影响随着磁化强度的不同会呈现出两面性；不同客体分子所形成水合物结构的不同，其诱导期长短也会有所差异；乳液体系含水率对诱导期的影响则呈现出先缩短后延长的现象；添加剂对水合物成核诱导期有影响，有缩短水合物成核诱导期的促进剂，也有延长水合物成核诱导期的抑制剂；诸如搅拌转速和流体流速等外部扰动改变，在大多数情况下会增加气液接触面积而促进水合物晶体成核、缩短水合物成核诱导期，但也有某些实验工况下出现延长水合物成核诱导期的现象，表现为流动速度加快所导致的体系摩擦生热的增加会延缓水合物成核；在多相流动管道中，段塞流型下的水合物诱导期呈现最长的情况，其原因归结于流动不稳定性会引起水合物成核稳定性下降；因为天然乳化剂作用，含蜡体系水合物成核诱导期多数情况会延长，这是由于蜡在油水界面上的吸附影响了水合物成核的传质，而蜡以水合物成核位点促进水合物成核的作用则并不显著；水合物在多孔介质环境，因气—液接触面积增加，会导致水合物成核诱导期缩短。由于诱导期恰是水合物成核处于亚稳态状态的时间段，具有极大的非稳定性和不确定性，因此上述因素对水合物成核诱导期的影响分析总结，均是在一定数量实验数据基础上获得的大致影响趋势的总结。

水合物成核诱导期作为表征水合物生成过程的重要参数，其研究对于水合物生成量的预测和水合物堵塞风险的控制具有重大意义。若水合物成核诱导期足够长，则可显著抑制进入水合物生成区域的油气输送管道内的水合物大量生成，从而避免由此可能引发的管道堵塞问题。同时，缩短水合物成核诱导期，对于水合物技术在制冷、化工分离和天然气储运等领域的应用推广也具有重要意义。为此，借助微观测试手段和微观数值模拟方法，深入开展水合物成核诱导期研究，从本质上系统性地、多角度地分析各种影响因素对其定性影响；结合统计学相关理论，关注其固有的随机特征，开展具有统计意义的实验，对理解水合物的成核机理具有重要意义。

4.1.2　过冷度与过饱和度

图 4.2 中，通常将 B 点和 D 点之间的温度差值，定义为水合物生成所需过冷度；将 B 点压力与 B 点温度对应的水合物相平衡压力之比，定义为水合物生成所需过饱和度。水合物生成需要足够的驱动力，才得以满足水合物晶核孕育所需能量，若以温度形式体现，称为过冷度；若以压力形式体现，则称为过饱和度。

而具体的实验过程中，通常将实验温度与给定压力下水合物相平衡温度之间的差值，定义为实验过冷度。系统温度发生变化，实验过冷度是会发生变化的。如果系统处于降温过程，且实验温度在水合物生成区域内，则实验过冷度是逐渐增加的过程。

对于实验过饱和度，则指实验过程中实验压力与给定温度下水合物相平衡压力之比。对于实验系统温度不变、体积恒定的情况，随着水合物的生成，体系压力在下降过程中，水合物生成的实验过饱和度是下降的。

水合物生成所需过冷度或过饱和度，直接决定水合物结晶诱导期的终止点。若实验过冷度低于水合物生成所需过冷度，其水合物生成的结晶诱导期则会显著增加；若实验过饱和度低于水合物生成所需过饱和度，其水合物成核诱导期则会显著增加。

4.2　水合物成核动力学

水合物成核过程类似于结晶过程（陈光进等，2020）。在这个过程中，水分子和气体分子所形成的团簇在动态生长与分散中持续生长到临界成核尺寸。这是一个随机微观的分子现象，会涉及难以计数的分子数目，很难通过实验手段被观察到。因此，目前关于水合物成核结晶机理的报道，尚处于假说推演阶段。多数理论或假说，源于对水结冰、烃溶水等过程的拓展分析，或者借助分子动力学模拟结果提出相关推论。

一般而言，水合物晶核的形成类似于不均匀结晶，通常发生在界面（液固界面、气液界面、液液界面）上。由此，水合物的结晶成核理论，被分为均相成核、非均相成核（陈光进等，2020）。均相成核是指在没有杂质情况下的凝固过程，因此均相成核的发生多为理想情况。当过冷度小于均相成核所需值时，且体系存在其他粒子，此时水合物的成核多为非均相成核。

在水合物成核理论被演绎分析的过程中，明确影响该过程的关键因素是重点。研究指出，体系气水相界面状态、气相及含水组成、流动或扰动强度，对水合物成核具有显著的影响。由此，被提出描述水合物成核过程的假说主要包括不稳定成簇成核、界面成核、局部结构化成核等。因为水合物成核过程的随机性和微观特性，受限于实验手段，上述假说的验证或新的假说的提出等工作仍在持续。无论如何，必须对水合物成核微观随机过程开展逻辑推演分析，才能准确地实现从定性到定量地表征水合物的成核过程。本节将简要介绍上述三个水合物成核假说及相关模型。

4.2.1　不稳定成簇成核

Sloan 和 Fleyfel（1991）从冰点以下水合物成核过程提炼出四个阶段的不稳定成簇成核机理，如图 4.5 所示。随后，Christiansen（1994）提出用不同客体分子与不稳定簇的配位数（围绕溶解的客体分子组成的不稳定簇的水分子中的数目），分析竞争结构对不稳定簇的影响。

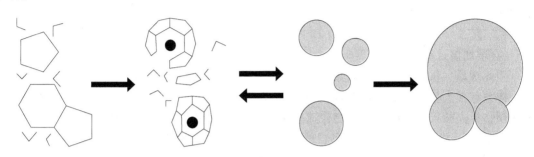

(a) 初始条件：水合物形成区的压力和温度，但是没有气体分子溶解在水中。

(b) 不稳定簇：气体在水中溶解后，立即形成不稳定的簇。

(c) 聚并：不稳定簇聚集在一起，从而增加了无序性。

(d) 主要成核和生长：当聚团块的大小达到一个临界值时，水合物开始生长。

图 4.5　不稳定簇生长示意图（据 Sloan 等，2007）

不稳定成簇成核具有几个阶段，第一阶段，冰面上的自由水分子将围绕气体分子定向排列成寿命短且不稳定的五边形或六边形，形成不稳定簇，但无气体分子溶解在这些不稳定簇中；第二阶段，这些不稳定簇间不断转变以形成稳定的结构，包裹住溶解在水中的气体分子；第三阶段，不稳定簇通过端端或面面连接成结构 I 型或者是结构 II 型的单元晶胞结构；第四阶段，某些单晶转变为不稳定簇，而另一些单晶与其他单晶结合，会形成稳定的晶核，若在这个过程不稳定簇间存在竞争结构，则会显著延长水合物成核过程，即具有较长的诱导期。在该理论中，定义典型气体客体分子在体系中主要形成的不稳定簇和配位数，列于表 4.1 中。

表 4.1　典型气体客体分子的不稳定簇和配位数（据 Sloan 等，2007）

气体客体分子	不稳定簇	配位数
CH_4	5^{12}	20
C_2H_6	$5^{12}6^2$	24
C_3H_8	$5^{12}6^4$	28
$i\text{-}C_4H_{10}$	$5^{12}6^4$	28
N_2	5^{12}	20
H_2S	5^{12}	20
CO_2	$5^{12}6^2$	24

按上述理论可解释为何纯水—甲烷体系一般都形成结构 I 型的水合物：当纯水体系中仅存在甲烷一种溶解的客体分子，按表 4.1 所列该体系中主要形成的是配位数为 20 的不稳定簇 5^{12}；要形成结构 I 型水合物结构所需的大小笼比例，就需要部分配位数为 20 的不稳定簇

5^{12} 转变成配位数为 24 的不稳定簇 $5^{12}6^2$；这个转变过程需要能量打破原不稳定簇的壁垒，且在结构 I 型水合物的大笼与小笼个数比是 3.0 的情况下，则需要足够的时间才能完成；若要转变成结构 II 型水合物结构所需的配位数为 28 的不稳定簇 $5^{12}6^4$，则需要更多的能量。所以，对于纯水—甲烷体系而言，形成结构 I 型水合物更容易。

若纯水体系溶解的客体分子是乙烷，按表 4.1 所列该体系中主要形成的是配位数为 24 的不稳定簇 $5^{12}6^2$；在纯水—乙烷体系形成稳定结构 I 型水合物过程中，需要从配位数为 24 的不稳定簇 $5^{12}6^2$，转变成配位数为 20 的不稳定簇 5^{12}；由于结构 I 型水合物大笼与小笼个数比是 3.0，因此该过程相对容易些。但是，若是纯水—丙烷体系，则需要从配位数为 28 的不稳定簇 $5^{12}6^4$，转变成配位数为 20 的不稳定簇 5^{12}，而结构 II 型水合物大笼与小笼比是 0.5，会增加该过程完成的难度。

用此理论，重新解读图 4.2 如图 4.6 所示：在 A 点，系统增压后，客体分子溶解到纯水中，体系存在大量动态形成与转换的不稳定簇；当温度下降到 B 点，相互联结的不稳定团簇达到临界晶核尺寸，随后水合物快速地生长；从 C 点开始到温度增加到 D 点（温度低于 28℃）的过程中，水合物逐步分解，体系中的不稳定簇只有经过数小时乃至几天之后，才会分散消失。

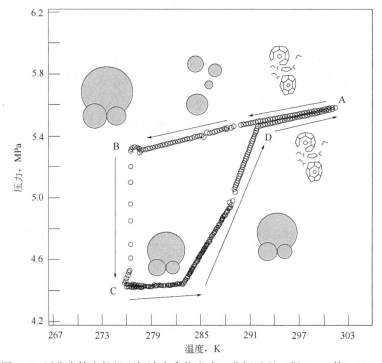

图 4.6　不稳定簇生长机理解读水合物生成—分解过程（据 Sloan 等，2007）

4.2.2　界面成核

Long（1994）基于分子在界面气相侧吸附并成簇的思想，提出了包含图 4.7 所示的水合物界面成核假说：气体分子会向界面流动，并吸附于水溶液表面；在水分子成簇之前，气体被半笼吸附并在扩散作用下向稳定被吸附的位置迁移，进而水分子围绕被吸附的气体分子形成全笼；由此，在界面的气相侧，随着水分子簇的不断加入而逐步生长到临界尺寸而完成水合物成核过程。该假说可以说是将水分子成簇的过程与界面吸附相结合。

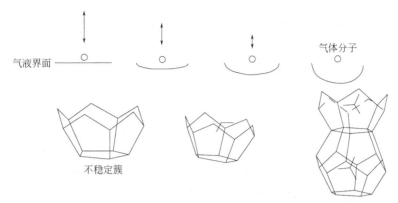

图4.7　气液界面气体分子进入不稳定簇的过程示意图（据Sloan等，2007）

需要关注的是，水分子簇形成的半笼对气体的吸附，有正向促进笼形稳定的情况，也存在负向作用的情况。这就说明在界面成核机理中，水分子成簇的各种组合被认为都是可能的。即，在水合物成核过程中，时刻存在着大量分子簇的动态生长与衰竭，而不是一个或者几个分子簇在不断生长。

4.2.3　局部结构化成核

1994年，分子动力学模拟的方法被引入到水合物基础研究中。Radhakrishnan 和 Trout（2002）应用分子动力学模拟研究了 CO_2—H_2O 界面上水合物的成核过程（图4.8），从热力学能量的角度分析了不稳定团簇更加倾向于分解而非团聚，由此提出了局部结构化成核假说：在热力学驱动力的作用下，CO_2 将排列成有序的结构，即类似其在水合物笼形结构中的分布；随后在低温驱动下，水分子围绕这些有序客体分子随机形成多边形结构；局部有序的客体分子周围的水分子会逐步成笼；当客体—主体，主体—主体之间的有序状态，接近水合物相的结构时，便会形成临界晶核。

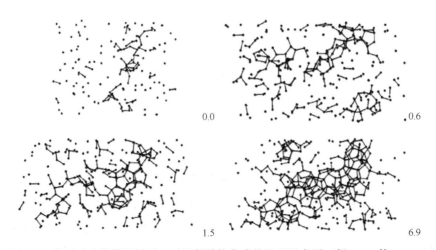

图4.8　分子动力学模拟结果显示局部结构化成核机理示意图（据Sloan等，2007）

4.2.4 水合物成核动力学理论模型

水合物成核动力学理论模型研究的目的是实现对水合物成核诱导期的预测。但是，因为水合物成核过程具有随机性，致使水合物成核诱导期也具有显著的随机性。如何描述水合物成核诱导期随机发生的固有属性，是提高现有报道水合物成核诱导期模型预测精度的关键。

水合物成核驱动力的确定，对水合物成核诱导期定量表征模型至关重要。通常，研究者们多以过冷度、化学势差、逸度比、吉布斯自由能差等函数作为水合物成核驱动力的模型表征（Sloan等，2007）。由于水合物成核动力学的机理尚未被完全证实，仍处于假说推理阶段，且各实验系统所获得的实验水合物成核诱导期，又具有强烈的系统依赖性，受体系气水界面、气体组成及含水状态、扰动程度、传质传热速率等多因素影响。因此，应用文献报道的水合物成核动力学模型来预测水合物成核诱导期，需要格外地注意各模型的适用性。在低驱动力的情况下，水合物成核的随机性将更加强烈，因此，只有基于不同规模实验体系、大量重复系统的、具有统计意义的诱导期实验数据，结合结晶动力学和统计学相关理论，才能建立普适性更强、可靠性更强的诱导期定量表征模型。

4.2.5 "记忆效应"

图4.9所示为连续三次降温—升温水合物生成/分解过程中的温度压力轨迹图，体现了在水合物生成过程中的一个有趣现象：当该体系完成了第一次水合物降温生成，再加热到H点，直到可视的水合物消失。开始第二次降温时，水合物再生成所需生成过冷度下降，随后再次加热到H点，直至可视的水合物消失。开始第三次降温时，水合物再生成所需生成过冷度会继续下降。这种因体系曾具有水合物生成与分解历史，从而导致体系在水合物再生成过程中所需生成过冷度下降，且诱导期相比于在没有水合物生成历史的新鲜水中水合物成核诱导期缩减的现象，被称为是水合物生成的"记忆效应"。

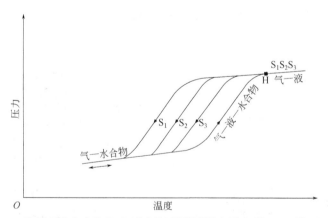

图4.9　连续三次水合物生成/分解过程温度压力图（据Sloan等，2007）

水合物生成的"记忆效应"主要存在于水合物的再生成过程，而水合物的生成过程是一个多元、多相复杂的动力学过程，会受到热力学、动力学、传热和传质等多种因素的影响。宏观来看，水合物再生成过程中的记忆效应依赖于水合物前次分解后的处理历史（水合物的形成历史、加热速率、分解时体系温度和持续时间），也会受体系内物质如盐、热力学抑制剂、动力学抑制剂的影响（宋尚飞等，2017）。一般而言，若在较长的热处理时间条件下以较小加热速率逐步分解水合物，或加热分解水合物的温度高于28℃，会使水合物生成的"记忆效应"消退。而在不同的体系下，消退水合物生成"记忆效应"的过热温度，会随着体系和分解所处具体压力条件改变而不同。陈俊（2014）对油包水乳状液体系水合物生成"记忆效应"的实验分析，表明水合物在其生成温度附近分解并维持168h后，"记忆效应"也不会消失；而当水合物在高于其生成温度5K分解时，"记忆效应"消除的趋势将会显现。这说明，加热分解的高温度相较于分解的长时间，更有利于水合物生成"记忆效应"的消退。

在近130余年的水合物科学研究进程中，借助拉曼光谱、核磁共振光谱、中子衍射等微观测试手段及分子动力学模拟方法，研究者们从分子层面提出了水合物生成"记忆效应"作用的三个假说：认可度较高的"残余结构"假说，认为在水合物分解后的溶液中，尚存在大量多边形水分子簇或微小的水合物笼形晶体的残余结构，其在体系满足水合物生成所需高压低温条件后，会成为水合物再生成的成核点；"气体饱和"假说，即认为在水合物分解后的溶液中，饱和了大量的尺寸足够小、内压足够大的纳米客体分子气泡，它们在体系满足水合物生成所需高压、低温条件后，会为水合物再生成提供足够多的客体分子，从而促进水合物再生成的成核过程；"杂质印记"假说，认为具有固相体系的杂质表面遗留羟基化的界面，会加速水合物在具有"印记"的固相杂质表面再次成核。虽然研究者们对水合物生成"记忆效应"的形成机理有不同的理解和认识，且各种假说的论证及验证均需深入，但都不可否认水合物生成"记忆效应"的存在。

水合物生成的"记忆效应"虽然不利于管道内水合物堵塞体分解移除后的流动安全，但是该特性却有利于以水合物技术储运天然气的应用。此外，若以原位分解海洋"可燃冰"矿藏作为开采技术，则会面临分解的天然气和水通过井筒输送至海上平台的过程中，在水合物生成的"记忆效应"影响下，在海底泥线附近满足水合物高压低温生成区域再次快速生成水合物从而引发系统流动安全问题。总之，在工业应用过程中，水合物生成的"记忆效应"不容忽视。

总之，水合物成核会随机地在液固界面、气液界面、液液界面呈现非均相成核的特征，且具有强烈的不确定性和系统依赖性；因此，需要开展系统的、大量的、不同实验规模的、具有统计意义的微观及宏观测试实验，关注影响水合物成核的关键影响因素，在现有推理假说基础上，结合分子动力学模拟，提出具有可验证性的水合物成核机理，是建立具有普适性、可靠度高的预测水合物成核诱导期模型的重要研究方向。在此基础上，才能深入到不同工业应用场景，理解水合物生成的"记忆效应"的微观作用机制。

4.3 水合物生长动力学

水合物生长是水合物成核后的过程。因其具有宏观可视、关键参数可检测的特征，所以对水合物生长动力学的研究相比于对水合物成核的研究而言，难度有所降低。但是，这个过程也是一个受诸多因素影响的复杂过程，这些因素包括影响水合物成核过程的体系驱动力、相界面积、搅拌与扰动程度、气体组成及含水状态等。本节将在水合物生长实验研究的基础上，简介文献报道的水合物生长机理及相关模型。

4.3.1 水合物生长实验

水合物生长是一个多组分、多阶段的结晶过程。水合物生长的实验观测手段较多，包括扫描电子显微镜、核磁共振、中子或 X 射线衍射、拉曼光谱、显微摄像、原位粒度分析及录像等方法。虽然水合物生长实验所观测到的现象会随着实验体系、实验设备、实验环境的不同而不尽相同，但是，水合物都是从相界面处开始形成并生长。动力学驱动力、相间传质及热量传热是水合物形态差异及生长过程的主要控制因素。

不同实验所获得的水合物生长特征如下（史博会等，2010）：水合物的生长状态多为形态各异的多晶体非均相成核生长状态，水合物生长表面或光滑或粗糙；低驱动力下其表面光滑，会呈现较为均匀的纹理（图 4.10）；高驱动力下其表面粗糙，会呈现出类似毛发、叶形、针形、柱形、锯齿状、骨骼状、树枝状、辐射状等多种形态的喷射式生长（图 4.11）；若客体分子与水分子分层存在时，水合物会在相间界面迅速生长并形成水合物层（图 4.12）；若客体分子以气泡在连续的水相中分散，或水分子以液滴在饱和客体分子的油相中，水合物薄壳层会快速生长并包裹住分散相（图 4.13）；相界面水合物层厚度范围在几微米到几十微米之间（Sloan 等，2007），且具有一定疏松度（图 4.14 平均单晶孔径约为几百纳米），可供客体分子扩散或水分子渗透的传质通道维持着水合物持续生长；随着水合物层逐渐变厚，层内孔隙度下降，水合物继续生长所需的传质阻力会显著增加。

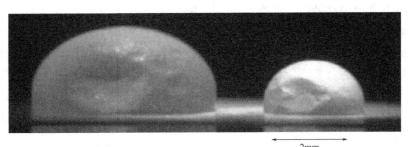

2mm

图 4.10　低驱动力下水滴表面覆盖甲烷水合物生长形态（据 Sloan 等，2007）

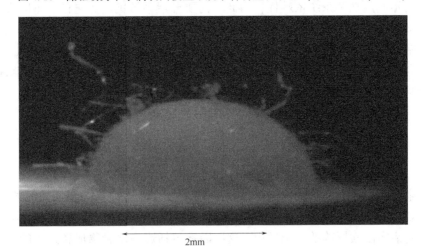

2mm

图 4.11　高驱动力下水滴表面覆盖甲烷水合物生长形态（据 Sloan 等，2007）

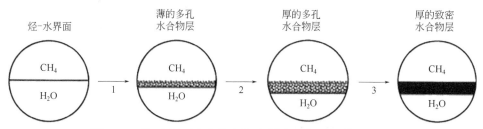

图 4.12　烃-水界面水合物生长示意图（据 Sloan 等，2007）

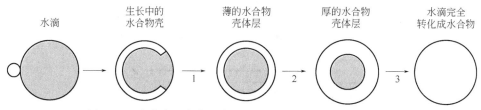

图 4.13　水滴表面水合物壳生长示意图（据 Sloan 等，2007）

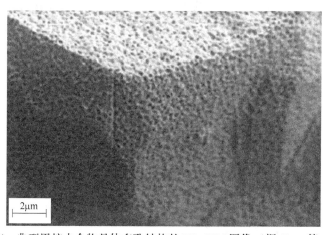

图 4.14　典型甲烷水合物晶体多孔结构的 FE-SEM 图像（据 Sloan 等，2007）

4.3.2　Elwell 和 Scheel 的水合物结晶生长机理及本征动力学理论

Elwell 和 Scheel（1975）提出了如图 4.15 所示的水合物结晶生长理论，该理论明确了水合物生长受制于结晶动力学：（1）水合物成核后的表面 Gibbs 自由能较低，会驱使溶有客体分子的水分子簇型结构向水合物晶体表面移动；（2）部分溶有客体分子的水分子团簇会到达水合物表面被吸附或黏附，同时也会伴随不稳定簇的远离与分解；（3）吸附在水合物表面的团簇，会沿着表面移动，部分团簇会移动到表面高低不平位置；（4）这些移动到高低不平水合物表面上的团簇会因表面结构引起部分水分子逃逸，遗留下的部分或被稳定吸附，或沿表面移动；（5）若在这些高低不平的表面存在凹陷，则有利于团簇中溶解的客体分子被吸附；（6）团簇中不稳定的水分子则会继续逃逸，被吸附在水合物表面的团簇会发生重构，以完成水合物表面的持续生长。根据上述理论可知，水合物表面不平和凹槽，有利于团簇重构释放多余的分子，限制团簇在表面运移的动能，成为水合物生长的主要位点。恰是由于水合物表面存在各种形式的运移和不同的表面结构，因此就增加了水合物表面生长形式的各种可能状态。

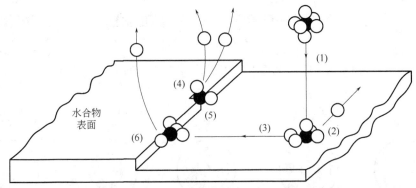

图4.15　水合物生长示意图（据 Sloan 等，2007）

由此，Elwell 和 Scheel（1975）提出了水合物表面生长的边界层理论，如图4.16所示。即，在水合物表面存在一个晶体与溶液的界面，在界面与晶体之间的部分被定义为吸附层、在界面与溶液之间附近的一定空间被定义为"停滞膜"。在停滞膜内、吸附层内，存在客体分子的浓度梯度。

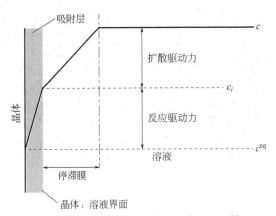

图4.16　水合物生长边界层示意图（据 Sloan 等，2007）

客体分子在"停滞膜"内、在吸附层内运移的驱动，均源于客体分子的浓度差［式（4.1）］，"停滞膜"内的客体分子运移速度还与分子扩散系数和停滞膜厚度有关，吸附层内客体分子的吸附程度与吸附反应速率有关［式（4.2）］。按此理论所述，影响总的反应速率的是停滞膜内客体分子的传质系数、吸附反应速率中较小者。若控制水合物的生长的关键因素是客体分子在"停滞膜"的扩散作用，那么 $k_d < k_r$；反之，若控制水合物的生长的关键因素是客体分子在晶体界面的吸附反应，那么 $k_d > k_r$。

$$\frac{\mathrm{d}m}{\mathrm{d}t} = K'A(c - c^{\mathrm{eq}}) \tag{4.1}$$

$$\frac{1}{K'} = \frac{1}{k_d} + \frac{1}{k_r} \tag{4.2}$$

式中　m——水合物生长的速率；

K'——水合物客体分子生成动力学系数；

A——水合物生长的界面面积；

c——体系温度和压力条件下水合物客体分子在溶液中的浓度；

c^{eq}——体系水合物相平衡条件下水合物客体分子在溶液中的浓度；

t——时间；

k_d——客体分子传质系数，是客体分子扩散系数与停滞膜厚度的比值；

k_r——客体分子的界面吸附反应动力学速率。

在上述理论基础上，基于水合结晶理论和双膜理论，Englezoes 等（1987a，1987b）提出了的水合物本征动力学生长模型［式(4.3)和式(4.4)］。该模型以客体分子的消耗来表示水合物生长的速率，以系统当前温度和压力条件下与水合物相平衡条件下客体分子的逸度差作为驱动力。该模型被广泛认为是最为经典的水合物本征动力学生长模型，也是研究者们进行水合物动力学模型改进的研究基础。但是，仅考虑结晶动力学驱动力，弱化传质和传热等影响，会引起模型预测精度的适应性下降。

$$\frac{\mathrm{d}n_i}{\mathrm{d}t} = K^* A_p (f_i^{\,b} - f_i^{\,eq}) \tag{4.3}$$

$$\frac{1}{K^*} = \frac{1}{k_d} + \frac{1}{k_r} \tag{4.4}$$

式中 $\mathrm{d}n_i/\mathrm{d}t$——每一个水合物颗粒上水合物生长的客体分子 i 的消耗量；

K^*——水合物动力学综合生长系数；

A_p——水合物颗粒的表面面积；

$f_i^{\,b}$——体系温度和压力条件下水合物客体分子 i 在液相中的逸度；

$f_i^{\,eq}$——体系水合物相平衡条件下水合物客体分子 i 在水合物生长界面的逸度；

k_d——客体分子的传质系数，定义为客体分子的扩散系数与水合物颗粒表面停滞膜厚度的比值；

k_r——客体分子的界面吸附反应动力学速率。

4.3.3 考虑多因素的水合物生长模型

实质上水合物生长过程中的传质作用，除了"停滞膜"中客体分子的扩散外，还包括客体分子与水分子在水合物层内的传质。Mori 和 Mochizuki（1997）指出生成水合物壳体层可被描述成如图 4.17 所示的具有许多微小孔隙的薄板，壳层中的微孔可被简化成弯曲的毛

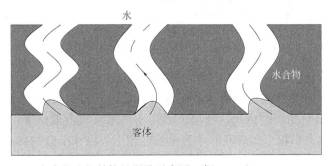

图 4.17　水合物生长结构的微孔示意图（据 Mori 和 Mochizuki，1997）

细管。Mori 和 Mochizuki，假设水分子受水合物分子质量平衡和毛细管力驱动，能够连续地在微孔中流动，并以此建立了水合物层厚度、水合物层内部形态、质量传递系数等参数的水合物生长传质模型；但此模型有关水合物层微孔结构的参数很多且难以直接测量获得。

Uchida 等（1999）以水合物生产热量释放及扩散的速率平衡，建立了如图 4.18 所示的水合物生长前沿边界为半球型的传热平衡模型。Mori 等（2001）在上述简化的传热模型基础上，引入经验努赛尔数，将水合物生长速率与温度驱动力描述成呈幂指数关系，强化了对流传热的作用，其模型思想如图 4.19 所示。Freer 等（2001）提出了联合本征驱动和传热两个因素的水合物生长动力学模型，如图 4.20 所示，简化水合物生长的边界为平直面。Mochizuki 和 Mori（2006）综合了前述研究成果，提出了分别以平直边界层、半球型边界层预测水合物生长传热过程的模型，如图 4.21 所示。Mochizuki 和 Mori（2006）的计算，指出对于预估的水合物壳体层厚度数量级来讲，平直边界层传热模型计算更为合理，其热量散失速率高于半球型边界层传热模型的计算值。

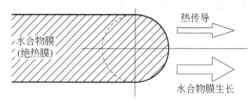

图 4.18　Uchida 等建立的水合物膜模型（据 Uchida 等，1999）

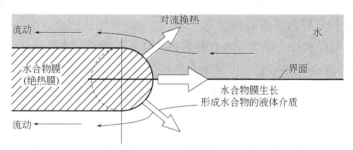

图 4.19　Mori 等提出的水合物膜模型（据 Mori 等，2001）

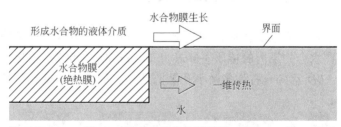

图 4.20　Freer 等 2001 提出的水合物膜模型（据 Freer 等，2001）

在复杂的多相油气混输系统中，水合物成核后的生长是受本征驱动、传质及传热耦合限制的，弱化任一限制因素所建立的模型适用性都会受限（宫敬等，2016）。史博会（2012）基于 Turner 等（2005）的研究成果，提出了适用于油水乳化混输体系的水合物壳双向生长模型，该模型结合热力学相平衡理论和水分子渗透理论，以在水合物壳内客体分子在系统条件与平衡条件的浓度差驱动力为基础，结合水合物生长放热壳层两侧温度变化，从而将影响

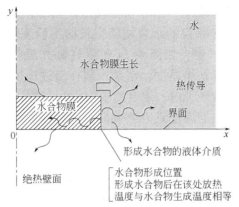

图 4.21　Mochizuki 和 Mori 提出的水合物膜模型（据 Mochizuki 和 Mori，2006）

水合物生长热力学、动力学、传质与传热等因素有机地结合起来，模型示意图如图 4.22 所示。该模型通过将水合物生长传质参数随水合物生长量的衰减，来描述水合物壳体厚度增加所导致的传质效率下降；但是，该模型涉及五个难以测量且具有系统依赖性的参数。吕一宁（2017）考虑到油包水乳状液中生成的水合物颗粒大小分布的非均一性，提出了基于颗粒粒径分布的水合物生长动力学模型（图 4.23），定量化了未转化水的比例，强化了自由水、束缚水对水合物生长聚集的影响。

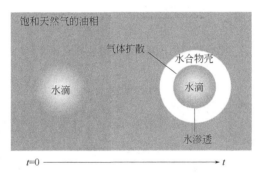

图 4.22　水合物壳双向生长模型示意图（据史博会，2012）

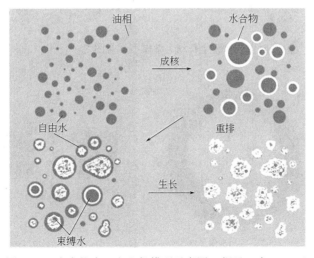

图 4.23　水合物壳双向生长模型示意图（据吕一宁，2017）

在复杂多变的油气开发系统中，水合物在气泡流动中生成也是常见的现象。陈光进课题组研发了悬浮气泡研究法获得的水合物膜生长的实验装置，建立了耦合水合物膜生长传热和本征动力学控制的模型，如图4.24所示（陈光进等，2020）。李胜利（2014）系统地测量了水中悬浮气泡的初始厚度，结果表明：当过冷度高于1K，水合物膜初始厚度与过冷度呈反比。当过冷度较低时，水合物膜前沿为三维生长模式，以增厚生长为主，导致生成的表面更粗糙，且初始厚度具有不确定性。水合物膜前沿气体分子的传质作用是水合物膜横向生长的关键，而水分子在膜内的传质是水合物膜增厚的关键所在。孙宝江课题组提出了一系列耦合气体扩散、水分子渗透的传质、传热作用的气泡表面水合物生长动力学模型（Wang等，2020），如图4.25和图4.26所示。图4.26示意强调了在水合物生长过程中壳层内的传质作用，不仅包括气体分子扩散穿越到水合物—水相界面、水分子渗透穿越到水合物—气相界面，还包括扩散到壳层内气体分子与渗透到壳层内水分子的转化生长（Sun等，2019）。

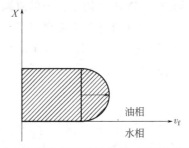

图4.24 水合物膜生长模型示意图（据陈光进等，2020）

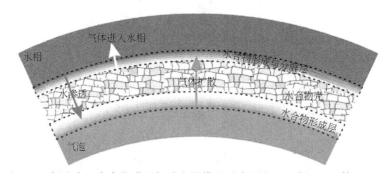

图4.25 气泡表面水合物膜生长动力学模型示意图之一（据Wang等，2020）

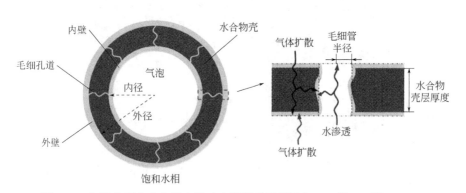

图4.26 气泡表面水合物膜生长动力学模型示意图之二（据Sun等，2019）

为了更好地理解水合物生长的微观作用机制，分子动力学模拟方法也被广泛应用。根据Tung 等（2010）所开展的甲烷水合物生长分子动力学模拟，可知影响水合物生长的关键因素就是甲烷在液相中的浓度及其扩散程度，同时还明确了甲烷分子在水合物界面半笼中的吸附作用的重要性。但是，大多数分子动力学模拟的水合物生长条件均在较高压力和较低温度下开展的，其模拟结果在工程实际条件下的参考价值有待深入考证。

总之，现有报道的水合物生长动力学模型，所涉及的关键参数大多都是基于研究者各自的实验数据而确定，具有显著的系统依赖性，模型的适应性多被辖制在实验条件范围内。考虑实验系统的尺寸效应，扩大实验范围，借助系统且可靠的实验数据，开展合理而高效的分子动力学模拟，分析微观生长与宏观表象的内在联系，从水合物生长的本质过程着手，验证与完善现有水合物生长动力学模型的适应性与可靠性，将一直是水合物生长动力学研究的主要内容。

4.4 水合物分解动力学

水合物分解是水合物生成的逆过程，包括晶体的解构和气体的解吸。水合物分解需要吸收足够热量，以打破水合物晶格内水分子间的氢键作用、水合物客体分子和水分子之间的范德华力作用。高温或低压就是破坏水合物结构平衡的主要驱动力，因此常用的水合物分解策略主要包括降压、加热、注剂及上述方法的联合。因压力变化以声波速度传递，快于以热量速度传递的温度变化，所以降压分解的驱动力是升温分解的 5 倍，因此水合物的降压分解时间比升温分解缩短 $\frac{2}{3}$（Uchida 等，2000）。掌握水合物分解动力学过程，对于油气工业领域选择合适的水合物分解策略，快速安全移除堵塞的水合物，高效安全开发非常规能源"可燃冰"，具有重要的研究意义。本节将简述水合物分解的实验现象及规律、水合物分解动力学的机理与模型。

4.4.1 水合物分解实验

与研究水合物成核、生长过程类似，显微观察水合物相界面上的分解动态变化的主要实验手段包括：核磁共振成像、X 射线断层扫描、扫描电子显微镜，显微摄像、在线粒度分析及录影等。

水合物分解也受温度与压力、有无添加剂等因素影响。总结水合物分解实验的研究成果（史博会等，2014）可知：水合物分解是从相界面开始，以不规则形状逐步深入；分解驱动力越大、气体从水合物表面逃逸的阻力越小，水合物分解速率越快；水合物分解吸热，如果水合物分解吸收的热量没有及时补入，则会显著降低未分解水合物表面的温度，影响水合物深入分解；水合物初始分解的水，会附着在未分解的水合物表面使之被润湿，从而引发水合物分解过程中的颗粒聚并现象（图4.27）；水合物初始分解的气泡，聚集在未分解的水合物表面，会增加该表面上的气压，影响水合物的深入分解；因此，水合物分解的持续性，是受驱动力、传热、传质共同影响的。由于管道中完全堵塞体的径向尺寸一般会小于其轴向长度，因传热在水合物分解吸热过程中起主导作用，且径向吸热传热面积较大，因此管道中堵塞体的径向分解速度会大于轴向分解（图4.28）。

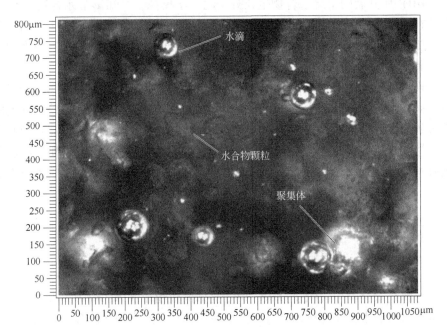

图4.27　水合物分解过程中颗粒聚集的显微记录（据Shi等，2018）

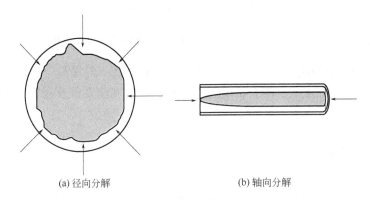

(a) 径向分解　　　　　　　　　　　(b) 轴向分解

图4.28　水合物堵塞体径向与轴向分解示意图（据Sloan等，2007）

4.4.2　水合物分解动力学机理与模型

因水合物分解不仅需要破坏水分子间的氢键，还需要克服客体分子与水分子间的范德华力，使气体分子从水分子晶笼中逃逸。Kim（1985）指出可将水合物分解过程划分为相界面水合物晶格的分解、气体分子从水晶格中的逃逸。基于恒温恒压带搅拌的半间歇式反应釜纯水体系甲烷水合物分解实验，Kim（1985）建立了以分解速率常数、分解相的面积和驱动力为函数的半经验水合物本征动力学分解模型，如式（4.5）所示。该模型恰是经典的水合物本征动力学生长模型［式（4.3）］的逆过程表述，为水合物分解动力学研究的深入打下了坚实的基础。应用该模型，结合实验数据，可拟合确定甲烷水合物分解反应的活化能及其本征分解速率常数。随后，Clarke 和 Bishnoi（2000，2001a，2001b，2005）在 Kim（1985）研究的实验设备上，分别进行了纯乙烷水合物、甲烷和乙烷混合物生成水合物的分解实验，耦合水合物颗粒不规则度，推导求解不同水合物的本征分解速率常数和活化能。

$$-\frac{\mathrm{d}n_{\mathrm{H}}}{\mathrm{d}t}=K_{\mathrm{d}}A_{\mathrm{s}}(f_{\mathrm{e}}-f) \tag{4.5}$$

式中 n_{H}——水合物物质的量；

K_{d}——水合物本征分解反应的速率常数；

A_{s}——水合物分解的总表面积；

f——体系温度和压力条件下水合物客体分子的逸度；

f_{e}——体系水合物相平衡条件下水合物客体分子的逸度；

t——时间。

水合物分解过程作为水合物生成的逆过程，会受本征驱动、传质和传热所共同影响。作为吸热过程的水合物分解，热量的及时传递显得尤为重要（陈光进等，2020）。以水合物消融边界为函数描述水合物分解的动力学模型，是一种强化传热影响的方法（Sloan，2007）。但若能从微观分解机理出发（Windmeier 等，2013a，2013b），考虑水合物连续解析—融化—分解在传热、传质影响下的本质特征，才能更贴近实际地描述水合物分解动力学过程。

宋尚飞（2020）从微观角度对其水合物分解过程进行研究，参考 Chen 和 Guo（1998）的水合物两阶段生成模型，提出了更为贴近水合物分解动力学的三步微观分解机理（图4.29）。当系统受到降压或加热扰动导致体系进入热力学非平衡状态时，这三个步骤会自发发生，导致水合物的连续分解，具体过程包括：

（1）联结孔中客体分子（即气体分子）的解吸过程（解吸步骤）——由于压力降低或加热带来的扰动，系统进入热力学非平衡状态，联结孔中的客体分子解吸，从水分子笼中逃逸，留下空的联结孔和不稳定的基础水合物。

（2）联结孔和基础水合物的破裂过程（破裂步骤）——随后，空的联结孔和不稳定的基础水合物会发生破裂，同时进一步释放客体分子和水分子（解吸步骤和破裂步骤共同构成了水合物分解的本征动力学。同时，第一步释放的客体分子将立即开始向外扩散）。

（3）客体分子向外的扩散过程（扩散步骤）——在水合物与流体界面处的客体分子浓度和主体相（水相）内客体分子浓度之差的驱动下，水合物分解释放出的客体分子通过水合物与流体的界面向外扩散，释放的水分子直接与主体相融合。当水合物表面层完全分解时，下一层水合物将暴露于液相并开始分解。这三个步骤循环往复，水合物分解反应将自发进行，直至达到新的平衡状态。

宋尚飞（2020）基于图4.29所示机理建立了纯水体系甲烷水合物分解本征动力学和传质作用的模型，如式（4.6）所示。该模型采用统计速率理论来解释气体分子在联结孔中的解吸步骤，应用界面响应函数来描述联结孔和络合孔的破裂步骤，最后通过分子扩散理论来确定气体分子向主体相的扩散步骤。应用该模型，可明确联结孔和络合孔对水合物分解的影响。同时，讨论了解吸和塌陷步骤在微观范围对水合物分解内在动力学的影响以及搅拌速率对水合物分解传质过程的影响。

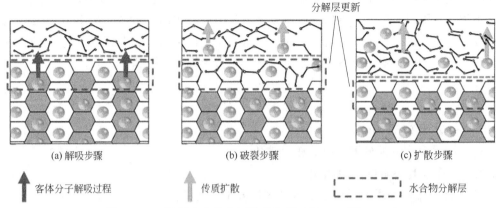

(a) 解吸步骤　　　　　　(b) 破裂步骤　　　　　　(c) 扩散步骤

客体分子解吸过程　　　　传质扩散　　　　　　　水合物分解层

图 4.29　三阶段水合物分解微观机理（据 Song 等，2019）

$$\frac{1}{\dot{n}} = s / \left[\theta D_{\mathrm{g}}^{\mathrm{L}} \delta_{\mathrm{g}} \left(\frac{1}{C_1 f^{\mathrm{g}}} \frac{\theta_1}{1-\theta_1} - C_1 f^{\mathrm{g}} \frac{1-\theta_1}{\theta_1} \right) \chi_{\mathrm{g}} \right] +$$

$$n_{\mathrm{hyd}} / \left\{ D_{\mathrm{w}}^{\mathrm{L}} \delta_{\mathrm{w}} \left\{ \lambda_1 \left\{ 1 - \exp \left[-\frac{\Delta h^{\beta\text{-}\mathrm{L}}(T-T_{\mathrm{eq}})}{RTT_{\mathrm{eq}}} \right] \right\} + \lambda_2 \left[1 - \exp \left(-\frac{\Delta h^{\mathrm{H}\text{-}\mathrm{L}}(T-T_{\mathrm{eq}})}{RTT_{\mathrm{eq}}} \right) \right] \right\} \chi_{\mathrm{w}} \right\} +$$

$$1 / \left[k (\chi_{\mathrm{g}} - \chi_{\mathrm{gB}}) \right] \tag{4.6}$$

式中　$\dot{n}$——水合物分解过程中气体分子的总摩尔释放速率；

s——解吸步骤中释放的气体分子占解吸步骤和破裂步骤释放的所有气体分子摩尔数之和的比例；

n_{hyd}——给定实验条件下的水合物水合数；

θ——解吸步骤（I）的反应表面积与联结孔与所有水分子孔穴的比例；

θ_1——联结孔被气体分子占据的比例；

λ_1——联结孔的化学计量数；

λ_2——基础水合物笼子的化学计量数；

$D_{\mathrm{g}}^{\mathrm{L}}$——气体分子在水相中的扩散系数；

δ_{g}——水合物与主体相之间的气体分子交换特性的中间参数；

C_1——联结孔中吸附的气体的 Langmuir 常数；

f^{g}——系统条件下气体分子的逸度；

χ_{g}——水合物相中的客体分子摩尔浓度；

χ_{gB}——水相中的气体摩尔浓度；

χ_{w}——水相中水的摩尔浓度；

$D_{\mathrm{w}}^{\mathrm{L}}$——水分子在水中的自扩散系数；

a_{w}——水分子的相邻边界层的厚度；

δ_{w}——水合物与水相之间的水分子交换特性的中间参数；

$\Delta h^{\beta\text{-}\mathrm{L}}$——空的水分子笼与液态水之间的水分子焓变；

$\Delta h^{\mathrm{H}\text{-}\mathrm{L}}$——被占据的水分子笼与液态水之间的水分子焓变；

k——传质系数；

R——通用气体常数；

T——系统温度，K；

T_{eq}——与系统压力相对应的水合物平衡温度。

然而，油气集输系统中的水合物生成多发生在油水乳状液体系，理解和掌握乳液体系内水合物分解的机理，是准确预测该体系内水合物分解速率的关键。Boxall 等（2008）借助在线记录的油包水乳状液体系内水合物颗粒分解过程中颗粒粒径和形态变化，提出在该体系水合物分解可被划分为五个阶段：

（1）如图 4.30（a）所示，实验体系中最初生成的水合物颗粒，在油品中呈现悬浮液状态；（2）如图 4.30（b）所示，随着体系工况满足水合物分解条件，初始分解的水包裹在水合物颗粒外，使其表面呈现润湿状态而慢慢聚集；（3）如图 4.30（c）所示，初始分解释放出来的气体向上逃逸，未分解的水合物颗粒则聚集向下沉降；（4）如图 4.30（d）所示，随着水合物颗粒继续分解，体系底部聚集的游离水中不断有未分解的水合物颗粒浸在其中，悬浮出的在油品内被润湿水合物颗粒不断聚并呈薄片状的椭球；（5）如图 4.30（e）所示，体系中的水合物全部分解，在连续剪切力的作用下，原油和水被再次乳化。

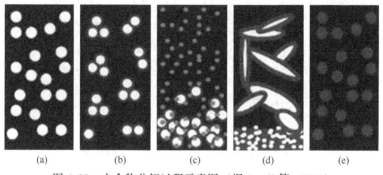

图 4.30　水合物分解过程示意图（据 Boxall 等，2008）

陈俊（2014）在上述水合物分解模型基础上，明确了水合物颗粒外形的非均一性，提出了强化水合物颗粒悬浮体系聚并特征的四步水合物分解机理：（1）如图 4.31（a）所示，分解之前水合物悬浮于油相中；（2）如图 4.31（b）所示，当满足水合物分解条件后，相界面分解的气体从破坏的笼形晶格里逃逸，以气泡形式脱离水合物表面进入油相后扩散至气相，即气体在油相中的溶解与析出同时发生；（3）如图 4.31（c）所示，分解的水附着在未分解的水合物颗粒表面，促进了体系内颗粒的聚并，并对气体从水合物表面的逃逸表现出抑制作用；（4）如图 4.31（d）所示，水合物完全分解后，形成具有更大液滴直径的油包水乳状液（这恰好能解释水合物的生成与分解降低水/油分散体系的稳定性）。

与搅拌釜实验装置内油包水乳状液体系生成的水合物分解实验一致，在流动环道实验体系内，水合物分解过程中颗粒聚并现象不容忽视（Shi 等，2018）。Shi 等（2018）以环道中水合物浆液分解的实验数据为依据，在前人研究基础上，提出了管流中水合物浆液三阶段分解机理，如图 4.32 所示：（1）初步分解与颗粒聚并阶段，未分解的水合物颗粒携带吸附在其表面上的游离水，通过黏附力驱使水合物颗粒的聚集，增加了体系压降和水合物再堵塞的风险；（2）伴随水合物颗粒聚并剪切的持续分解阶段，在分解驱动力作用下水合物持续快速分解，随后受传质传热限制分解速率逐渐减弱；（3）完全分解阶段，水合物浆液完全分解成稳定的油包水乳状液。在此基础上结合 Kim（1985）水合物分解动力学模型，Shi 等（2018）引入耦合的传热和传质影响系数，定量化颗粒聚并对水合物分解动力学的影响建立

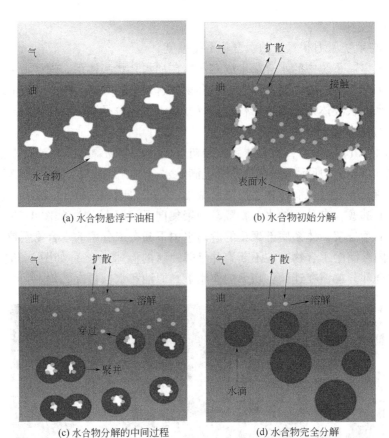

(a) 水合物悬浮于油相　　　　(b) 水合物初始分解

(c) 水合物分解的中间过程　　　　(d) 水合物完全分解

图 4.31　水合物在油相中分解机理示意图（据陈俊，2014）

图 4.32　油基水合物浆液分解示意图（据 Shi 等，2018）

模型［式(4.7)至式(4.8)］。应用该模型，明确了根据搅拌反应釜实验体系确定的水合物分解动力学参数，不适用于管流体系；在相对缓和的管流剪切作用下，水合物分解过程中的传质和传热会有所提高。

$$\frac{\mathrm{d}n_{\mathrm{g},t}}{\mathrm{d}t} = \gamma A_{\mathrm{S},t} \sum_{i=1}^{N} K_{\mathrm{d},i}(f_i - f_{\mathrm{e},i})_t \tag{4.7}$$

$$\gamma = \ln\left(\frac{\alpha}{n_{\mathrm{g},\Delta t-1}/n_{\mathrm{g,end}}}\right) \tag{4.8}$$

$$A_{\mathrm{S},t} = \frac{\pi}{\psi} \frac{\mu_2'}{\frac{1}{6}\mu_3'\left(\frac{1}{0.791}\right)^3} V_{\mathrm{hyd},t} \tag{4.9}$$

式中　$n_{\text{g},t}$——时间 t 水合物分解释放的气体量；

　　　$K_{\text{d},i}$——水合物客体分子 i 本征分解反应的速率常数；

　　　$A_{\text{s},t}$——时间 t 水合物分解的总表面积；

　　　f_i——体系温度和压力条件下水合物客体分子 i 的逸度；

　　　$f_{\text{e},i}$——体系水合物相平衡条件下水合物客体分子 i 的逸度；

　　　t——时间；

　　　γ——耦合水合物分解传热传质作用影响的因子；

　　　$n_{\text{g},\Delta t-1}$——上一时步 $\Delta t-1$ 水合物分解释放的气体量；

　　　$n_{\text{g,end}}$——实验结束时水合物分解释放的气体量；

　　　α——回归系数；

　　　μ_2'——水合物颗粒分布的拟二次矩；

　　　μ_3'——水合物颗粒分布的拟三次矩；

　　　ψ——水合物颗粒的球形因子；

　　　$V_{\text{hyd},t}$——时间 t 体系内总的水合物体积量。

为了更好地理解水合物分解的微观作用机制，分子动力学模拟方法不失为一种有效的研究方法。Ding 等（2017）根据甲烷水合物分解的分子动力学模拟结果，明确了水合物分解的两阶段性，包括随着笼形结构解析的水分子的扩散、甲烷分子的逃逸。显而易见，笼形结构的解析是水合物分解的关键环节。如何将水合物分解分子模拟所获得微观机制与实验研究所归纳的宏观机理相耦合，是建立具有更强适用性、更高可靠性水合物分解动力学模型的关键，这也是及时解除管道内水合物堵塞、高效开采"可燃冰"等操作的重要基础研究。

4.4.3 "自我保护效应"

在水合物分解过程中，存在被称为"自我保护效应"的现象。Stern 等（2001）研究了常压下甲烷水合物的分解动力学，指出在 −8~−2℃ 时水合物的分解速度最慢，24h 和 1 个月的分解量分别为 7% 和 50%。随后，诸多对水合物常压下的"自我保护效应"研究得到开展。如图 4.33 所示，在水合物分解实验过程中，温度在 193~240K、272~290K 时，水合物分解速率随温度单调变化；但是，温度在 242~271K 时，水合物分解速率明显低于理论值（由 190~240K 时的分解速率外延得到），表现出显著的自我封存效应，能稳定 2~3 周。水合物分解"自我保护效应"是水合物在水合物稳定区以外长期保持稳定的现象。

水合物分解处于"自我保护效应"，使得水合物呈现"亚稳态的保存"的时间的长短取决于所处的温度范围。Rehder 等（2012）总结了"自我保护效应"的物理基础，如图 4.34 所示。图中用虚线勾画字段标记的内容是关键的，但是潜在机制尚不清楚的因素。Wen 等（2013）综述了"自我保护效应"的研究进展，指出尽管目前研究对"自我保护效应"的理解有所增加，但不能确定该效应在大规模应用的最佳条件；对于通过水合物建立天然气的商业储存和运输，有必要进一步研究水合物的形成机制和影响"自我保护效应"的关键参数。

Bai 等（2015）根据水合物分解的分子动力学模拟结果，指出在水合物初步分解界面处，易于形成具有温度依赖性的类固态液体层结构；而这种类固态液体层的存在，不仅增大了甲烷从水合物扩散的传质阻力，也对水合物分解所需热量传递形成阻碍的作用。因此，这

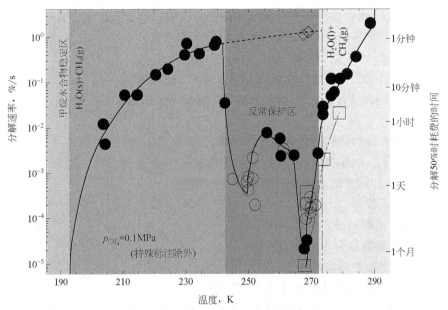

图4.33 在0.1MPa时甲烷水合物分解到50%的平均速率与时间（据Sloan等，2007）

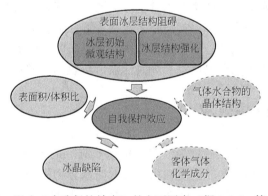

图4.34 影响"自我保护效应"的主要因素（据Rehder等，2012）

种类固态液体层的存在，很可能就是"自我保护效应"形成的原因。但是，为何仅在特定的温度范围内，这种"自我保护效应"才具有非常显著的作用，尚需要开展深入的研究。

Veluswamy等（2018）总结了影响"自我保护效应"的因素，还包括水合物颗粒的比表面积、冰点下水合物消融机制（冰微观机构变化及老化过程）、冰晶体的断层缺陷对气体的封存等。从根本上，未来还需要通过微观分子模拟、宏观实验研究、理论结构解析，研究水合物分解"自我保护效应"的作用机理。无论如何，水合物分解"自我保护效应"，有利于提高和延长气体水合物稳定性，可应用在水合物储运天然气技术中。

4.5 水合物动力学抑制剂

从水合物生成动力学入手，防控水合物在油气输送系统中生成。可向系统加入系统中能延迟水合物成核诱导期的药剂，被称为动力学抑制剂（kinetic hydrate inhibitors，KHI）。动力学抑制剂属于低剂量水合物抑制剂（low dosage hydrate inhibitors，LDHI）。所谓低剂量就是加入水合物抑制剂的浓度较低，一般低于含水质量的3%。另一类低剂量水合物抑制剂是阻聚剂（anti-agglomerants，aa）。图4.35展示了热力学抑制剂、动力学抑制剂、阻聚剂与水合物分子相互作用示意。本节将对动力学抑制剂的作用机理及相关应用进行简要介绍。有关阻聚剂的介绍详见后续章节6.3.2。

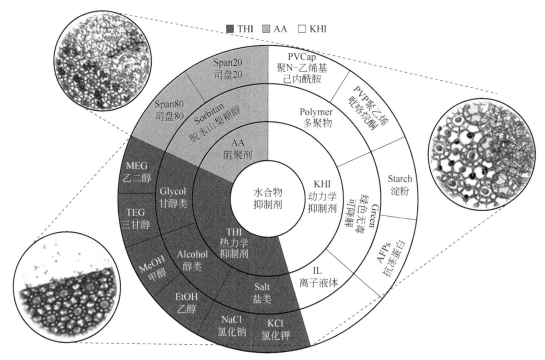

图4.35　水合物抑制剂及其分子层面作用机制（据 Hassanpouryouzband 等，2020）

动力学抑制剂，包括水溶性低分子量的多聚物、淀粉类物质、抗冻蛋白、绿色无毒可降解的药剂及部分离子液体（Ke 等，2019）。动力学抑制剂的加注，能显著降低被加注系统内天然气水合物的成核速率、延缓乃至阻止临界晶核的形成、干扰水合物晶体优先生长的方向、影响水合物晶体的稳定性，从而延长天然气水合物成核诱导期，进而保障系统内流体处于水合物成核诱导期内、无大量水合物生成的安全输送。与甲醇、乙二醇等热力学抑制剂相比，其加注量少，可降低用量成本及存储成本等。

4.5.1　动力学抑制剂种类

动力学抑制剂的研究始于20世纪90年代，1993年，酪氨酸及其衍生物首次作为水合物动力学抑制剂在专利中被报道，随后越来越多的专家和学者进行了动力学抑制剂的研究和开发（Kelland，2006）。陈光进等（2020）将动力学抑制剂的研究分为三个阶段：

第一阶段（1991—1995），以聚乙烯吡咯烷酮（PVP）[图4.36（a）] 为代表的一些对水合物生成速率有抑制效果的化学添加剂被筛选出来。

第二阶段（1995—1999），以 PVP 为基础联合各种官能团，一些具有较好抑制效果的动力学抑制剂被合成，包括聚 N—乙烯基己内酰胺（PVCap）[图4.36（b）]，乙烯基己内酰胺、乙烯吡咯烷酮及甲基丙烯酸二甲氨基乙酯三聚物（VC—713），乙烯吡咯烷酮和乙烯基己内酰胺共聚物（polyVP/VC）等；

第三阶段（1999 年至今），借助计算机分子动力学模拟与分子设计技术，一些具有更强抑制效果的动力学抑制剂被研发，包括 N—乙烯基吡咯烷酮、羟乙基纤维素、N—乙烯基己内酰胺聚合物及其共聚物（Gaffix VC-713）[图 4.36(c)]等。还提出了基于季铵两性离子的新型水合物抑制剂。

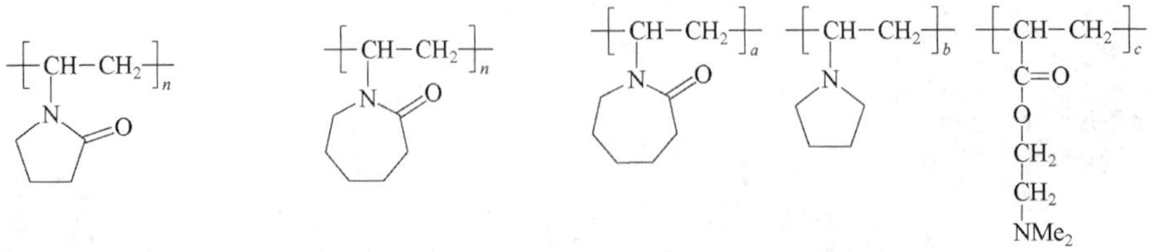

(a) PVP　　　　(b) PVCap　　　　(c) Gaffix VC-713

图 4.36　典型 KHI 的结构图（据 Kelland，2006）

但是，多数动力学抑制剂面临的问题是抑制活性不高，而且通用性差，受外界环境影响较大。特别是在过高过冷度下，失效的动力学抑制剂，会导致被注入系统处于水合物生成乃至堵塞的风险。在某些情况下，需添加协同促进剂来强化动力学抑制剂的抑制效果（Ke 等，2019）。由于不同油气田体系的组分复杂而有区别，任何与实验室条件不同的盐度或不同的压力，都有可能会影响动力学抑制剂的抑制能力。因此，动力学抑制剂的现场使用效果，往往与实验室测试结果有较大出入。但是，实验室的研发与测试，是动力学抑制剂工程应用的基础。只有通过实验室多尺度地、系统地测试所研发出的动力学抑制剂，才能保障其工程试验测试的成功率。

4.5.2　动力学抑制剂抑制机理

结合水合物成核结晶理论，现有被报道的动力学抑制剂的作用机理，主要包括吸附抑制机理、扰动抑制机理、层传质阻力机理（Shi 等，2021）。

根据 Makogon 和 Sloan（2002）以分子动力学为基础模拟的动力学抑制剂存在下甲烷水合物的成核过程，指出抑制剂活性基团会吸附在水合物晶体表面，强迫水合物晶体以较小的曲率半径围绕聚合体或在聚合体链间生长；与此同时，被吸附的抑制剂，从空间上阻止甲烷分子进入并填充水合物空穴。这就是被广为认可的吸附抑制机理。也就是说，动力学抑制剂分子链，不仅会吸附在未达到临界尺寸的水合物晶核上抑制其进一步生长，也会在空间上占据已达到临界尺寸的晶核的继续生长点而阻碍其继续生长。在上述理论基础上，陈玉川等（2018）提出水合物动力学抑制剂的吸附抑制过程，可划分为阻碍客体分子传质的初始吸附、调整吸附取向与填充以"锁住"笼形结构、作为空间阻碍占据了水合物生长最活跃的点三个过程，如图 4.37 所示。这也说明了动力学抑制剂吸附抑制同时作用于水合物晶核生长到临界尺寸的整个过程中。Xu 等（2015，2016）分子动力学模拟 PVCap 的结果，验证了PVCap 的动态吸附抑制（图 4.38）。

所谓动力学抑制剂的扰动抑制机理，主要指动力学抑制剂分子会扰乱水分子簇结构，使得水分子结构重排，增大水合物成核的能量势垒，抑制水合物的成核。动力学抑制剂的扰动

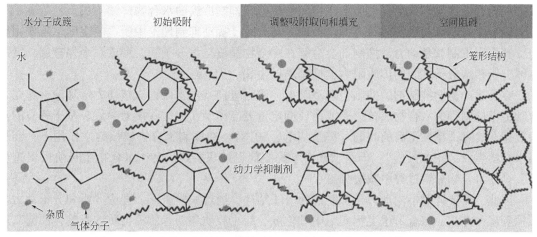

图 4.37 动力学抑制剂的吸附抑制机理示意图（据陈玉川等，2018）

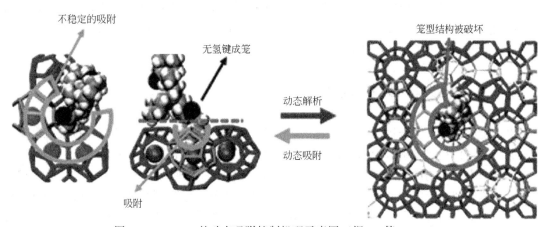

图 4.38 PVCap 的动态吸附抑制机理示意图（据 Xu 等，2018）

作用机制，也可解释为在水合物晶核生长到临界尺寸的过程中，借助其所具有的亲水集团与水分子形成氢键，阻止水分子零散结构成长到水合物形成所需的团簇结构，或者说扰乱了水分子和客体分子之间的有序状态，使部分形成核水合物团簇结构不稳定。Xu 等（2016）通过分子动力学模拟，验证了果胶中的活性集团会与水分子形成氢键，扰乱水合物成笼的有序状态（图 4.39）。而水分子的团簇结构，是水合物成笼稳定成核生长的关键。扰动水合物

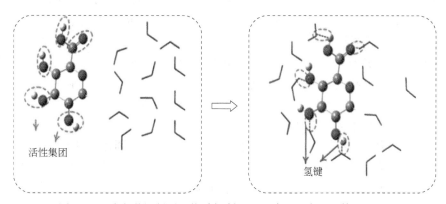

图 4.39 动力学抑制剂的扰动抑制机理示意图（据 Xu 等，2016）

成簇的动力学抑制剂分子，也会形成空间的位阻，抑制成簇的水合物继续生长。

动力学抑制剂的层传质阻力抑制理论，与吸附、扰动抑制理论中所提的空间位阻作用类似，其作用机制就是动力学抑制剂会溶解在水合物晶核与水分子间，形成一个保护层，增加客体分子和水分子之间的传质阻力，抑制晶核生长。

在上述动力学抑制剂的抑制机理基础上，研究者们基于水合物成核动力学理论，建立了含动力学抑制剂的水合物成核速率或诱导期定量表征模型，但这些模型参数多基于各自的实验数据，具有适用性不高的问题（陈玉川等，2018）。在抑制水合物成核的主作用下，会削弱水合物生成"记忆效应"；但是，动力学抑制剂也被观察到，会在水合物生长阶段促进生长，会在水合物分解过程中减缓分解。

因此，需要针对不同动力学抑制剂的分子结构，通过实验研究、理论分析和分子动力学模拟等多种方法，综合考虑工程实际中矿化度、蜡、胶质和沥青质等物质的影响，厘清其对水合物成核、生长、分解过程中传质、传热过程中微观、介观、宏观多尺度的作用机制，才能研发出高效、绿色环保的动力学抑制剂，能在极低环境温度下保持良好诱导期延长性能的水合物动力学抑制剂。这样不仅有利于动力学抑制剂在工业中应用以防控水合物的冻堵，同时还可以降低其对生长堵塞生成与解堵过程的不利影响。

4.5.3　动力学抑制剂性能评价

水合物反应釜、水合物摇摆釜、结晶器、差式扫描量热仪、水合物环道、拉曼光谱仪等（Ke等，2016）是实验室常用的评价、测试不同动力学抑制剂性能的实验装置。

评价动力学抑制剂性能，最直接的评价指标为延长诱导期的程度及其可承受最大过冷度。延长诱导期的程度指加入动力学抑制剂后，相比无动力学抑制剂加入时诱导期的延长情况。动力学抑制剂可承受最大过冷度，是指在一定压力条件下水合物生成相平衡温度与动力学抑制剂不失效所能承受环境的最低温度间的差值。除此之外，还可以通过抑制作用下水合物生成的放热量、水合物浆液的黏度或电导率变化等，间接地分析其抑制性能。Tohidi研究团队提出了一种评价动力学抑制剂性能的方法——水合物晶体生长抑制试验方法CGI（crystal growth inhibition），也被广泛应用于相关研究（Anderson，2011）。

毋庸置疑，动力学抑制剂在特定过冷度条件下延长诱导期时间越长，同时其可承受最大过冷度越大，该抑制剂的综合性能越好。陈玉川等（2018）总结了文献中报道的动力学抑制剂诱导期延长情况及其可承受的最大过冷度，数据表明，实验结果随不同实验体系、实验条件和实验装置而不同；即使对同一种动力学抑制剂，在不同的实验条件下，其对诱导期的延长程度亦有不同。诱导期延长程度少则仅延长为原诱导期的120%。Luna-Ortiz等（2014）应用CGI方法，评价其所用动力学抑制剂，在过冷度高达15℃的管路停输再起动过程中，能维持体系不生成水合物的有效时间长达168小时。而不同动力学抑制剂在不同实验条件下，对应的可承受最大过冷度也不一致。Xu等（2015）测试了在8.65MPa下，加入质量分数1%的Inhibex 501维持动力学抑制性能，可承受的最大过冷度能达到20.5K。

然而，多数动力学抑制剂面临的问题是抑制活性不高，且通用性差，受环境影响较大，诸如工况条件（压力、过冷度等）、流动条件（流速、流型等）、流体物性（复杂油气组成、矿化度、乳化程度等）。这些因素导致动力学抑制剂的现场应用效果常与实验室测试结果有出入。因此，动力学抑制剂工业应用的先导测试显得非常必要。

4.5.4 动力学抑制剂现场应用现状

动力学抑制剂已被少量报道且有限地在国内外油气田进行了试用。KHI工业测试应用不仅可以降低防冻剂用量，同时可以降低药剂贮存运输成本、操作人员工作量以及污水处理量，但动力学抑制剂药剂费用略高于热力学抑制剂。

最早开始动力学抑制剂现场应用的是Arco、Texaco和BP公司，详见表4.2。表中所列的测试案例，均获得了不同程度的成功应用。但是，需要关注的是：动力学抑制剂与其他药剂联用的兼容性的问题。在1998年，ETAP的动力学抑制剂应用测试中，BP解决了其与防腐剂、防垢剂、防蜡剂组合应用的问题。通过组合应用动力学抑制剂与热力学抑制剂可以降低系统的过冷度，BJ公司发表了在墨西哥湾海底管线中动力学抑制剂和甲醇组合应用的报道（陈光进等，2020）。

根据动力学抑制剂GHI在加拿大艾伯塔南部气田试验，可知40~60L/d的GHI注入量被认定为安全界线，能保证生产气井高产且无水合物生成风险（曹辛等，2005）。若不采取动力学抑制剂注入，该气井在投产初期，需要每天向井下套管注入200L甲醇，日费用为86.6美元。2003年秋，该气田应用GHI作为2口气井的防冻堵药剂，应用周期内的注入流程及关键事件，详见表4.3。初始采用135L/d高注入量，目的是为了使生产系统所有位置能全部被GHI饱和。期间GHI的注入量为75L/d，因某天冬季晚上室外温度大约为-30℃左右，致使一台管线加热炉发生破裂事故；但该事故在第二天早晨被发现时气井仍能连续生产，并未发生水合物生成问题。根据该气田注入GHI的30周的经验，可知：试验初始2周内抑制剂注入量要增加，但随后的注入量可根据生产经验与实际情况优化，从而降低其费用。

表4.2　1990年至2005年典型动力学抑制剂现场测试案例（据陈光进等，2020）

时间	公司	油气田	动力学抑制剂	过冷度条件 或工况条件
1995	Arco	北海南部气田	Gaffix VC-713	8~9K
1995	Texaco	美国陆上油气田 （Wyoming和Texas）	PVP	有限过冷度下应用
1995—1996	BP	北海南部气田 （Ravensburn-Cleeton）	TBAB/PVCap混合剂	10K
1996	BP	West Sole/Hyde69km 湿气管线	KHI	8K
1998	BP	北海英国部分的Estern Trough Area Project（ETAP）	TBAB/PVCap混合剂	10K
2003	Total	在北海英国部分的Otter的油气田	KHI	停工或短期低产情况
2004	Clariant和Total	中东的West Pars油气田	KHI	/
2004	Nalco	RasGas	KHI	/
2005	/	阿尔伯塔南部气田	GHI	/

表 4.3 GHI 在阿尔伯塔南部气田的应用过程（据曹辛等，2005）

试验时间段	注入量，L/d
开始	135
0~10 周内	30
10~15 周内，提量后迅速降量	提量 110~140；降量 50
冬季中期，加热设备故障	75
维修加热设备期间	120
第 26 周	135
第 27 周	30~40

在国内，动力学抑制剂研发与现场试验，相较于国外而言较晚。周厚安等（2009，2012）针对含硫量高的川渝气田气质特性，研发了新型的复合动力学抑制剂 GHI—1、CT5—54、CT5—55，并以乙二醇加注量的三分之一通过橇装式装置，连续加注到被测试管线，具体测试信息详见表 4.4 所示。该橇装式水合物动力学抑制剂连续加注装置（图 4.40），由药剂罐、过滤器、高压注射计量泵（额定工作压力 10.3MPa，最大排量为 4.1L/h）、缓冲罐等部分组成。系统的清管周期被延长，由之前的 3~5d 延长超过 15d（周厚安等，2009）。

表 4.4　注 GHI—1、CT—54 与 CT—55 与注醇对比（据周厚安等，2009；2012）

管线名称及规格	输气量 $10^4\mathrm{m}^3/\mathrm{d}$	输气压力 MPa	输气温度 ℃	大气温度 ℃	药剂名称	分别加注量 kg/d
某井 ϕ168mm×11mm 4.2km	22	7.10	8~10	−3~5	乙二醇	45~60
					GHI—1	13~16
峰 15 井高含硫管线 ϕ168mm×11mm 4.2km	20~24	6.85~7.10	8~12	−3~15	乙二醇	45~60
					CT5—54	10~15
宝 1 井高含硫管线 ϕ108mm×8mm 10.34km	13~15	6.65~7.25	8~10	−3~10	乙二醇	30~50
					CT5—54	10~15
天高线 B 段井高含硫管线 ϕ273mm×11(12.5)mm 22.7km	110~130	5.5~7.5	8~11	−2~12	乙二醇	80~100
					CT5—54	25~35
黄龙 4 井低含硫生产管线 ϕ108mm×6mm 2.8km	25	8.0~8.20	7~10	−5~10	乙二醇	45~60
					CT5—54	10~15
池 63 井低含硫生产管线 ϕ108mm×7mm 4.4km	50~55	5.20~6.20	8~10	0~10	乙二醇	25~40
					CT5—54	8~10

图 4.40　橇装式水合物动力学抑制剂连续加注装置（据周厚安等，2009）

程艳等（2012）报道了动力学抑制剂 HY—3（乙烯基吡络烷酮均聚物，有效含量 20%）和 ISP501（乙烯基己内酰胺—乙烯基吡咯烷酮共聚物，有效含量 20%）在中海油渤海 M 油气田试验成功的案例。在 2010 年 11 月至 2011 年 1 月，加注的动力学抑制剂浓度 20g/L 到测试油气田直径为 203.2mm 的油气水多相流 14.3km 的海管中，同时维持甲醇 700mg/L 的注入。试验结果表明，加注 HY—3 后，油气田油水处理系统没有受到负面影响，原油处理合格，外排污水处理也达标。

胡军（2012）报道了以聚乙烯基吡咯烷酮为主要成的复合动力学抑制剂 HY4（重均分子量为 10033，多分散指数 2.61）的现场水合物动力学抑制剂防控冰堵测试工作。测试管线为中石油长庆油田公司位于陕西省榆林市横山县波罗镇贺梁村的管线。该试验管线于 2003 年 10 月建成投产，主要用于采集高压天然气至集气站，经加热节流、脱水后再到净化厂净化后外输。该气井日产气量为 $2 \times 10^4 m^3$，日产水量为 $0.5 \sim 1m^3$，进站温度在 10℃ 左右，进站压力在 10MPa 左右。地面采气管线规格 $\phi76mm \times 7mm \times 3.6km$，井口注醇管线规格 $\phi27mm \times 5mm \times 3.6km$，未采取保温措施。该井天然气在 10MPa 输送条件下，水合物的生成相平衡温度为 15℃，且该管道沿线地形起伏较大，在冬季很容易发生水合物堵塞的现象。日常通过多井高压集中注醇工艺防止管线发生水合物冰堵，日注甲醇量冬季为 500L、夏季 300L 左右。2011 年 3 月 14 日进行了为期一周 HY4 的现场试验，采用原管线高压注射计量泵进行连续加注（最大排量 32L/h）。在停止注入甲醇前，首先使用 100% 的甲醇进行全面抑制，HY4 一般注入量为 9.2L/h，夜晚低温时间注入量为 16L/h，试验期间生产管线运行平稳，压力保持稳定，说明未发生水合物阻塞管道现象。总结现场测试经验要点如下：（1）HY4 用量为水质量的 1%~5%，若能以少量乙二醇或三甘醇代替水，抑制效果会更佳；（2）若原来使用注醇，不可直接将其直接更换为 HY4，需将 HY4 与醇类配合使用，逐渐降低醇类用量；（3）加注时应尽量保证 HY4 能在管道中均匀分布；（4）当过冷度超过 10℃ 或发生温度、压力突变时，需要配合一定量的热力学抑制剂使用。胡军（2012）还给出了不同抑制剂使用成本分析（表 4.4），在相同条件下，HY4 与 Inhibex501 相比，可降低成本 22.5% 以上；与甲醇相比，成本价格接近，但是 HY4 用量少，相比降低了运输与储存成本，同时减少了污水回收与处理的环节。

表 4.4　不同抑制剂成本分析（据胡军，2012）

抑制剂	单价 元/kg	抑制剂加入量 （占产水比例）%	成本 元/10^3kg 水	其他费用项目
甲醇	3	15~20	450~600	污水回收与处理
Inhibex501	160	0.5	800	无
HY4	30	1~2	300~600	无

张荣甫和黄祥峰（2016）研发了无毒无害的新型水合物抑制剂 Z—6，该抑制剂由丙烯单体、环氧丙烷、羟丁内酯单体、环戊二烯、酰胺单体在高温高压下反应聚合形成水溶型高分子嵌段共聚物（分子量 500~1500，聚合度 20~90）。Z—6 现场试验作业区为东胜气田，属大牛地气田的接替区，采用高压集输工艺，冬季注甲醇防止采气管线水合物堵塞。尽管注甲醇的效果显著，但其注入量大，且出现堵塞后解堵时间长，致使 2014 年冬季该气田的产率不足 80%。2015 年 10 月至 11 月，现场在该气田筛选 8 口气井进行 Z—6 的现场应用，并采用滴注罐井口连续自力式滴注工艺（图 4.41），通过引压管来平衡药罐和井筒压力，使得药剂在重力、高差作用下自动流入套管环空中，具有简单实用、安全可靠、经济环保的特点。在测试期间：共发生堵塞 21 次，较同期减少了 55 次；平均产率达到 95%，较同期增长了 7%；各井平均单次解堵用时 7h，较同期减少了 6h；日加注量为 81L/d，仅为同期注醇量的 30%。该抑制剂无毒性，所产污水不需进行特殊处理，可降低后期处理成本，具有较高的环境效益和经济效益。

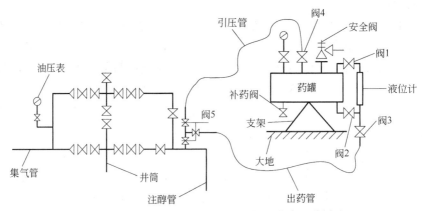

图 4.41　井口连续自力式滴注工艺流程（据张荣甫和黄祥峰，2016）

闫柯乐等（2020）研发的 QD—1 型动力学水合物抑制剂，在加注量为 1.0%以上，可承受的最大过冷度大于 8.5℃。QD—1 的现场测试在中石化某气田冬季水合物堵塞的气井 SW 进行。统计分析了 SW 气井水合物堵塞及甲醇加注情况，在近 5 个月的采气过程中，共发生 110 余次水合物堵塞（月堵塞频次为 30，堵塞时间共计 450h，日均注醇量近 400L（最高日加注量 800L），污水含醇率高达 40%（最高含醇率为 75%）以上。利用现场泡排车中的柱塞泵，将 QD—1 向 SW 气井油套环空进行了为期一个月的周期性加注，周期为一日一次。由于 SW 气井原有防控方法为连续加注甲醇（热力学抑制原理），整个采气及集输体系（油管+地面集输管线）中为稳定的甲醇分布体系，而停醇后通过套管加注的 QD—1 改变了原有状态，因此若想快速达到 QD—1 存在条件下的体系准稳定状态，在加注试验的前两日 QD—1 加注量为日产液量的 10%左右，即 120L 左右，此后 QD—1 日间歇加注量降至产液量的

3%，即 40L 左右，持续加注一个月。水合物日堵塞频次由加注前的 30 次数降为 2 次；且仅有发生的 2 次堵塞情况，通过集气站降压即可顺利解堵，在其他时间段气井均正常运行，未出现明显堵塞情况。由此可知，QD—1 不仅加剂量低，而且具有良好的抑制性能。

陈光进等（2020）指出具基于 PVCap 的产品并配以促进剂的组合，是目前市场防控结构 Ⅱ 型水合物生成的抑制剂。但是，因不同液烃相内动力学抑制剂的作用不同，因此必须根据现场实际流体进行动力学抑制剂的测试，确定凝析油、原油对动力学抑制剂性能的影响规律。

因 PVCap 等动力学抑制剂的生物降解能力差，限制了其在挪威等海域油气田的应用。所以，各大药剂服务公司如 BASF、Clariant、ISP 和相关科研院所，目前的科研方向就是寻找具有更高生物降解能力、绿色环保、经济高效的动力学抑制剂（Kelland，2018）。

5 干气输送系统水合物
生成防控技术

据史料记载，我国是世界上最早应用天然气的国家之一。随着国家经济和社会的发展，西气东输、陕京、川气东送、中缅、中俄东等长距离、大输量主干管道的建成，加之联络线和区域网络不断完善，我国天然气能源的开发及运输也不断发展，呈现了大规模、高质量、跨越式的发展，已然基本形成了"西气东输、北气南下、海气登陆"的天然气输气系统基础设施网络（中国石油学会，2018）。

输气系统，包括矿场集气管路（网）、干线输气管道（网）、城市配气管网和与这些管网相匹配的站、场装置（李玉星等，2012）。矿场集气管路（网）和与其相匹配的站、场装置内，流体以气相为主，同时还含有一定量的凝析油和游离水，属于混相集输，可称为"混相集输系统"。而除矿场集气管路（网）外的干线输气管道（网）、城市配气管网系统和与这些管网相匹配的站、场装置内，天然气脱水脱烃后以干气进入其中，属单相输送，可称为"干气输送系统"。因此，输气系统也可定义为由混相集输系统、干气输送系统组成。

天然气输送系统内水合物生成的必要条件，不仅需要系统内气体处于高压、低温的水合物生成区域内；同时，还要求输气系统内存在游离水。即，需要水合物主体分子成分、客体分子同处于高压、低温的条件，水合物才有可能生成。经过脱水脱烃处理后达标的天然气，在进入干燥的干气输送系统中后，应不会有游离水的存在，也就没有水合物生成的风险。但是，如图5.1至图5.6所示，在干气输送系统内清管过程中、过滤器、阀门、计量管路、调压器内、调压引压等位置却都有水合物生成及堵塞事件的发生。为此，本章将着重探讨水合物在干气输送系统内生成的根本原因及其防控措施；对于存在游离水的混相集输系统中的水合物生成及冰堵的分析与防控，将在第6章中阐述。

图 5.1　某输气管道末站清管器盲端清理出的水合物堵塞体

图 5.2　某输气管道末站过滤设备所生成的水合物

图 5.3　某输气管道阀门法兰连接处生成的水合物

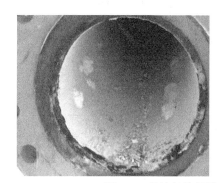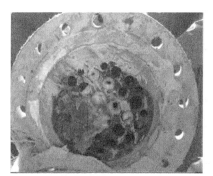

图 5.4　某输气站场计量管路内生成的水合物

图 5.5　某城市配气站场调压器内生成的水合物

图 5.6　某城市配气站场调压器引压管内生成的水合物

5.1　干气输送系统水合物生成的原因及危害

一般而言，经过处理具有合格气质的天然气，进入长距离、高压力、多点分输的干气输送系统流动（表 5.1），在与外界环境换热后，气体温度降低并趋近于环境温度。在冬季，高压输送的天然气在干气输送系统内，多处于低温运行工况（表 5.2），极易满足水合物生成所需的高压、低温条件。

表 5.1　典型输气管道输送压力信息

管道	干线里程 km	管径 mm	年输送能力 $10^8 m^3$	许用压力 MPa
西气东输Ⅰ线	3900	1016	120/170	10
西气东输Ⅱ线	4843	1219	300	12/10
西气东输Ⅲ线	7378	1016~1219	300	10/12
中亚 A/B 线	1833	1067	300	9.81
中亚 C 线	1833	1067	300	9.81
陕京Ⅰ线	1098	660	33	6.4
陕京Ⅱ线	935	1016	120	10
陕京Ⅲ线	896	1016	150	10
川气东送	2206	1016	120	10
中缅管道	1727	1016	120	10
中俄东管道	5111（3371+1740，中） +3000（俄）	1422	380	12

表 5.2　典型输气管道埋地土壤温度信息

管道	区域1	区域2	区域3	区域4
中亚管道，冬季平均地温，℃	5.0	3.0	2.0	2.4
西气东输Ⅱ线，冬季平均地温，℃	3.0	8.9	9.3	6.5

与此同时，因管道施工、流态及环境温度变化，或受处理工艺变化及地形影响，在干气输送系统中或多或少会有游离水凝析出并聚集。随着其积聚量的增加，遇管线起伏较大、冬

季气温较低时，在管线低洼处或阀门、三通、计量、调压装置等地方，水合物生成风险将急剧增加（图5.1至图5.6）。

若不通过清管及时清除管道内杂物及污液（图5.1），则水合物极易在地势低洼地段生成并积聚，从而会减少气体流通面积，产生节流效应，严重降低管道的输送效率；若在关键设备处，如压缩机前过滤器（图5.2）、干线阀门（图5.3）、计量设备（图5.4）等位置生成水合物，则会导致设备故障，影响正常安全生产；若在调压位置生成水合物，会出现阀门卡住不动作、指挥器等控制系统失灵、阀门内部膜片（或其他部件）损坏甚至设备冻裂等问题（图5.5）；若在气液联动阀电子控制单元引压管生成水合物，则会影响控制单元信号检测工作，无法正确反映管线压力变化，有的甚至导致阀门的误关断（图5.6）。此外，若在安全泄放阀气源管路生成水合物，会导致两边压差超定值泄放，从而致使安全泄放阀功能失效，而促使水合物持续形成堵塞体，进而造成管线憋压，引发安全事故，严重的情况会造成管线破裂、天然气外泄，会为当地人民生命财产安全带来严重威胁。

综上所述，在干气输送系统中，当系统满足水合物所需高压、低温的热力学条件时，在地形起伏管道的低洼地带、站场的计量设备、仪表附件、调压阀组或排污管线等游离水聚集地，极易引起水合物生成，严重的甚至会发生堵塞。因此，能及时、有效地预测、防控水合物在干气输送系统中生成，将水合物生成的不安全因素遏制在萌芽、将冰堵发生的安全隐患降到最低，是保障天然气能被安全、平稳、高效地输送到下游用户的关键。

5.2 干气输送系统的游离水来源

天然气中水合物客体分子成分必然存在，判断干气输送系统中水合物可能生成区域的关键，在于判断该区域是否具备水合物生成的以下两个必要条件：其一，系统运行工况是否处于高压、低温的水合物生成区域内？其二，系统内是否有游离水？水合物生成条件可以根据本书3.1所述方法确定。要分析干气输送系统的游离水来源，就需要对天然气的湿度与露点等概念有清晰的认识，同时应会分析天然气中水蒸气的分压状态及含水量状态。

5.2.1 天然气的湿度、露点及含水量

5.2.1.1 湿度

天然气在地层中与地下水接触，因此含水蒸气的天然气被称为湿天然气。$1m^3$ 湿天然气中所含的水蒸气质量称为绝对湿度，单位 kg/m^3。根据气体分压定律式(5.1)，可获得绝对湿度的定义为式(5.2)。当天然气中含水较少时，水分子以过热蒸气态存在。当水分子逐渐增多时，在一定温度下，过热蒸汽态的水分子只能增加到某一个最大值，即天然气已被水蒸气所饱和，气体中的水蒸气分压也达到该温度下的最大值——饱和蒸气压，此时天然气达到饱和状态。饱和时湿天然气的绝对湿度为式(5.3)。湿天然气实际的绝对湿度与同温度下饱和时的绝对湿度之比被称为相对湿度。当气体饱和时，其相对湿度为1。据式(5.2)和式(5.3)，相对湿度还等于气体中水蒸气分压与同温度下水饱和蒸气压之比。

$$pV = \frac{m}{M_w}RT \tag{5.1}$$

$$\omega_a = \frac{m}{V} = \frac{M_w p}{RT} = 2.165 \times 10^{-3} \frac{p}{T} \tag{5.2}$$

$$\omega_a^0 = 2.165 \times 10^{-3} \frac{p^0}{T} \tag{5.3}$$

式中　ω_a——天然气的绝对湿度，kg/m^3；

　　　ω_a^0——天然气饱和时的绝对湿度，kg/m^3；

　　　m——气体中所含的水蒸气质量，kg；

　　　M_w——水的摩尔质量，18.02kg/kmol；

　　　p——气体中所含的水蒸气的分压，Pa；

　　　R——气体常数，8.314J/(mol·K)；

　　　T——气体的温度，K；

　　　p^0——天然气的饱和蒸气压，Pa。

由于水的饱和蒸气压是温度的函数，所以天然气饱和时的绝对湿度也是随温度而改变的。表5.3列出了不同温度下水饱和蒸气压、气体饱和含水的绝对湿度。由于实际气体与理想气体存在偏差，因此表5.3的数据与实际天然气根据式(5.3)计算的结果不同。据表5.3中数据可知：随着温度的升高，天然气的饱和蒸气压会增加，其饱和时的绝对湿度也越大。这也意味着天然气在温度较高时，可以容纳更多的以蒸气态存在的水分子。

表5.3　水的饱和蒸气压和气体饱和时的绝对湿度（据李玉星等，2012）

温度 ℃	饱和蒸气压 Pa	绝对湿度 g/m³	温度 ℃	饱和蒸气压 Pa	绝对湿度 g/m³	温度 ℃	饱和蒸气压 Pa	绝对湿度 g/m³
-10	259.98	2.14	15	1704.93	12.8	32	4754.68	33.9
-5	401.70	3.24	16	1817.72	13.6	33	5030.12	35.7
0	610.48	4.84	17	1937.17	14.5	34	5319.30	37.6
1	656.75	5.22	18	2063.43	15.4	35	5662.87	39.6
2	705.81	5.60	19	2196.75	16.3	40	7357.93	51.2
3	757.94	5.98	20	2337.81	17.3	45	9583.21	65.4
4	813.40	6.40	21	2486.46	18.3	50	12333.7	83.0
5	872.33	6.84	22	2643.38	19.4	55	15737.4	104.3
6	934.99	7.30	23	2808.84	20.6	60	19915.7	130
7	1001.65	7.80	24	2983.35	21.8	65	25003.3	161
8	1072.58	8.30	25	3167.21	23.0	70	31157.4	198
9	1147.77	8.80	26	3360.92	24.4	75	38543.5	242
10	1227.77	9.40	27	3563.57	25.8	80	47342.8	293
11	1312.43	10.00	28	3779.56	27.2	85	57808.6	354
12	1402.28	10.70	29	4005.40	28.7	90	70095.6	424
13	1497.34	11.40	30	4242.85	30.3	95	84513.0	505
14	1598.14	12.10	31	4492.30	32.1	100	101325.0	598

5.2.1.2 含水量

湿天然气中，单位体积干气所含的水蒸气质量称为含水量，单位为 kg/m³ 或 mg/m³。对理想气体而言，式(5.4)是天然气含水量的计算式。若气体在某压力、温度下的相对湿度小于 1，则气体处于不饱和状态；若气体在某压力、温度下的相对湿度等于 1，则气体处于饱和状态，天然气中此时所具有的含水量即为饱和含水量。

$$\omega = \frac{M_w}{M_g} \frac{\varphi p^0}{p - \varphi p^0} \rho_g \tag{5.4}$$

式中 ω——天然气的含水量，kg/m³；

p^0——某温度下天然气的饱和蒸气压，Pa；

M_g——干天然气的摩尔质量，g/mol；

M_w——水的摩尔质量，18.02kg/kmol；

p——湿气的总压力，Pa；

φ——某温度下，天然气的相对湿度；

ρ_g——干天然气的密度，kg/m³。

图 5.7 所示为 1958 年 McKetta-Wehe 针对不含酸气、相对密度 0.6 的气体，在与纯水接触条件下，所绘制的含水量、压力、温度的关系图。未经脱酸处理的天然气又俗称酸气，而经过脱酸处理后的天然气则俗称甜气。因图 5.7 针对的是不含酸气的天然气，所以该图也被称为是甜气饱和含水量图。由图 5.7 可知，甜气的天然气饱和含水量随压力升高、温度降低而下降。若相对密度大于 0.6、气体与含盐水接触都会降低气体的饱和含水量，因此可通过相对密度修正系数［见式(5.5)］或盐修正系数［见式(5.6)］对其进行修正。

$$\begin{aligned}
C_g = & (0.173 + 0.033t - 4.07 \times 10^{-4} \times t^2 + 1.487 \times 10^{-6} \times t^3) + \\
& (1.258 - 0.048 + 5.781 \times 10^{-4} \times t^2 - 2.054 \times 10^{-6} \times t^3) \Delta_g - \\
& (0.482 - 0.017t + 2.043 \times 10^{-4} \times t^2 - 7.044 \times 10^{-6} \times t^3) \Delta_g^2
\end{aligned} \tag{5.5}$$

$$C_f = 1.001 - (4.9201 \times 10^{-4}) x_s - (1.6743 \times 10^{-6}) x_s^2 \tag{5.6}$$

式中 C_g——相对密度修正系数；

C_f——含盐修正系数；

t——气体温度，℃；

x_s——水中含盐量，g/L；

Δ_g——气体相对密度。

应用图 5.7 确定甜气在不同压力和温度下的含水量很有效，但是通过查图获得的方案，对于工程师应用而言，不如简单相关式计算更容易。因此，研究者们提出了诸多计算不同压力和温度条件的饱和含水量的方法，但是各计算式的预测精度各不相同。Carall（2014）书中指出 Bukacek 关系式式(5.7)，在温度范围为 15~238℃、压力范围为 0.1~69MPa 时，对甜气的饱和含水量具有较高的预测精度，与图 5.7 相比，预测精度在 ±5%。对于水饱和蒸气压计算，建议使用 Saul-Wanger 关系式式(5.8)。

$$\omega = 760.4 \frac{p^0}{p} + 0.016016 \times 10^{\frac{-1713.66}{273.15+t} + 6.69449} \tag{5.7}$$

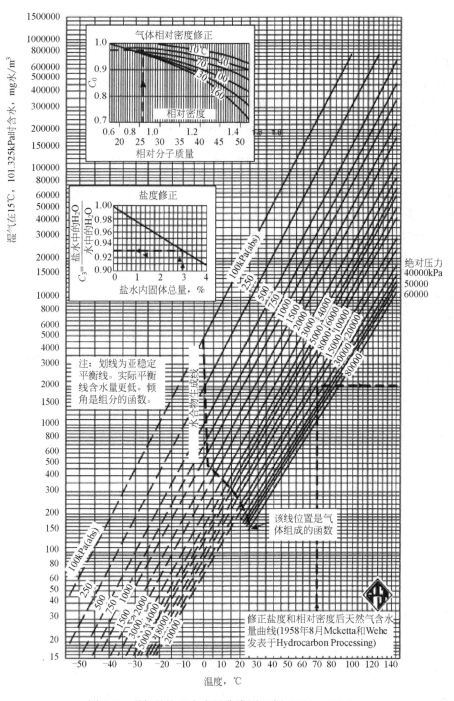

图 5.7　甜气的饱和含水量曲线图（据 GPSA，2004）

$$\ln\left(\frac{p^{0}}{P_{C}}\right) = \frac{T_{C}}{T}\left[-7.85823\left(1-\frac{T_{C}}{T}\right) + 1.83991\left(1-\frac{T_{C}}{T}\right)^{1.5} - 11.7811\left(1-\frac{T_{C}}{T}\right)^{3} + \right.$$

$$\left. 22.6705\left(1-\frac{T_{C}}{T}\right)^{3.5} - 15.9393\left(1-\frac{T_{C}}{T}\right)^{4} + 1.77516\left(1-\frac{T_{C}}{T}\right)^{7.5}\right] \tag{5.8}$$

式中 ω——表示天然气的含水量，g/m^3；

p^0——表示某温度下天然气的饱和蒸气压，Pa；

p——表示湿气的总压力，Pa；

P_C——表示水分子的临界压力，22.064MPa；

T_C——表示水分子的临界温度，647.14K；

t——气体温度，℃；

T——气体温度，K。

当压力小于 2.0MPa，酸气浓度对天然气含水量的影响不大，可以按图 5.7 所示查得其饱和含水量数据（冯初叔等，2006）。因纯二氧化碳、硫化氢气体的含水量（图 5.8 和图 5.9）要高于甲烷或无硫天然气，室温下压力超过 4.8MPa 时表现更为突出，并且随着压力、温度不同，其相对值也有明显变化。即当天然气中酸气组分大于 5%，压力高于 4.8MPa 时，在应用图 5.7 时需要校正酸气对天然气含水量的影响。一般而言，对于酸气含量在 40% 以下，可用 Campbell 公司 Maddox（1974）提出的酸气含水量计算式式(5.9)。该方法假设酸气含水量由三部分组成，包括甜气的贡献、二氧化碳的贡献及硫化氢的贡献，适用压力范围为 0.7～20.7MPa，对于二氧化碳，温度范围为 27～71℃，对于硫化氢，温度范围是 27～138℃。王遇冬（2007）指出该关系式需要引入 0.985 的校正系数。

$$\omega_{sour} = y_{HC}\omega_{HC} + y_{CO_2}\omega_{CO_2} + y_{H_2S}\omega_{H_2S} \qquad (5.9)$$

式中 ω_{sour}——酸气的含水量；

ω_{HC}——烃气部分的含水量；

ω_{CO_2}——二氧化碳部分的含水量；

ω_{H_2S}——硫化氢部分的含水量；

y_{HC}——烃气部分的摩尔分数；

y_{CO_2}——二氧化碳部分的摩尔分数；

y_{H_2S}——硫化氢部分的摩尔分数。

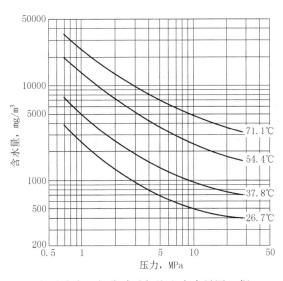

图 5.8　Maddox 相关式中二氧化碳酸气饱和含水量图（据 Carroll，2007）

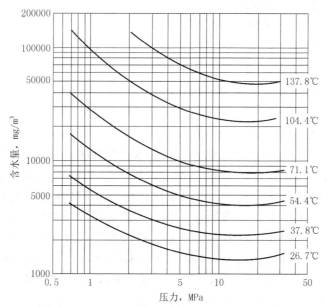

图 5.9　Maddox 相关式中硫化氢酸气饱和含水量图（据 Carroll，2007）

5.2.1.3　水露点

在任一给定压力下，湿天然气中的水蒸气分压必然等于某温度下水的饱和蒸气压，该温度被称为湿天然气在给定压力下的水露点。工业上常用天然气水露点表示天然气饱和含水量。

如图 5.7 所示，在一定压力下，同天然气含水量相对应的温度，称为天然气水露点。天然气处于水露点状态时，在一定压力下温度下降，天然气内水蒸气会开始凝析结露、出现微量液态水，因此也可以称图 5.7 为甜气的水露点曲线图。气体温度若高于其所处压力的水露点，则气体处于未饱和状态，无液态水析出；气体温度若低于其所处压力的水露点，气体过饱和，会有液态水析出。因此，用露点表示气体含水量会更加直观、方便。在某压力下，气体露点越低，表明气体内含水量越少。

未饱和的湿天然气在一定压力下冷却时，随着温度的降低，水的饱和蒸气压逐步下降，湿天然气中的水蒸气分压就逐渐接近水的饱和蒸气压。当降低至某一温度时，气体中水蒸气的分压与同温度下水的饱和蒸气压相等，也就是湿天然气的相对湿度为 1，则表明天然气处于饱和状态（图 5.10）。如果继续降温，将从气体中析出水滴。因此，也可以定义使气体在一定压力下处于饱和并析出第一滴水滴的温度为气体在该压力下的水露点。在一定压力下，降低温度，天然气中的重烃组分凝析出，开始有第一点液态烃凝析的温度则成为烃露点。

当输气温度高于天然气在相同输送压力下的水露点时，天然气处于未饱和状态，干气输送系统中不会有凝析水析出。当输气温度低于天然气在相同输送压力下的水露点时，有水会凝析出到干气输送系统中。析出的水与天然气中的硫化氢或二氧化碳成分作用，会加剧管道及设备内壁的腐蚀；析出的水在一定压力和温度下，会成为水合物生成的必要条件。上述问题不仅影响输气效率，更威胁着干气输送系统的安全。因此，天然气进入输气管道前要进行

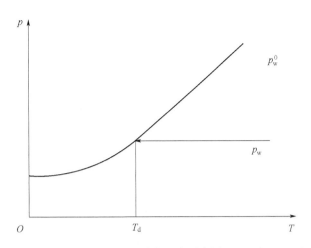

图 5.10　露点温度示意图

p_w^0—水饱和蒸气压；p_w—水分压；T_d—水分压，为 p_w 对应水露点

深度脱水，降低天然气的水露点。

值得注意的是，在工业上有"某特定条件下气体的水露点是-10℃"的说法。但是，当温度低于零度冰点时，露点实际上是不存在的。在低于冰点的情况下，液态水实际处于亚稳态状态，水的稳定相态是冰或者水合物。因此，低于冰点的露点说法，是一种不准确的说法。为了比较气体含水量呈现的状态，若同压力下气体 A 水露点为-10℃，气体 B 水露点为-5℃，表明 A 气体比 B 气体中具有的含水量更少。

5.2.1.4　水露点与含水量的转换

干气输送系统在线监测水露点，通常获得的是监测点运行压力下的水露点。只有在相同压力下，气体间的水露点比较才可以体现气体含水量的差别。但是，在线监测水露点的监测压力是随运行变化的，因此需要将监测压力下的水露点换算成其含水量，才能直观地分析天然气实际含水量的情况。

参考 ISO18453（GB 22634-2008 以此为准）和相关文献，根据图 5.11 所示流程，以保证饱和天然气中水在气相中逸度与纯水逸度平衡为计算核心关键，可实现天然气水露点温度与其含水量的转换。依图 5.11 所示计算流程，计算天然气水露点与文献最大绝对偏差为 0.42℃，计算含水量与文献最大绝对偏差为 2.77mg/m³（史博会等，2012）。以表 5.4 所示天然气为例，应用图 5.11 计算方法，计算该天然气不同含水量下的一组水露点曲线，如图 5.12 所示。据图 5.12 数据可知：在相同含水量下的气体中，随着压力升高，气体水露点单调上升，水更容易从气体中析出；在具有相同水露点的气体中，随着压力升高，气体饱和含水量单调下降，水更加容易以液态形式存在。

表 5.4　某典型天然气各组分的摩尔分数　　　　　　　　　　　　　　单位：%

CH_4	C_2H_6	C_3H_8	$n-C_4H_{10}$	$i-C_4H_{10}$	$i-C_5H_{12}$	$n-C_5H_{12}$	C_6+	N_2	CO_2
96.10	1.74	0.58	0.03	0.25	0.01	0.02	0.09	0.56	0.62

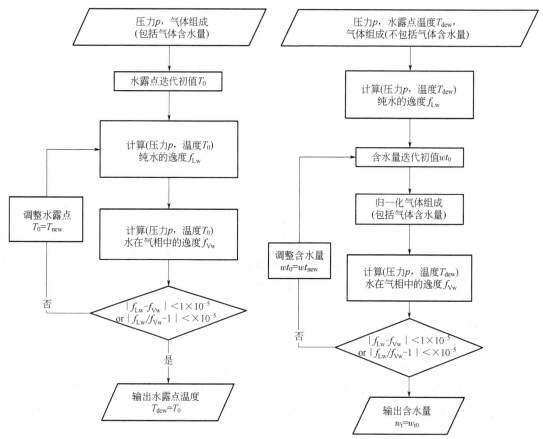

图 5.11　天然气水露点温度、饱和含水量计算流程图（据史博会等，2012）

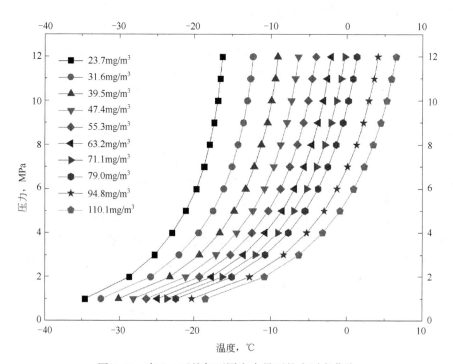

图 5.12　表 5.4 天然气不同含水量下的水露点曲线

5.2.2　天然气含水状态随运行工况的变化规律

气体饱和含水量，与气体组成、压力和温度有关。进入干气输送系统中的气源地的气体组成，一般变化不大。对于干线输气管道而言，若运行工况的压力、温度沿管道的分布一定时，气体所能饱和的含水量，可根据干线输气管道的运行压力和温度确定。

图 5.13 所示的 abcd 为对应示意图的干线输气管段的压力曲线 AB、温度曲线 CD 下的饱和含水量曲线。气体在该输气管段的前半部分 ac 段输送时，压力下降不大，但是温度急剧下降，由此会导致气体的饱和含水量随之下降。气体在该输气管段的后半部分 cd 段输送时，温度下降平缓接近环境温度，而压力急剧下降，此时气体的饱和含水量会逐步上升。因此，c 点对应气体饱和含水量最小值 ω_{min}。

如果进入图 5.13 输气管段的气体没有被水饱和，含水量为图 5.13 所示的 J 点，气体在管道中向前流动的过程中的含水量不会改变；但是，随着气体温度的下降，流动至 b 点（K 点）时气体的含水量呈饱和状态；气体继续从 b 点流动到 c 点，因温度持续下降，气体饱和含水量下降，其所含有的多余的水将从蒸气态凝析出为游离水，在 bc 段气体始终处于饱和状态，所以气体的水蒸气分压等于该温度下水的饱和蒸气压，气体运行温度与运行压力下对应的气体水露点一致。直至 c 点以后，随着气体在运行工况下的饱和含水量增大，气体中的含水量将呈未饱和状态，直至 H 点始终保持最小的含水量 ω_{min}，气体中水蒸气分压逐渐降低，气体运行温度高于运行压力下对应的气体的水露点。

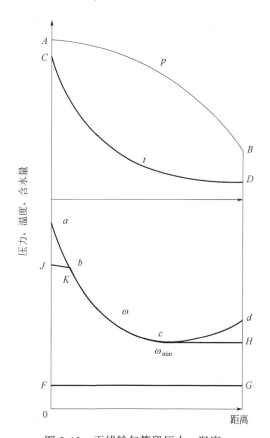

图 5.13　干线输气管段压力、温度、含水量变化图（据李玉星等，2012）

如果进入图 5.13 输气管段的气体含水量为图 5.13 的 F 点，该气体在向前流动的过程中，含水量不会改变，直到管道出口 G 处因为 F 点所对应的含水量远低于该管段运行工况所能饱和的最小含水量 ω_{min}，即气体的运行温度始终高于气体运行压力下的水露点。如此该气体在该管段中流动，不会有游离水析出。

依据图 5.11 计算流程，计算榆林–济南输气管道（榆济管道）冬季首末站含水量随时间的变化，如图 5.14 所示（史博会等，2014）。数据表明榆济管道末站天然气含水量低于首站天然气含水量，这说明有游离水从天然气中析出滞留在管道中，这就增加了该输气管道水合物形成的风险。这是图 5.13 理论分析的 JKcH 含水量曲线随管道运行工况变化的一个工程案例体现。

AB—压力曲线；CD—温度曲线；abcd—饱和含水量曲线；
JKcH—气体含水量曲线之一；FG—气体含水量曲线之二

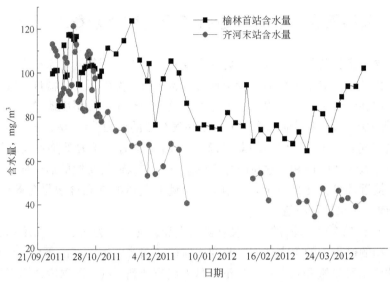

图 5.14　榆济管道首末站天然气含水量（据史博会等，2014）

5.2.3　干气输送系统中游离水的来源

明确干气输送系统中游离水的来源，对于防控该系统中水合物的生成至关重要。而干气输送系统游离水的来源，一方面是因源于天然气随运行工况变化所导致的气体含水状态的变化而从天然气中凝析出的游离水（滞留在干气输送系统中）；另一方面很可能是源于管道内试压后滞留在干气输送系统中的部分残余游离水。

5.2.3.1　源自从气体中凝析的游离水

天然气中携带的蒸汽态的水在进入干气输送系统后，可能会从气体中凝析出来。这就满足了水合物生成所必要的水分条件。冰也是水合物生成的必要条件，但在通常情况下干气输送系统的运行温度不会低于冰点。

根据 5.2.2 的分析可以再次明确：若在输送运行温度下，天然气中水蒸气的分压低于该温度下水的饱和蒸气压，则天然气处于未饱和状态，不会有游离水从天然气中凝析出来；若在输送运行温度下，天然气中水蒸气的分压等于该温度下水的饱和蒸气压，则天然气中的水呈现气液共存的状态，此时的输气温度刚好与该天然气在输气运行压力下的露点温度一致；若在输送运行温度下，天然气中水蒸气的分压大于该温度下水的饱和蒸气压，则会有水从天然气中凝析出，此时天然气将处于饱和状态，该天然气在该输送运行压力下的水露点温度与该输气运行温度一致，此时将满足水合物生成必须游离水存在的条件。但是，是否能生成水合物，还需要判断该输送运行温度、压力是否满足水合物生成条件。

5.2.3.2　源自管道内试压后残余的游离水

干气输送系统的干线输气管道在投产之前，需要进行充水、清管、试压等操作（葛业武，1996）。试压就是以液体或气体为介质，对管道逐步进行加压，达到规定压力，以检验管道强度和严密性的试验。若采用水试压，供水水源应洁净、无腐蚀性，满足试压水的 pH 值（6~9）、矿化度（含盐<2000mg/L）、悬浮物含量（<50mg/L）要求，同时具有水质化验报告。

管道试压后需对干气输送系统进行干燥。干线管段宜按清管站间距分段干燥；站场宜分区干燥。所采用的干燥方式，包括干空气干燥、真空干燥、氮气干燥及干燥剂干燥（高发连，2004）。不同的干燥方式，对管道中残余水含量的界定具有不同的评价方式，王静等（2011）比较了几种常用的干燥方法，列于表5.5，具体分析如下。

（1）干空气干燥，包括置换和干燥两个阶段。首先，用空气吹扫或通球置换管道中的存水；然后，用深度脱水的超干空气（水露点在-50~-70℃）吸收管道的残余水，使管道干燥。当管道末端出口处空气露点达到-20℃时，将管段置于微正压（0.05~0.07MPa）的环境下密闭4h后检测管道内气体的露点。密闭试验后，若露点升高不超过3℃，且不高于-20℃的空气露点，即为干燥合格。

（2）真空干燥，也包括置换和干燥两个阶段。首先，用空气吹扫或通球置换管道中的存水；然后，用真空泵抽气吸收残水阶段，在管段内形成负压使水分蒸发并被抽出，从而使管道干燥。当管内压力降低到8kPa时，应关闭真空泵组，密闭4h，观察管道内的压力变化。如压力的变化值小于0.1kPa，可进行下一步作业；否则，应修补渗漏点后继续对管道抽真空。当管道内压力值降到0.1kPa（管内气体对应的露点为-20℃）时，应关闭真空泵组，密闭24h，观察管道内压力的变化，如压力值的变化小于0.6kPa，即为合格；否则，应继续进行抽真空操作，直至合格。

（3）氮气干燥，流程与干空气干燥一致，在干燥阶段通过氮气吸收管段内残余水。当露点仪检测到管道出口处气体的露点达到-20℃时，密闭管道4h后，若管道内露点升高不超过3℃，且不高于-20℃的空气露点即为干燥合格，之后保持管道密封。

（4）干燥剂干燥（脱水清管列车干燥法），可以将置换和干燥两个环节一次完成。用多个清管器形成清管器组（俗称清管列车），在清管器之间装入高浓度的干燥剂（甲醇、乙二醇、三甘醇等），靠后序介质的压力推动"清管列车"前进排除管道中的水，并且用干燥剂吸收清管器窜漏的水，达到干燥的目的。置换完成后在管道的沿线残留少量的干燥剂水溶液，还能有效抑制水合物生成。当清管器组到达干燥末端时，应进行干燥剂含量的测试，若管段内含水质量分数大于或等于20%，可再注入一组清管器组进行干燥直至合格。干燥后管道末端排出的混合液中，干燥剂含量不小于80%为合格。

表5.5　不同管道干燥施工方法对比（据王静等，2011）

干燥方法	干燥成本	干燥时间	干燥效果	适用范围	应用情况	实例
干燥剂干燥法	较高	较短	较好	海底管道居多	趋少	上海—平湖海底管道
干空气干燥法	最少	最短	很好	使用范围宽	最多，最广	京—石输气管道
氮气干燥法	昂贵	较短	很好	只用于小范围管道	受气源限制	Saipen/EMPL
天然气干燥法	低	非常长	较差	不受限制	长距离大口径、高压、低温管道不适用	苏格兰—北爱尔兰输气管道
真空干燥法	较低	较短	最好	适用于大口径管道	海底、大口径管道居多	海南崖城13—1管道

在干燥验收合格后，应向管道内注入露点不低于-40℃、压力为0.05~0.07MPa的干空

气或氮气，保持管道密闭，并应对管道进行密封和标识。但是，尽管如此，因管段沿线长且存在地势低洼的管段、弯管或弯头等特殊地段，难免会存有少量残余水（王保群等，2015）。特别是，采取干燥剂干燥过程中，如果发生清管器的窜漏而导致水的泄露，则泄露的水量将难以估计。于达和宫敬（2002）估算了平湖—上海输气管道干燥后的水残余总量为 $40 \sim 60m^3$、清管器泄露总水量为 $420.90m^3$。实际上管道内的残余水量相比于管道体积而言是微量的。于达和宫敬（2002）提出可以通过干天然气吸水带出管道干燥后的残余水，从而完成进一步的干燥。因此，对于投产后的输气管道，只要进入管道干气含水合格，管道中残留的水，会在一段时间内被吸水干燥。也可以说，干气输送系统具有自干燥能力，但是依赖自干燥所花费的时间较长，若残余水量大，且管内运行压力高，则需要较长的自干燥时间。

5.3 干气输送系统中水合物的生成

5.3.1 干气输送系统水合物生成机理

根据5.2可知，在干气输送系统中，或因气体中游离水凝析、或因试压后游离水残余，仍存在游离水积聚问题。但是，水合物的生成，不仅依赖于游离水的积聚，还需要满足充足水合物生成热力学条件。Sloan 等（2010）指出：即使有游离水存在，如果没有达到足够的过冷度；或者有足够的过冷度，没有游离水存在，都不会有水合物生成。

Sloan 等（2010）提出了天然气在地形起伏管道积液区内生成水合物冰堵的机理，如图5.15所示：首先，气体在通过积液区后，大量气泡会在管道低洼地段的积水中形成；随后，当温度满足过冷度，气体水合物开始从气泡边缘开始生成水合物壳体；接着，被以壳体形式包裹着气泡的水合物颗粒开始聚集；然后，在气体流动影响下，水合物颗粒碰撞、聚并形成水合物堵塞体；最后，水合物聚集体堵塞管道，气体难以通过，会引发憋压等安全事故。一般而言，水合物堵塞体通常会快速生成，多数水合物堵塞会在几个小时或者几天内聚集。

依据中俄东天然气管道投产初期水合物预测分析，可知管道中生成的水合物主要聚集在低洼管段下游，管段高差越大，水合物聚集量越多，且管道中水合物的堆积程度不仅与低洼管段上升段的高差有关，还与下坡段管道的高差及坡度有关（张科嘉等，2020）。

5.3.2 干线输气管道水合物可能生成区

干气输送系统的干线输气管道距离长，要准确预测水合物的生成区，是很困难的。若以某彻底干燥的管段为例，理想情况下认为从气体中凝析出的游离水为水合物生成的水分条件，可综合该管段的运行工况，判定水合物生成高风险区域（图5.15）。通常，天然气水合物生成曲线，呈单调递增的趋势。在气体组成确定的情况下，在任意压力下，其所需的水合物生成温度是一定的；且随着压力的降低，该气体水合物生成所需温度也降低。也可以说，水合物生成温度是气体在输送运行压力下所能生成水合物的最高温度。

依据3.5中软件可以计算图5.16中某输气管段的运行压力 AB 情况下的水合物生成温度

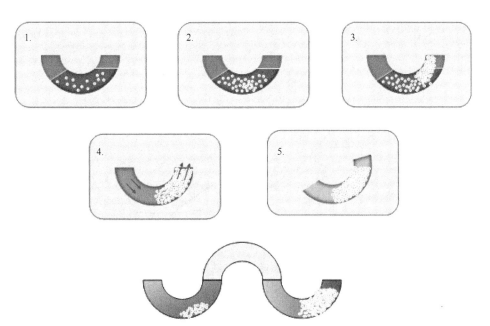

图 5.15　地形起伏管道水合物冰堵形成机理示意图（据 Sloan 等，2007）

曲线 MN。m、n 是曲线 MN 与 CD（输气管道运行温度曲线）的两个交点。即，在 Mm 和 nN 输气管段内输气运行温度高于水合物生成温度，因此在这两段管段内不满足水合物生成所需要的热力学条件，水合物不会在这两个管段内生成。尽管在 Km 对应的管段内，会有游离水从气体中析出，但因水合物生成热力学条件不满足，因此不会有水合物在 Km 管段生成。

处于 mn 管段的气体，其运行温度低于同运行压力下水合物生成温度，因此在该管段内，气体的运行工况满足水合物生成的热力学条件。要判定水合物生成的高风险区域，还需要分析 mn 管段内的游离水存水状态。实际上，在 Km 管段内，气体已然处于饱和状态，并不断有游离水从气体中析出。至 m 点，此处不仅有游离水从气体中析出，同时也满足水合物生成的热力学条件。因此，假设在 m 点析出的水瞬间全部生成了水合物，则 m 点处于气—水—水合物三相共存的状态，因水合物的生成会引起气体中水蒸气分压下降，导致气体水露点下降到 m_1，气体含水则由饱和转变为未饱和状态。随着输气压力的下降，对应气体水露点也下降，直至 r 点，气体会再次满足饱和状态。

与 m 点类似，在 r 点气体运行压力下的露点温度等于输气运行温度，此时会有游离水从气体中析出，与此同时，该点也满足水合物生成所需的热力学条件。若再理想假设在 r 点凝析出的游离水，瞬间全部生成了水合物，则 r 点处于气—水—水合物三相共存的状态，因水合物的生成会引起气体中水蒸气分压下降，气体水露点下降到 r_1。若 r_1 对应水露点温度下天然气的含水量高于该管段的最小饱和含水量 ω_{min}，此后气体在管道输送过程中，还会随着输气温度和压力的变化从未饱和状态转为饱和状态，同理会出现第三个、第四个……乃至更多的理想水合物生成点。若 r_1 对应水露点温度下天然气的含水量低于该管段的最小饱和含水量 ω_{min}。则此后，气体将一直维持未饱和状态，其含水量不变，不会有游离水析出，也就无法满足水合物生成所需水分条件。随着输气管道压力的下降，对应的水露点温度也下降，直至到管道出口 H。而图 5.16 中的 $JKmm_1rr_1H$ 即为气体对应输气运行压力下的水露点温度曲线。

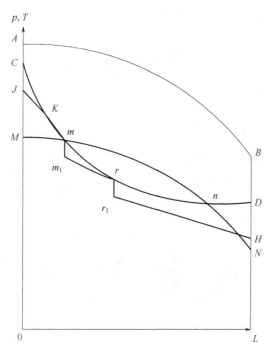

图 5.16　干线输气管道水合物生成高风险区域判断原理图

AB—压力曲线；CD—温度曲线；MN—输气压力对应的水合物相平衡曲线；

JKmm₁rr₁H—气体对应输气压力下的水露点温度曲线

从水合物第一次生成之后，只要气体含水量仍高于该管段的最小饱和含水量 ω_{min}，就会有游离水从气体中析出，在满足水合物生成所需水分条件的同时，若输气运行工况亦满足水合物生成所需要热力学条件，则水合物生成所需的必要内部因素就具备了。但是，实际上在输气管道中水合物生成情况比上述说明复杂得多（李玉星等，2012）。

依据图 5.16 判断气体在管道内水合物生成的过程，是理想情况下的分析，忽略了诸多因素。比如：凝析出的游离水会以一定流速在管道内流动，不可能单单在某一点凝析出后直接生成水合物，而往往是在数十米的游离水滞留区域同时生成水合物；当水合物生成后，管道输送的压力会因输送阻力增加而变化，从而引起水合物生成温度发生变化；水合物生成释放的热量，会引起输气运行温度略有增加；水合物生成存在成核诱导阶段，不会瞬间完成水合物的生成；同时，输送管道中还存在诸多难以考虑周全的因素，比如局部阻力、气流旋涡、结晶中心、地形变化等，这些因素对水合物具体生成区域均存在不同程度的影响。因此，一般而言，很难准确地定位输气管道水合物生成的具体位置，其生成是局部非连续的。

图 5.17（a）为某输气管线气源水合物生成曲线与管道运行工况对比图，表明该输气管道大部分干线管段运行工况在水合物生成区域内，存在水合物生成的风险。图 5.17（b）为该输气管道运行温度与管道内气体可能的最高含水量下输气运行压力下的水露点对比，表明方山站运行温度已经低于管道内气体最高含水量对应的水露点温度，此处将有游离水析出；同时，平遥站、武乡站的运行温度已极其接近输送运行压力下最高含水量对应水露点，若运行工况或天然气含水量出现波动，此处也将有游离水析出。但是，所析出的水积存在哪个低洼管段难以通过图 5.17（b）给出明确的分析，也就无法准确给出水合物具体在管道内生成的位置。

所以，在明确了干线输气管道某管段的存水状态、水合物生成热力学时，只能明确该管段是水合物生成高风险区，而无法明确在该管段内水合物一定能生成。由此可知图 5.16 中 *mn* 管段是水合物生成的高风险区，图 5.17 中方山至武乡站间管段是水合物生成的高风险区。

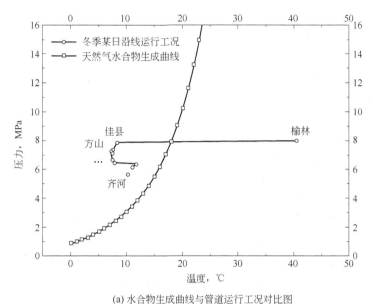

(a) 水合物生成曲线与管道运行工况对比图

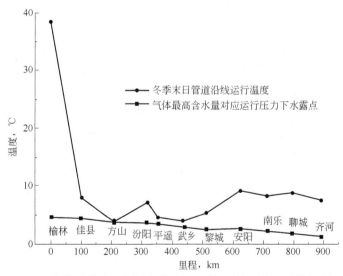

(b) 管道运行温度与管道内气体最高含水量对应输气压力下水露点对比

图 5.17　榆济管道水合物生成风险分析（据史博会等，2014）

5.4　干气输送系统水合物生成防控技术

在干气输送系统中，应尽量避免水合物的生成，以保障天然气能安全、高效地输送到下游用户。有效防控水合物生成最直接的方法就是破坏水合物生成的必要条件。其一，切断水合物生成所必须的游离水来源，一方面严格控制进入干气输送系统中的天然气含水状况以满足管输气的指标要求，另一方面提高通过水试压管道的干燥指标要求。其二，通过管道加热、降低输送压力、加注热力学抑制剂，使系统运行工况不在水合物生成区域内。最后，通过定期排污清管，及时清除干气输送系统中积聚的游离水。

5.4.1 切断干气输送系统内游离水的来源

矿场气体处理厂的天然气脱水工艺，包括甘醇脱水、固体干燥剂吸附、低温分离等，是保障进入干气输送系统中天然气的含水量满足管输气质指标的重要环节，也是从根本上杜绝游离水从天然气中凝析出的可能性的关键。国际标准 ISO13686 明确了进入输气系统的气体的质量要求是在计量站没有液体水或烃析出（"Under the metering station no liquid water & hydrocarbons condensate"）。1999 年我国发布的初版标准《天然气》（GB 17820—1999），明确要求："在天然气交接点的压力和温度条件下，天然气的水露点应比最低环境温度低 5℃"。2012 年，新版标准《天然气》（GB 17820—2012），明确要求"在交接点压力下，水露点应比输送条件下最低环境温度低 5℃"。2018 年，颁布现行标准《天然气》（GB 17820—2018），对天然气的含水量要求更新为"天然气交接点的压力和温度条件下，天然气中应不存在液态水和液态烃"。通过国标对气体含水要求的逐步更新，可知我国对天然气气质的标准要求，是逐步与国际标准对接的，原因是低于冰点的露点说法不准确。若实际管道输送的最低环境温度低于 5℃，则会出现要求天然气水露点低于冰点的情况。这不仅体现了国家对天然气质量要求的不断提升，更体现了科技进步和技术要求是需要循序渐进发展、协调一致同步的。

在进行输气管道干燥作业时，以 SY/T 4114—2008《天然气输送管道干燥施工技术规范》规定的常压下干燥后管内气体的−20℃水露点指标，不能保证高压管道的干燥效果。根据典型的天然气组成，换算常压下−20℃的气体含水量是 826.23mg/m^3；对该气体含水量，在压力增加到 7MPa 时水露点将升高到 30.5℃。因此，该干燥条件下必然存在残余水留存在管道。若以 10MPa 下水露点为 2℃为指标，计算气体含水量为 72.07mg/m^3，则该含水量下常压的水露点指标应为−42.97℃。据此，王玉彬等（2017）提出了适用于在不同最低气体温度和不同运行压力下的管道干燥常压下的水露点验收指标，列于表 5.6。

表 5.6 最低气体温度对应不同压力干燥常压水露点指标（据王玉彬等，2017）

最低气体温度，℃	不同运行压力下水露点验收指标值，℃						
	6MPa	7MPa	8MPa	9MPa	10MPa	11MPa	12MPa
15	−34.13	−35.28	−36.23	−37.04	−37.74	−38.34	−39.87
10	−37.39	−38.53	−39.48	−40.29	−40.99	−41.6	−42.13
5	−40.70	−41.84	−42.8	−43.61	−44.31	−44.93	−45.48
0	−45.31	−46.75	−48.07	−49.25	−50.23	−50.98	−51.57
−5	−49.25	−50.74	−52.14	−53.39	−54.39	−55.16	−55.75

5.4.2 保证运行工况不满足水合物生成热力学条件

很显然，可以直接通过加热或保温输送，或者降低输送压力，或者注入热力学抑制剂甲醇或乙二醇（简称"注醇"），或者上述方式的结合，均可以保证干气输送系统的运行工况在水合物生成区域之外（图5.18）。如此，即使系统内有游离水存在，也不会有水合物生成的风险。

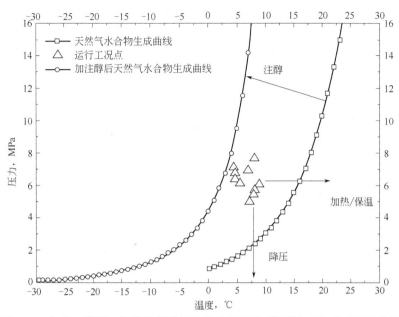

图5.18　加热、降压、注醇改变干气输送系统运行工况到水合物生成区域之外

对于干气输送系统中的干线输气管道，其建设趋势表现为距离长、输量大、大口径，且多应用高强度管线钢材，同时最低输送温度很可能会接近0℃。若通过加热或保温干线输气管道（网）提升管输气的输送温度，不仅能耗大，还会影响输送效率，经济性较差。与此同时，对于常规天然气而言，在0℃环境温度下，水合物生成压力在1.0~1.5MPa之间，而对于大多数干线输气管道，较优的输送压力为5.0~7.0MPa，且其随管道所用钢材等级的增加而升高，因此降压防控水合物生成不适用于干线输气管道。若明确某管段内有游离水积聚，又无法在冬季通过清管排查确定，则可直接向该管段注醇以防水合物的生成，这属于非常规作业任务。

在干气输送系统中，天然气在通过与管道（网）相匹配的城市配气站/分输站场的调压节流时，会发生焦耳—汤姆逊效应，即气体在节流过程中会发生温度随压力下降而下降的现象。节流温降的影响，易引起游离水从天然气中凝析。若节流后的运行工况，进入水合物生成区域内，则在调压过程中可同时满足了水合物生成的水分子和热力学条件，则极易引起水合物的生成，严重的情况会引发冰堵问题的发生（图5.5和图5.6）。

因此，在干气输送系统的城市配气站/分输站场，多采用加热或保温较短的管段（小于3km）、或者通过间歇季节性注醇的方式，来防控调压节流过程中水合物的生成。电伴热是干气输送系统的城市配气站/分输站场常用的工具，是一种带状电加热器，具有设计工作量小、装置和工艺简单、施工简单、维护方便、发热均匀、热效率高、控温准确、可远传监控自动化管理、防爆性能好、使用寿命长的特点，能大大降低能耗，无环境污染。一般将绝缘电阻丝缠绕在需要管线加温的管线外壁，为了避免绝缘电阻丝产生的热量散失到外界环境中，在缠绕电阻丝的管线外壁增加保温，保证热量集中输送到管线内部，从而提高设备的有效热量。注醇多采用的是抑制性能更高效的甲醇，但因甲醇有毒，需要在加药过程中做好HSE 的保障措施。此外，如果分输管道下游具备一定的储气调峰能力，适当提高下游分输压力且间歇输送，既满足了下游用户的天然气用量需求，又降低了调压分输前后的压差，从而避免调压后的天然气温度过低而产生冰堵。

因此，对于干气输送系统而言，大多数的运行工况都在其管输气的水合物生成区域内。所以，防控游离水在干气输送系统中积聚，是防控水合物生成的关键。这再次说明了切断干气输送系统内游离水来源技术的重要性。

5.4.3 制定合理管道清管及站场排污计划

严控管输气含水质量、提高管道干燥指标，是切断干气输送系统内游离水来源的关键。但是，在干气输送系统投产过程中，若干燥指标未提高、同时在管道地形起伏的影响下，则不可避免地会有游离水残余在系统内；在干气输送系统运行过程中，若依据设计参数确定的达标管输气，在实际运行过程遇环境温度过冷时，则不可避免地会有游离水从气体中凝析到系统内。若干气输送系统的运行工况在管输气水合物的生成区域内，一旦系统内有游离水的积聚，就不可避免地会引发水合物的生成，严重的情况会导致冰堵的发生。因此，制定合理的清管计划，增加清管周期，实现定期排污，及时清除干线输气管道内水合物生成的必要因素之一的游离水，是防控管道内水合物生成的重要保障措施，也是用于防治水合物生成的常规技术作业。

清管，是在管道建设施工或者生产运行过程中，对干线输气管道进行的维护操作。清管不仅可以清理管道内的固体杂质、碎屑、粉末以及清理液体的水、烃类污物，还可以利用具备检测功能的清管装置检测管体的腐蚀状况、管道变形等问题，从而保证下游用气质量、增加管输效率、提高管道安全性、延长管道使用寿命。常见的清管器种类繁多，根据清管的目的和使用情况，可将清管器分成功能性清管器、在线智能检测清管器、凝胶清管器三大类，如图 5.19 所示。

图 5.19　常见清管器分类简图（据李大全，2012）

在某些情况下，清管器是带有射流孔或泄流孔的，其作用是借助射流清除清管器前堆积的杂质，清理管道在建设初期残余在管道内的游离水等。但是，在清管器运动过程中，射流孔或泄流孔前后的压差会造成节流效应，使得天然气局部急剧降温生成水合物，发生卡球，以致出现严重节流。清管器卡堵后，需要及时解堵，若简单地采取放空措施还会导致环境污染，可能会导致次生灾害；更会增加清管操作时间，增加人力、物力、经济方面的消耗；还会影响正常生产，导致在用气高峰时为下游供气不足。因此，在实际使用中可根据具体情况，选择是否具有射流孔的清管球。

若已明确管道中有水合物生成，冬季清管不仅对防控水合物生成无益，反而会加速水合物冻堵的发生。图 5.1 的案例就是在工程投产时通过清管，清除管段内生成的水合物聚集在清管器前的堵塞体。因此，制定合理的清管计划是非常有必要的。一般而言，夏季清管是清除管道低洼地段积存游离水较为合适的时机。若要计划对某干线输气管道进行清管，为了确保清管过程的安全稳定进行，在启动清管工作之前，必须了解清楚如下这些问题的答案（李大全，2012）：天然气管道在什么状态下须执行清管操作？管道系统是否符合安全、有效清管的条件？清管过程中，管线系统工艺运行参数如何监测与控制？任意给定时刻，清管器所在的位置及其上下游管线参数值如何变化，可能出现的最大压力是多少？清管过程中任意时刻，清管器前后的压差及其运行状态如何？清管器在管道中可能运行的时间是多长，可能清理出的物质及其属性是什么？等等。

实际上，需要根据各条管道不同的实际工况，研究制定有针对性的、科学的清管方案。基于管道的工艺仿真模拟及完整性管理数据，建立管道清管数据管理系统，实现清管启动作业条件及作业方式的制定、清管器的选型（关注功能、材质、过盈量等）、清管最优周期的确定、清管各项参数的数据分析、清管器速度的控制、清管风险的识别与预防机制、清管事故（清管器漏气、清管器破裂、推力不足、清管器被卡、清管器不能进入收球筒等工况）的应急处理等诸多环节的智能化，是未来清管作业的趋势（李大全，2012）。

此外，站场的及时排污也是防控设备内水合物生成的必要手段，可以及时排出各处积聚的游离水。根据天然气的实际气质组成，制定分离器、过滤器、汇管、工艺管线、各类方面和仪表装备（引压管等）的合理排污频次。

5.5 干气输送系统水合物生成防控案例

若在干气输送系统中，同时具备了水合物生成所需的水分和热力学条件，则系统的水合物生成风险度极高。因此，现场各运营公司，会根据各干气输送系统的实际情况，制定各自行之有效的水合物生成防控技术方案。本节将以典型干气输送系统防控水合物生成的技术应用为例，进行简要说明。

5.5.1 陕京 I 线输气管道防控水合物生成技术应用

陕京 I 线输气管道管径 660mm，线路总长 912.5km。在该管道投产初期，据管道试压、干燥和清管记录分析，管道存水大部分在管道后段 400km 的低洼处。1999 年初记录天然气管道入口含水量为 52mg/m³（水露点 4.5MPa，−13℃），北京末站的天然气含水量达到了

192mg/m³（水露点 2.9MPa，0℃）。这说明管道内的存水通过干气的自干燥作用被吸收带出，这证明了管道内有水合物生成所需的游离水。恰在 1999 年初，该管道发生了 3 次水合物堵塞事件。

通过反复多次清管，及时清除管道内的游离水就成为该管道当时防控水合物生成的主要措施（张鹏和宫敬，2000）。为此，在 1999 年 4 月至 10 月，根据管道运行参数和沿线的气质变化，确定了清管作业计划，实施了 5 轮全线清管作业。同时，要实时检测全线水露点数据，可及时了解管道内天然气的含水状况，在清管过程中监测清管质量，在正常作业中监控是否有游离水从管道中凝析。清管结束后，全线天然气的水露点均大幅下降，表明管道内游离水被及时清除。

在随后的 1999 年底至 2000 年初的冬季提量运行过程中，管道没有水合物堵塞事故发生。此外，在定期清管、实时检测管线气质水露点分析运行工况的同时，也应常备一些水合物抑制剂和注醇撬，适时分段注入到可能积水的管段，也是现场常用的防控水合物生成引起冰堵事故的措施。

5.5.2 忠武输气管道及站场防控水合物生成技术应用

忠武输气管道将四川盆地的天然气输往湖北、湖南两省，包括忠县—武汉输气干线及荆州—襄樊、潜江—湘潭、武汉—黄石 3 条输气支线，全长 1375km。2006 年，淮阳—武汉天然气管道（淮武）的建成，实现了"西气东输—陕京线—忠武线—西南油气田"的大联网。

2012 年后，忠武输气管道主要由西气东输二线供气。但是，因西气东输二线气源投产初期的水露点较高，导致忠武管线转供西气东输二线气源初期一段时间内的冬季，经常发生冰堵事件。现场在各站场增设了多套加热装置给天然气加热以防控管道内水合物生成，同时在站场备好甲醇以应对特殊情况下的水合物冰堵等紧急情况，在站场内调压节流强的管段通过缠电热带（0.06kW·h/m）防控水合物的生成。

但需要注意的是，站场给天然气加热不仅需要大量投资，天然气自耗也会增加，明火火源增加了安全隐患，同时也增加了人力维护保养等工作。以某站为例，设置水套加热炉后，新增用电负荷 10.6kW，月耗电量增加数千度；燃气加热炉日耗气量达 1600m³，月耗气量超 4×10⁴m³，大幅增加了能量消耗和运行费用（代晓东等，2012）。

5.5.3 西气东输二线红柳站场防控水合物生成技术应用

西气东输二线红柳站场过滤分离器在 2011 年 4 月 24 日发生了冰堵。这是因为：西气东输二线投产初期天然气的水露点较高，当时红柳站场天然气进站温度低，通过过滤器后的节流又使天然气温度显著下降，致使有游离水凝析出。与此同时，当时气体的运行工况满足水合物生成的热力学条件。水合物生成并堵塞了该过滤器。

一方面，需要及时更新过滤器滤芯，以防控类似冰堵事件发生。另一方面，现场借助管网优势，在二线红柳站进站掺入来自西气东输一线 38℃ 的热天然气，当掺混热冷气掺混比例为 1∶5 时，可使二线红柳进站的天然气温度从 1℃ 提升到 8℃，可有效防控过滤器内水合物的生成。同时，为了强化防控效果，长久解决二线红柳站场的冰堵问题，在进站管道以 32m³/h 的速率实施注醇，可以保证天然气进站温度低至 1℃ 也无冰堵发生（许彦博等，2012）。

5.5.4 涩宁兰输气管道末站防控水合物生成技术应用

针对涩宁兰输气管道兰州末站的水合物冻堵问题，现场采取的措施是调控站场进出站工况参数，不仅保证无游离水从天然气凝析出，同时利用干天然气自干燥作用，防控站场水合物的生成（李大全等，2012）。

在满足供气量要求的情况下调整运行参数，不需要额外的资金投入，也不会给输气管道系统增加新的安全风险，被实践证明为是行之有效的。但需要注意的是，该防控措施的有效性受所实施具体应用场景限制。

5.5.5 冀宁联络线分输站场防控水合物生成技术应用

冀宁联络线，是连接陕京二线和西气东输管道的天然气联络线。从2011年1月开始，管线中进入来自中亚西气东输二线气源，致使冀宁联络线各分输场站在降压分输过程中调压阀、流量调节阀陆续出现严重的冰堵现象，导致各场站不能安全平稳向下游用户分输。

现场采取的多项措施联合应对，包括及时排污、降低调压系统上游的压力或调高下游压力、加装电伴热、注醇等，确保了冀宁联络线冀鲁段2011年及2012年冬季的安全生产（郑新伟等，2013）。

5.5.6 榆济输气管道及分输站场防控水合物生成技术应用

榆济输气管道全长941.63km，设计输量 $30 \times 10^8 m^3/a$，途经高寒地区，在投产初期出现的冰堵事故。分析该管道同时满足了水合物生成的两个必要条件：其一，该管道大部分站场的运行工况满足水合物生成热力学条件 [图5.17(a)]；其二，管道内有游离水积聚在管道中，包括从气体中凝析出的游离水（图5.14），还有投产时遗留在管道中的残余水。

为避免干线输气管道中水合物的生成，最为重要的措施还是要及时在夏季对管道地形起伏大且有游离水析出的管段进行清管排污；严格控制管输气的含水指标，同时密切监测其水露点，及时判定管道内的含水状况。

在分输站场阀组、调压撬处则采取了电伴热的措施。考虑到电伴热的功率有限，须确定在电伴热状态下，是否需同时采取注醇来辅助防治水合物冰堵形成。若采取电伴热措施后分输节流后的温度仍低于该极限温度，那么则需要采取注醇措施，防治水合物的形成。对比图中现场分输前后的运行工况、管输气含水量对应水露点曲线及水合物生成曲线（图5.20）。需要确定各分输站场需采取注醇措施的极限温度，即在分输节流后的压力下，计算天然气达到含水临界饱和时的水露点温度。天然气在分输节流后是否达到饱和状态，取决于分输节流后压力与分输节点天然气的含水量。相同天然气含水量条件下，分输节流压力越大，天然气达到饱和状态的温度越大；相同分输节流压力条件下，天然气含水量越大，天然气达到饱和状态的温度越大（史博会等，2014）。

在电伴热的有效措施下，辅以实时监测榆济输气管道各分输站场分输节流后运行工况和含水状况，确定各分输站场需采取注醇措施的极限温度，保证了榆济输气管道在2012年冬季分输站场未发生水合物冰堵事故，有效地防治了水合物冰堵的形成，为管道的安全运行、

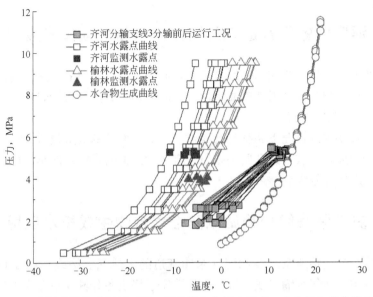

图 5.20　现场分输前后运行工况、天然气含水量水露点、水合物生成曲线比较

保质保量完成输送任务，提供了坚实的理论基础与有效的技术支持。

5.5.7　大沈输气管道投运期间防控水合物生成技术应用

大沈天然气管道是东北天然气管道工程的重要组成部分，设计输量 84 亿 m³/年，设计压力 10MPa。承担大连 LNG 码头天然气外输任务，气源基本不含水，避免了从气源中凝析游离水而引发冰堵。

但是，该管道经过高纬度地区，寒冷期长，全年超过 100 天气温低于 0℃，极端低温可达−30℃。在高压输送情况下，管道的运行工况满足水合物生成的条件，在投运期间因试压水残存滞留在管道地势低洼段，使得部分管段和站场分输调压，引发冰堵事件。代晓东等（2016）总结了大沈管道和站场内综合防治水合物生成的五类方法：

（1）重点工艺区和设备的电伴热/保温（图 5.21）——采用缠绕电伴热和覆盖保温层的措施，有效防止了阀门部分的冻堵。

（2）分输管线电加热或燃气加热（图 5.22）——分输站设计加热水套炉或电加热器，在调压前对天然气进行加热，提高输气温度，减弱焦耳—汤姆逊效应所致的低温诱发的水合物生成。但是，使用这种方法输气效率会有所下降。

（3）干线低洼地段注醇——在 2012 年至 2014 年每年冬季都在各站进出站注入乙二醇，防控干线出现水合物冰堵。站场配备了注醇装置，每个冬季乙二醇的消耗量在 70~150t。乙二醇一部分滞留在低洼积水处，提高水合物生成热力学条件；另一方面随气流流动至过滤分离装置。

（4）干线夏季清管作业——从清管器运行和收球情况可知管内部分管段积水多（表现在松岚至营口站间），采取对应措施清除积水 5m³。

（5）注入动力学抑制剂 KJK-1——2014 年 1 月在大沈管道松岚输气站进行了 KJK-1 现场试验。该抑制剂性能在过冷度为 8℃时，抑制时间超过 10h。动力学抑制剂用量低，相较于乙二醇节约了 40% 的注入费用。

图 5.21　站场电伴热和保温

图 5.22　站场电伴热和保温

5.5.8　中俄东线天然气管道投产初期防控水合物生成技术应用

中俄东线天然气管道，是中国首条采用1422mm超大口径的大输量、长距离、高压力输气管道。北段（黑河—长岭）处于寒区，冬季最低气温低至-40℃，投产运行初期条件为高压、低温，输气产量低、携液和吹扫能力差，自干燥效果不显著，不可避免地会有游离水存于管内，因此管道运行将面临水合物生成的风险。

北段（黑河—长岭）管道包括黑河—长岭干线管道、长岭—长春支线管道。管道全长824km，沿线7座工艺站场，冬季管道埋深处平均地温-1.5~-0.4℃。中俄贸易交接处天然气水露点要求冬季4MPa不高于-20℃，折算后含水量为40mg/kg。通过对天然气可能饱和含水量的估计分析（40~350mg/kg），指出中俄东线天然气管道投产第一年冬季工况下，含水量大于 150mg/kg 时，管道沿线部分管段开始有液态水析出；当含水量达到 350mg/kg 时，管道全线均有液态水析出，存在水合物生成风险，特别的在管道低洼地段的水合物生成且堆积风险最大；经核算，当注入 50% 质量分数的乙二醇，可以有效控制管道内的运行工况，使其在水合物生成曲线以外（张科嘉等，2020）。

随着符合购销协议的俄气提量进入管道，自干燥能力会将管道内投产初期残存的游离水带出。王玉彬等（2020）指出中俄东线天然气温度最低冰堵风险安全裕量在 10℃ 左右，即尽管管道的运行工况满足水合物生成热力学条件，但是没有游离水析出的风险，所以水合物冰堵风险会显著降低。

6 混相集输系统水合物
生成与堵塞防控技术

混相集输系统，不仅包括矿场集气管路（网）和与其相匹配的站、场之外，还包括矿场集油管路（网）和与其相匹配的站、场。不论是集气集输系统，还是集油集输系统，混相集输系统中的流体，主要包括油气烃相、富水相，有时还包括岩屑等固相。其功能是通过混输集输管路分散在油田各处的矿井产物加以收集，在站、场将混相流体分离成原油、天然气和采出水，再进行必要的净化、加工处理使之成为商品原油、商品天然气等，在矿场存储后外输（冯叔初，2006）。

不同矿藏内油气，被开采到地面后，由于地面工况条件下的气液占比不同，所以可将以气烃相为主的集输系统称为混相集气系统，将以液烃相为主的集输系统称为混相集油系统。因天然气成分中的甲烷、乙烷等小分子的轻烃是水合物生成必要的客体分子，在此基础上，只要混相集输系统的运行工况满足水合物生成的热力学条件，在游离水的聚集点（低洼管段、节流、弯管等位置）就极易生成水合物。因此，本章节中所述的混相集气系统主要对应各类气藏、凝析气藏；混相集油系统则主要对应各类凝液油藏、挥发性油藏。

6.1 混相集输系统水合物的生成与堵塞

混相集输系统，因油气田开发环境不同，可分为陆上混相集输系统、海上混相集输系统。不论是哪种混相集输系统，只要在天然气客体分子存在的前提下，同时满足水合物生成所需的热力学条件及水分条件，就将面临水合物生成的风险。但是，在各混相集输系统中，因输送油气藏流体物性不同、集输工艺流程不同、集输运行工况不同，会导致各混相集输系统中的水合物生成与堵塞具有各自的特点。

对于陆上混相集输系统，环境温度低的冬季，是水合物生成与堵塞问题较为突出的时节。而对于海上混相集输系统，随着开发水深的增加，海底水下生产系统中高压、低温的恶劣环境，是水合物生成与堵塞问题严重的根节［图1.3(a)］。无论是在陆上还是海上，混相集输系统一旦发生水合物生成并堵塞系统，就会影响油气田的安全生产，严重的情况则会导致设备破坏乃至安全事故的发生。特别是对于海上油气田，若系统因水合物生成发生了堵塞而导致海底管道泄漏，则会造成海洋油气污染，引发生态灾难，所造成的损失将不可估量（宫敬，2016）。因此，混相集输系统中的水合物生成与堵塞的防控，是保障油气安全、高效开发的重要任务，是被工业界关注较多的"流动保障"。

因气藏压力一般较高，从气井开发的气流，往往需要多级节流才能进入混相集气系统。天然气会因过阀或过关键设备节流，而发生焦耳—汤姆逊效应导致气体温度显著降低，若再加之冬季环境温度的下降，系统运行工况将极易进入水合物生成区，同时也会诱发更多游离水会从饱和气相中凝析出并积聚在系统中地势低洼的管段、易于积聚液相的设备处。

因此，无论是混相集气系统、还是混相集油系统，只要系统运行工况满足水合物生成热力学条件，且有游离水聚集的位置，就是水合物生成及堵塞的高风险区。需要特别关注的位置包括：井口调压及各类节流阀门处（图6.1）、弯管/三通气流转向处、海底跨接管/立管（图6.2）处、多流体汇集汇管处、地势低洼的各类管段/设备处（分离器出口、过滤元件、集液包、计量孔板等）。在这些位置，或者井流的游离水已然聚集，或者积聚的是从气相中凝析出游离水，或者两者兼而有之，总之在这些位置水合物生成所需的水分条件已然满足。依赖于混相集输系统的流动保障工作，在正常作业下，这些位置的运行工况均能保障不在水合物生成的区域内；但是，若在停输、再启、调产、流动保障措施失效等非稳定工况下，一旦这些位置的运行工况满足水合物生成的热力学条件，则水合物生成的风险极高，严重的情况下还会发生堵塞。

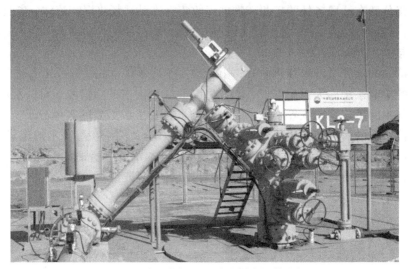

图6.1　陆上某气田的采油树多级节流阀

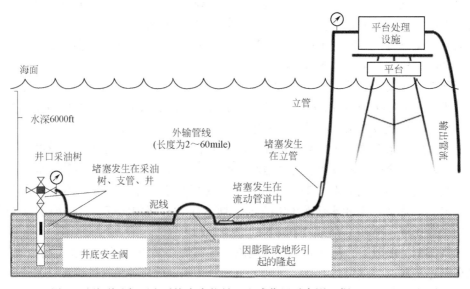

图6.2　海洋油气开发系统水合物易于生成位置示意图（据Sloan，2010）

与混相集输系统设备处水合物生成及堵塞易于定位的特点不同，在混相集输管路内因油、气、水等多相共存的流动形态多变，流动工况复杂，难以对管路内水合物生成及其引发的堵塞位置进行准确定位。因混相集气管路与混相集油管路中的流型状态，具有各自的特点，研究者们分别针对这两类混相集输管路开展了大量的试验与测试，结合理论研究，提出了混相集气/集油管路内水合物生成及其引发堵塞的演变机制（Sloan 等，2010）。

6.1.1　混相集气管路水合物生成引发堵塞的演变机制

以 Werner-Bolley 天然气—凝析液管路水合物生成引发堵塞的现场试验数据，可以得出图 6.3 示意混相集气管路中的水合物生成引发堵塞过程（Sloan 等，2010）。具体过程如下：图 6.3（a）所示为在管路中有凝析液析出，包括液态水和液态烃；图 6.3(b)所示为凝析液滞留于管壁底部或者随气流飞溅到管壁上，因管壁温度低于流体温度，水合物易于在管壁面生成；图 6.3(c)所示为壁面生长的水合物开始增厚，致使管内流体流动通道随之减小（图 6.4）；图 6.3(d)所示为随着水合物持续生长，形成非同心管壁水合物沉积物，增加流体流动阻力；图 6.3(e)所示为因气体流速的变化，也会导致冲刷水合物沉积层的现象，使部分水合物脱落至主流体中；图 6.3(f)所示为随着流动及水合物持续生成，悬浮脱落在流体中的水合物、沉积黏附在管壁的水合物，会在桥接黏连的作用下形成完全堵塞状态。

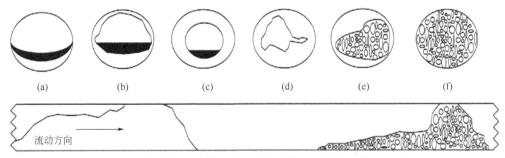

(a)　　　　(b)　　　　(c)　　　　(d)　　　　(e)　　　　(f)

流动方向

图 6.3　混相集气管路内水合物生成引发堵塞演变示意图（据 Sloan 等，2010）

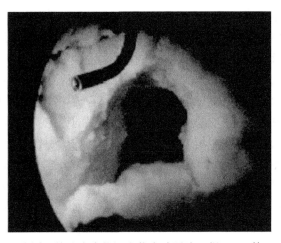

图 6.4　非同心管壁水合物沉积物实验照片（据 Sloan 等，2010）

混相集气管路中的流型，以环雾状流为主，凝析液以润湿管壁为主，会被吹散成液滴分散在气相中（冯初叔等，2006）。基于图6.5的分析，Sloan等（2010）总结了混相集气管路水合物生成引发堵塞的五步演变机制示意，具体分析：步骤一，在满足水合物生成过冷度情况下且有游离水附着的管壁处，有水合物结晶；步骤二，以结晶的水合物为基础，水合物会快速生长，贴壁形成薄水合物沉积层；步骤三，水合物继续生长，管道有效流通面积减小，类似于血管中的动脉狭窄；步骤四，壁面沉积的的水合物因流体流速、流型变化等扰动而被冲刷、剥离脱落至主流中；步骤五，悬浮在体系中的水合物颗粒与管壁沉积未剥离的水合物，桥接黏附为堵塞体。由此可知，对于混相集气管路，水合物的沉积黏附在管壁是生成引发管道堵塞的关键，这恰是由于管壁是系统最低温、游离水润湿聚集最强烈的位置。

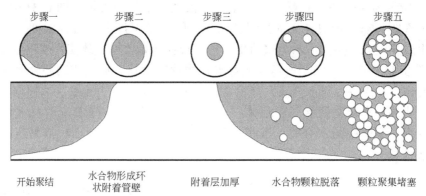

图6.5　混相集气管路水合物生成引发堵塞演变机制示意（据Sloan等，2010）

6.1.2　混相集油管路水合物生成引发堵塞的演变机制

针对混相集油管路，较早被提出且被公认的水合物生成引发堵塞的演变机制为乳化—结晶—聚并与黏附—沉积—堵塞（Sloan等，2007）。该过程可通过图6.6解读如下：首先，油气水分层流动，直径十几微米左右、大小不一的水滴因扰动及乳化剂存在，而以油包水乳状液形式流动；其次，当条件满足时，水合物在乳化液滴的油水界面处开始结晶成核，并形成一个不超过$6\mu m$的薄壳层；接着、水合物壳层逐渐生长，成为水合物继续生长气—水接触的屏障；随后、因水合物壳层的不稳定性，包裹在其中的游离水会随着流动或剪切破碎外泄，润湿水合物颗粒表面，在颗粒间碰撞的过程中，发生黏附、聚集；最后，水合物颗粒碰撞、黏附、聚并的同时，致使初始形成疏松的水合物颗粒壳层被压实，也会在流动剪切破碎后再聚并，形成更大的聚集体而沉积黏壁，从而造成管道堵塞，导致停输。

因输送油气水三相的混相集油管路中的流型是多变的，主要包括分层流、段塞流、环状流、气泡流等。因此，在分析混相集油管路中生成水合物所引发的堵塞演变机制，需要考虑不同流型的影响。宫敬课题组基于中国石油大学（北京）所搭建的国内第一个压力超过10MPa的高压水合物实验环路（图6.7），开展了一系列不同流型下水合物生成并引发堵塞的实验，通过对不同流型下水合物聚并、沉积及堵塞特征的定量表征（图6.8），明确了各流型中水合物生成及其可能引发管道堵塞的演变机制，如图6.9至图6.12所示（宫敬，2020）。

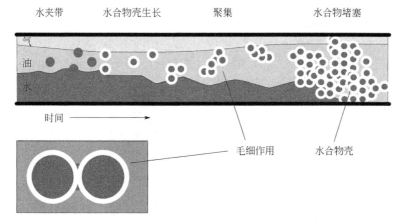

图 6.6　混相集油管道水合物生成引发堵塞演变示意（据 Sloan 等，2007）

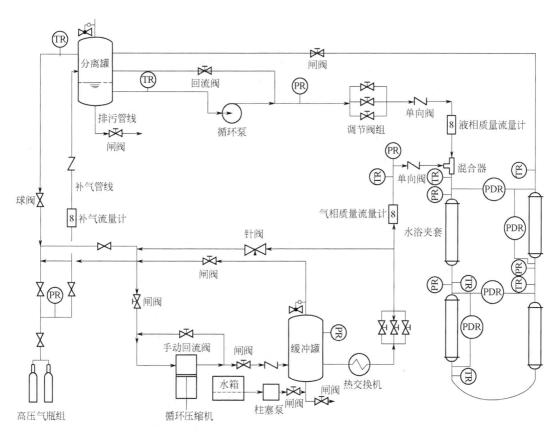

图 6.7　高压水合物实验环路示意图（据宫敬，2020）
TR—温度传感器；PR—压力传感器；PDR—差压变送器

　　根据图 6.8 可知，不论是基于聚并过程中水合物临界弦长得到的聚并程度系数，还是基于颗粒平均加权弦长确定聚并程度系数，均具有相同的变化趋势，数值上基于加权弦长计算的聚并程度系数是基于临界弦长计算的聚并程度系数的三倍左右。这说明两种方法在预测水合物颗粒聚并程度方面的结果具有一致性，验证了两种方法的预测可靠性。

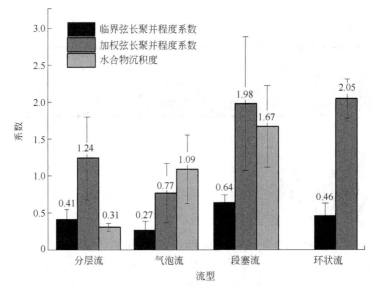

图 6.8　各流型条件下水合物聚并系数和沉积系数统计数据对比（据丁麟，2018）

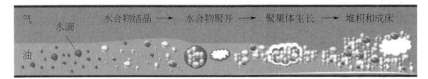

图 6.9　分层流中水合物生成并引发堵塞演变机制（据丁麟，2018）

图 6.10　气泡流中水合物生成及未发生堵塞演变机制（据丁麟，2018）

图 6.11　段塞流中水合物生成未发生堵塞演变机制（据丁麟，2018）

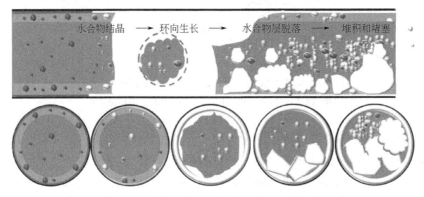

图 6.12　环状流中水合物生成并引发堵塞演变机制（据丁麟，2018）

不同流型下水合物聚并的严重程度不同，从高到低依次为段塞流>分层流>气泡流>环状流。段塞流中水合物聚并情况最为严重，这是因为段塞流自身流动的强扰动性，段塞的流动会导致水合物颗粒间高频率的碰撞，因此具有较高的聚并几率。环状流中水合物倾向于直接在壁面处生成，因此液相中的聚并过程并不明显。

不同流型下水合物沉积的严重程度不同，从高到低依次为环状流>段塞流>气泡流>分层流。由于壁面处水合物层的形成，导致环状流具有最高的沉积系数。而分层流中由于颗粒倾向于在体相中聚并和堆积，所以其沉积系数最低。

对于分层流（图6.9），水相以水滴形式分散在油相中，水合物颗粒趋于持续的聚并和生长，沉积程度很小，聚集体的堆积最终造成管道的堵塞；对于气泡流（图6.10），水相以水滴形式分散在油相中，水合物在油水界面生成，水滴与水合物不断在液相中聚并成较大的团块并持续增多，最终在管道壁面形成沉积，并保持稳定流动，不存在明显堵塞趋势；对于段塞流（图6.11），水相以水滴形式分散在油相中形成稳定段塞流，水合物在油水界面成核生长，并在液相中与水滴形成聚结体，同时也在管道壁面形成沉积，水合物聚并和沉积趋势都很明显，但由于颗粒大部分沉积在管道壁面，液相中颗粒浓度较低，且由于流动的不稳定性与强烈剪切，会造成水合物聚集体的破碎，因此管道不易堵塞；对于环状流（图6.12），水相分别以水滴和水膜的形式分布在油相和管道壁面，水合物在油水界面或管道壁面生成，由于气液两相这种独特的分布形式，水合物最先在管道壁面形成水合物覆盖层并不断增厚，随后由于壁面的强剪切作用，水合物层在不均匀分布段易发生脱落并在管道内部堆积，最终形成管内堵塞。

值得注意的是，以上说明并非是说在段塞流、气泡流中，一定不会发生水合物的堵塞问题，只是在目前已完成的实验中，在以这两个流型为条件的实验过程中没有发生水合物堵塞问题。上述为对水合物在不同流型条件下的聚并和沉积特点初步研究，但未来仍需结合不同流型中流动参数的特点，深入分析各流型的参数对水合物的聚并和沉积过程的影响规律。

6.2 混相集输系统传统防控水合物生成技术

与干气输送系统不同的是，混相集输系统中无法切断游离水的来源，也就是说在混相集输系统中水合物生成的客体分子、水分子条件是天然存在的。与干气输送系统防控水合物生成的技术一样，可以直接通过加热或保温输送，或者降低输送压力，或者注醇，或者上述方式的结合来保证混相输送系统的运行工况在水合物生成区域之外。与此同时，尽管混输系统中的游离水来源无法切断，但通过合理的管道清管计划，也可以适时地减少管路内积聚的游离水，防止严重的堵塞事故发生。

对于陆上混相输送系统而言，加热或保温输送、注醇是现场常用的保证系统工况在水合物生成区域以外的方法；在保障井口良好产能与效益的情况下，低压集输工艺方案可被应用，但需要确定是井口节流还是井下节流，同时需要视节流后运行工况确定是否需要辅以加热或保温、注醇的措施。及时发现已建工艺的水合物生成高风险区，适时进行工艺改造与完善，如增加排污阀通径，换用节流效应小的阀门等，可大大降低陆上混相输送系统水合物生成的风险。总之，需要结合井口油气物性特征、集输工艺流程等生产实际情况，确定保证陆上混相输送系统运行工况在水合物生成区域以外的最佳方案。

相较于陆上混相集输系统而言，海上混相集输系统，需要根据其主流体的相态，设计不同的流动保障方案。对于海上混相集气系统，宜选用连续注入乙二醇的防控方案；对于海上混相集油系统，宜选用加热或保温的防控方案。另外，无论是集气还是集油系统，在系统启动、停输再启动等极严峻的瞬态工况下，还须联合间歇注甲醇，强化防控水合物生成的流动保障技术方案。另外，辅以合理的水下清管计划，及时清除系统内积存的游离水。水下生产系统的清管方式一般有三种（陈宏举等，2011）：一是安装水下清管球发射装置，需要定期补充清管球；二是采用水下发球平台收球直接清管，在水下安装清管接口，通过 ROV 或潜水员用软管将工作船（备有发球装置）与水下清管接口连接进行作业；三是采用平台收发球的循环清管，以两条等直径海管形成回路进行清管作业，清管球的收发球装置安装在浅水平台。此外，水下分离与增压技术可通过移除水下生产系统中的大量游离水，辅以少量注醇的措施防控系统中水合物的生成。国际上，在北海、墨西哥湾和巴西等海域有水下分离与增压系统的应用（刘永飞等，2018）。对于海上混相集输系统，无论最终以何种方案保障系统运行工况不在水合物生成区域内，应根据油气田的产物特性、海管长度、油藏温度压力工况等实际情况，从经济性和安全性分析，确定适宜的防控水合物生成的方法。

6.2.1 加热或保温输送

若选用加热或保温输送，保证混相集输系统运行工况不在水合物生成区域之内，需要根据实际情况采取合理的加热/保温方式。因陆上与海上混相集输系统的环境不同，所采用的加热或保温措施有各自的特点。

6.2.1.1 陆上混相集输系统

针对陆上混相集输系统，保温则以设置保温层为主；所选用的加热设备常以水套炉、真空炉、热媒炉、电加热器为主，各加热设备的特点如下（李宏欢，2014）：

（1）水套炉：将天然气加热盘管置于水浴中，直接加热盘管中的天然气，水浴温度可在 50~100℃ 范围内变化。其特点是热负荷弹性大，结构简单，但它占地较大，易于结垢。一般适用于热负荷 200~2000kW 的工况。

（2）真空炉：将加热盘管置于温度 90~99℃ 的微负压状态的水蒸气空间中，通过盘管将热量传递给被加热介质。其特点是加热效率高，结垢少，体积较小，但只能通过真空度来调节热负荷，热负荷变化范围和操作弹性相对较小。主要适用于热负荷 2000kW 以上，变化范围较小的工况。

（3）热媒炉：通过将热媒加热到 200~350℃，再通过换热器实现热媒与盘管中的天然气换热。其特点是间接换热，安全性相对较高，但是，因需要一定热附加值导致其能耗高，且系统较复杂（包括储油罐、注油泵、膨胀罐、油气分离器、换热器、循环泵、热媒炉等几部分），运行操作较复杂，占地较大，设备投资约为水套炉及真空炉的 2 倍。主要适用于原油及天然气处理厂等需要较大热负荷的工况（负荷 3000kW 左右）。

（4）电加热器：是一种新型、安全、高效节能，低压（常压下或较低压力）条件下能提供高温热能的加热设备。热煤油电加热是由浸入热媒油的电加热元件先将热媒油加热，再将热量传递给换热管，换热管将热量传递给管内流体介质。其特点是运行压力低，一般供热运行压力为≤0.3MPa；加热温度高，可达 280℃；加热温度可实现自动化运行控制与监测，灵敏度高，供热稳定，操作简便，安全可靠；以电代煤等初等能源消耗，节省投资，环保无污染，加热升温快，热效率高，更经济。一般适用于热负荷较小（2000kW 以下）的工况。

6.2.1.2 海上混相集输系统

与陆上混相集输系统不同，水下生产系统的加热/保温技术具有其特有的工艺特点。受管线长度影响，方案费用随着海管长度的增加而成比例增加，每一种保温方案都有海管长度限制和保温温度的限制。目前，在海上混相集输系统中，应用较多的加热保温措施，包括平台电加热、直接电加热、管束加热、使用海底保温管道等方式，具体特点如下（刘永飞等，2018）：

平台加热技术，是一种普遍应用于国内常规短距离海上混相集油系统的技术。该加热设备占地面积大、能耗高、流程复杂，而且长距离输送时无法满足海底管道流动安全需求。

直接电加热技术（图 6.13）以海底管道本体作为加热元件，电流通过管道，作为传播电流的导体，直接加热管内流体。一种为完全绝缘加热系统，以电缆或者海水作为回路，为保证获得足够的电压，电缆与管道必须有足够的绝缘，需要保证被加热的管道与海水完全绝缘。该技术适用于给长距离海底管道保温，但是直接电加热技术也存在线头多、加热温度有限制、加热距离有限制等不足。

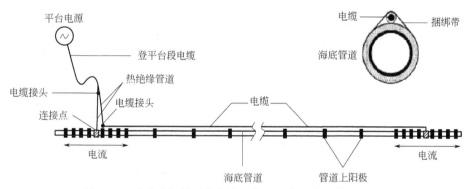

图 6.13 直接电加热系统接线示意图（据刘永飞等，2018）

加热管束是加热流体在外包裹的管束，一般在海上回接管路中应用较多。可以循环加热流体并与生产油气逆向流动，将热量传递给内部的生产流体。以确保在生产过程中，油气的运行温度在水合物生成温度区域以外。

使用海底保温管道时，可选的形式包括管中管、无套管、束状管等。管中管属于海底干式保温，输送管线外加套管，可在环空中填充廉价保温材料（聚氨酯泡沫等）或抽真空，可适应各种水深，能输送高倾点、需要加热的重质油品，以减少热损失；但是对安装船舶要求较高，焊接效率低，安装速度慢，导致工程建设费用较高。无套管属于海底湿式保温，在输送管道外面直接加保温层，直接与环境接触，该方法大多应用在深水区域因静压力很高而要求保温材料具有较高的强度的情况下。其材料包括复合聚氨酯、多层复合聚丙烯等，这些材料导热系数较高，造价高，在保温要求温度较高时所需保温层较厚，但其不需要外护管，可大大提高焊接效率和安装速度，从而可节约建设成本。束状管（图 6.14）是在套管里有多条管道，包括如生产管线、药剂注入管线等，这种管道所用保温材料不受环节限制，且管道中有多条管道，比单根管道节省安装费用。

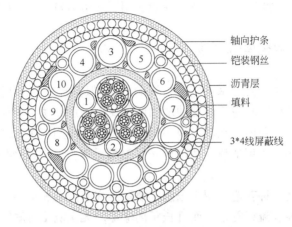

图 6.14　管束示意图

1—高压液压线；2—高压液压备用线；3—液压回流线；4—低压液压线；5—低压液压备用线；
6—化学药剂注入线；7—化学药剂注入线；8、9、10—化学药剂注入备用线

6.2.2　注醇防控

若选用注醇方式保障混相集输系统运行工况不在水合物生成区域之内，则常选择以间歇方式注甲醇，来应对启动、停输再启动等瞬变工况；以连续方式注乙二醇，以应对正常作业等工况。

具体的加注工艺与防控效果，与流体的输送温度、抑制剂种类、加注量、加注时间、加注周期、加注方式等密切相关。需要重点监控加注量、加注时间和加注周期，适时根据实际情况，动态调整加注方案。

需要特别关注的是：注醇的用量与产水量成正比，含水量的升高会显著增加醇的消耗，导致费用过高。特别是对于海上混相集输系统，若采取注醇防控水合物生成的方法，需要关注含水量过高导致平台乙二醇回收处理能力无法满足界限要求的情况。在这种情况下，若采取水下分离技术，可以大大降低注醇量。但是，是否能在工程实际中应用该技术，还需要根据具体的工艺、投资、效益、安全等综合考量。目前，全世界已经投产的项目主要集中在北海、墨西哥湾和巴西海域。水深最深的为 Predido 的沉箱式分离器和分离系统，其水深为2450m（刘永飞等，2018）。

6.2.3　低压集输工艺

在保障井口良好产能与效益的情况下，低压集输工艺方案可被应用，但需要确定是井口节流还是井下节流，同时需要视节流后运行工况确定是否需要辅以加热、保温或注醇的措施。

井口节流，如前述图 6.1 所示，节流后的运行工况的低压，还会导致天然气温度急剧下降。若随着井口产量的变化，节流后运行工况偶有进入水合物生成区域的情况，则必须采取

节流后加热或保温输送，或辅以注醇的措施，才能保证节流后混相集输系统没有水合物生成的风险。

井下节流，将节流装置安装于油管内适当位置（一般在地下 1500~2500m），实现井筒内节流降压，利用地温提升节流后天然气流的温度，使得气流温度升高，提高气井的携液能力，可以同时保证防控井筒及地面的混相集输系统中水合物的生成。1986 年，在四川金 11 井，井下节流技术被试验成功，经过不断发展，目前已在多个油气田得到推广应用（邓柯，2007）。一旦采用井下节流工艺，地面混相集输系统，仅需要在冬季临时地间歇注醇，不必在井口设置加热炉，后续工艺的中压、低压集气管线也不需要保温。

6.3 混相集输系统风险控制水合物堵塞技术

与传统防控水合物生成技术不同，风险控制水合物堵塞技术应用于混相集输系统运行工况完全具备水合物生成的客体分子、水分子和热力学的必要条件，但却能保证系统内的流体可保持持续流动状态而不堵塞，是使系统在具有水合物堵塞的风险下运行的一种技术。

风险控制水合物堵塞技术分为两大类：

（1）加注动力学抑制剂，即尽管混相集输系统中的流体在水合物生成区域，但是却因水合物成核诱导期较长，能保证流体在系统流入流出的过程中，无法达到水合物快速生长阶段，从而保证流体的可输送性，防控系统内发生水合物的堵塞。但是在动力学抑制剂失效时，系统内水合物快速生长后的堵塞风险极高。

（2）无添加剂加入的冷流技术，或添加阻聚剂的水合物浆液输送技术，即在混相集油系统内的水合物成核生长为颗粒状，能随主流体油相流动，呈现拟浆液的可输送状态。但是，若水合物颗粒间发生聚并，并黏附在管壁而沉积，系统内发生水合物堵塞的风险极大。

只要混相集输系统内的水合物堵塞风险可控，上述两大风险控制水合物堵塞的技术，就具备其可应用前景。实际上，风险控制水合物堵塞技术的提出，源于油气开发不断走向超深水，致使海上混相集输系统水下生产设置所处的高压、低温环境更加恶劣。特别的，在油气田开发的中后期，井流物采水量的不断增加，使得传统防控水合物生成技术中的加热或保温输送能耗增加、注醇加注与储存的成本增加。而风险控制水合物堵塞技术，恰好成为油气工业深入发展深海油气开发，更为经济、高效、安全防控混相集输系统水合物堵塞的流动保障方案。

风险控制水合物堵塞技术中，须加注的动力学抑制剂或阻聚剂，又被称为低剂量水合物抑制剂。这是因为这两种添加剂的有效加注量占水相浓度的 3% 以下，而传统醇类热力学抑制剂的加注量却占水相的 20%~80%。即，在深水油气开发过程中，既不需要加热/保温输送，也不需要向系统注醇，只需要向系统加注少量的动力学抑制剂，或者采取无添加剂的冷流，或使用加注少量阻聚剂的浆液输送技术，即可避免随着水深增加、开发产水量增加所带来的巨大建设与运营成本。某些情况下若将动力学抑制剂和阻聚剂二者结合使用，阻聚剂可作为动力学抑制剂的载体，强化动力学抑制性能，如此可大大降低混相集输系统水合物堵塞发生的风险。或者将动力学抑制剂和热力学抑制剂相结合使用，热力学抑制剂体系水合物生成的过冷度，从而促进动力学抑制剂的性能。在实际的测试过程中，还应考虑低剂量抑制剂与其他化学剂（缓蚀剂、降凝剂、减阻剂等）一起使用的兼容性问题，开展必要的药剂配伍性测试是不容忽视的重要环节（陈光进等，2020）。

有关动力学抑制剂的介绍及其作为风险控制水合物堵塞技术应用的现状，详见4.5。本节将重点介绍允许水合物以颗粒形式悬浮于主体液相中呈拟浆液输送的技术，包括无抑制剂添加的水合物浆液冷流技术（Straume 等，2019）、添加阻聚剂的水合物浆液技术（Shi 等，2021）。

6.3.1　无抑制剂添加的水合物浆液冷流技术

提出冷流技术的目的是消除海上油气开发，传统防控水合物生成需要注入大量热力学抑制剂的弊端。但是，该技术在启动、停输工况下，仍然需要传统防控水合物生成的技术，或者采取加热/保温，或者采取注醇等方式加以辅助。冷流技术成为具有工业应用前景的水合物流动保障策略的关键是：在无其他抑制剂添加的情况下，维持冷流内水合物颗粒间无黏连的分散、不黏附于管壁为沉积。

Larsen 等（2001）提出了一种以水合物种子控制其快速生长的方式（图6.15），处于环境低温携带水合物种子的冷流小部分借助泵回流，诱发井流物中较低含量的游离水能直接快速地在回流冷流体中的水合物种子表面快速生长，通过携带水合物种子的冷流循环于混相集油系统入口与回流点间，从而使井流产物内形成不会黏连、不黏附管壁的干水合物颗粒悬浮于油相中，冷流经管道输送至海上平台或处理设施时，形成的水合物因环境温度的增加而分解。需要注意的是，回流的冷流内的水合物种子内，有可能是多孔且携带了没有转化的游离水，但是只要这些水合物种子与客体分子相接触，在热力学条件满足时会快速转化成水合物。若井流物中的含水量较高，需要借助水下分离器将井流物中的含水率降低到10%~20%后才可以与回流的冷流混合。

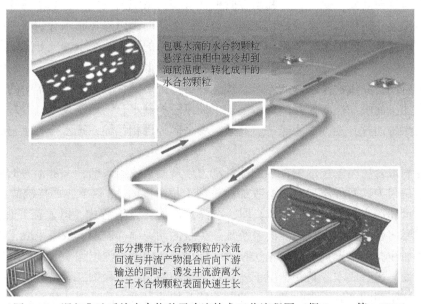

包裹水滴的水合物颗粒悬浮在油相中被冷却到海底温度，转化成干的水合物颗粒

部分携带干水合物颗粒的冷流回流与井流产物混合后向下游输送的同时，诱发井流游离水在干水合物颗粒表面快速生长

图 6.15　混相集油系统水合物种子冷流技术工艺流程图（据 Larsen 等，2007）

图 6.16 是 Gudmundsson（2002）提出的冷流技术的关键工艺流程图，从井内开采出的油、气、水到海底井口装置后，流经分离器进行气液分离，气相直接进入反应装置，液相经

过冷却装置获得冷量后进入反应装置，在反应装置水合物在一定的控制条件下生成后，以冷流输送至中央处理单元。根据产量的变化，可以平行设计多组冷流制备单元组。为了避免亲水性强的水合物颗粒发生极具亲水性的管壁黏连，Gudmundsson（2002）指出可以通过缓蚀剂、环氧树脂减阻剂涂层来改变管壁及冷流单元制备设备的亲水表面特性；与此同时，借助油相中天然存在的表面活性物质和各种添加剂，降低水合物颗粒间在冷流制备单元及冷流输送管线中发生聚并、黏连现象的可能性。

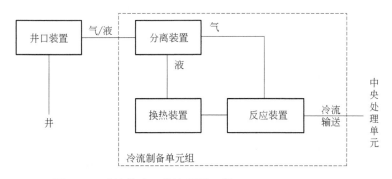

图 6.16　冷流技术工艺流程图（据 Gudmundsson，2002）

Lund 等（2011）还提出了应用水合物浆液冷流天然气脱水的工艺，如图 6.17 所示。该工艺可以通过生成水合物冷流的方式，深度脱除天然气中的饱和水，具体流程如下：井流物与冷流分离器中生成的水合物浆液混合，在热流分离器中分解，将凝析液、游离水与天然气分离。热流分离器脱水后的凝析液可以与脱水后的天然气混合输送，或分别输送至下游处理设施。热流分离器分离出的水经污水处理，满足条件后外排入海。在制冷区，由于环境低温的冷量使水蒸气从饱和天然气中凝析，并在与来自冷流分离器底部分离出的部分水合物浆液混合后，快速在水合物种子表面生长。若脱水后外输的天然气压力不足，Lund 等（2011）建议将增压设备加装在热流分离器与制冷区之间，这样可以在高压下从饱和天然气中凝析出更多的游离水。简化水下生产设施的方式是可以不设热流分离器，而直接将冷流分离器中的水合物浆液主流外输，部分作为水合物种子与井流物直接混合。

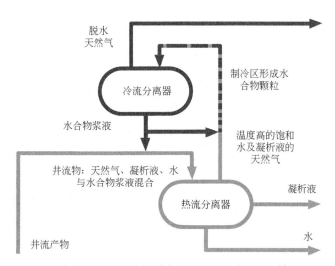

图 6.17　冷流应用于天然气脱水工流程图（据 Lund 等，2011）

2018 年，挪威 Empig 公司提出了一种强化制冷模块，用于将热流冷却转化为水合物降压的工艺，如图 6.18 所示。该强化制冷模块，使冷流中的水合物和蜡生成的更加充分，同时可以及时同清管设备清理管内沉积蜡和水合物。该公司提出了两种版本的可借助外置磁力滑块双向移动的清管设备，其中一种是空心的清管器（Lund，2013），另一种是带有内置线圈的可诱导发热的清管器（Lund，2016）。为了提速冷流的生成，一部分冷流携带水合物种子通过泵回流送至热井流的入口混合后，进入强化制冷模块。

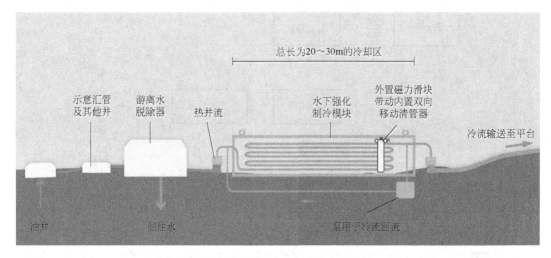

图 6.18　Empig 公司强化制冷模块的冷流工艺流程示意图（据 Empig，2018）

Straume 等（2019）指出利用高速搅拌或强烈的流动剪切，可以减小水滴悬浮在油相中的大小，有利于其直接转化成水合物颗粒，同时可以破坏流体内形成的水合物聚集体。大量实验室数据表明冷流技术只有在中低气油比、含水率低于 20% 的前提下才有良好适用性（Straume 等，2019）。因此，通过各种方法实现在混相集油系统中形成表面无润湿、不易黏连、不易黏附的干水合物颗粒，是推进冷流技术的应用的关键。

6.3.2　添加阻聚剂的水合物浆液输送技术

为了解决上述无添加剂的冷流技术中水合物颗粒的聚集问题，Azarinezhad 等（2010）提出 HYDRAFLOW 技术（图 6.19），目的是转化溶解在液相中的所有气体或部分气体为水合物，并以水合物浆液形式输送油、水、水合物至处理设施。但是，因浆液中存在未转化的游离水，需要添加一定量的阻聚剂。游离水在循环主管道内，不仅可以使流体内气体全部转化成水合物，同时可降低液相浆液的黏度；部分油相被加入到循环主管道内，应对气液比较高时，促进阻聚剂的性能。这个概念的提出，有别于前述无添加剂携带干水合物颗粒的冷流技术，而允许多余的游离水存在于浆液中通过阻聚剂阻碍润湿的水合物颗粒间的聚并。Azainezhad 等（2010）指出因水合物生成发热和水合物浆液颗粒的冲刷作用，该工艺会延缓管内油相的蜡沉积问题；他们同时指出大部分阻聚剂会留存在水合物浆液的水相中，进入油相中的阻聚剂量很少，如此还可以实现含阻聚剂水相的循环利用。那么，阻聚剂是什么物质呢？本节将简要阐述这个问题。

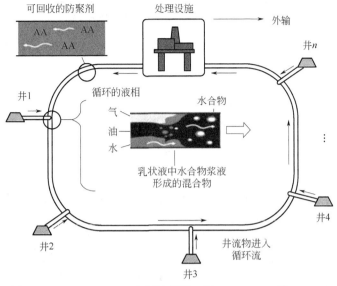

图 6.19 HYDRAFLOW 流程示意图（据 Azarinezhad 等，2010）

6.3.2.1 阻聚剂类型

阻聚剂是一些聚合物和表面活性剂，属于大分子的化学剂，有报道指出有效加注量占混合物质量的 0.5%~2.0%，可使水滴在油相中呈现较小液滴的乳化状态（Sloan 等，2007）。阻聚剂的作用效果并不受制于系统的过冷度，而是需要水、油共存时才可使用。与此同时，若系统内含水率过高造成水难以乳化、流动速度过低，则阻聚剂也存在失效的问题（宫敬等，2016）。自法国石油研究院（IFP）提出了一系列以表面活性剂作为阻聚剂的专利之后，基于各类表面活性剂研发的阻聚剂被研发，列于表 6.1。

表 6.1 典型的阻聚剂（据陈光进等，2020）

主要分类	特点或具体类型	
IFP 的 Emulfip 102b	由至少一个琥珀酸衍生物和至少一个聚乙二醇一元醚反应得到	
IFP 非离子型两性化合物	羟基羧酸酰胺（其中羧基碳原子数以 3~36 为好、8~20 最佳）、烷氧基二羟基羧酸酰胺（或聚烷氧基二羟基酰胺）、N,N−二羟基羧酸酰胺	
Shell 四元铵阻聚剂	具有两个或三个正丁基、正戊基或异戊基的四元表面活性剂盐	
	水溶性单链尾四元阻聚剂（含有碳数为 10~14 个憎水链尾、三丁基铵或三戊基铵首基和一个平衡离子）	油溶性双链尾四元阻聚剂（含两个较长链尾的四烷基铵盐）
Shell 环境友好型四元铵阻聚剂	加入气体阴离子聚合物或表面活性剂给四元 AA 解毒，或者通过合成二酯四元 AA 增加其生物降解性	
RF 开发的阻聚剂	聚烷氧基胺（amine polyalkoxylate，分子量约为 6000）、烷基配糖物 Plantaren 600 C PUS（glucoside）、三酯季铵盐（有长的链尾、具有一定的生物降解能力）、阳离子己内酰胺（含有一个己内酰胺首基和一个四元氮间隔基团，有毒性）、羰基吡咯烷（carbonylpyrrolidine）、异丙基胺基	

主要分类		特点或具体类型
CSM 研发的五类阻聚剂		烷基-2-（2.己内酰胺）乙酸（烷基链的长度为 8~20 个碳原子，碳原子的数目可以调节 HLB 值及其性能）
		烷基-2-（2.己内酰胺）乙酰胺（烷基链长度为 8~16 个碳原子）
		N,N-二甲基烷基酰胺（具有不同长度的烷基链）
		含乙烯基己内酰胺短链聚合物（具有可控制的烷基链尾）
		含烷基硫醚链尾短链聚合物（通过链转移介质控制的 N,N-二乙基丙烯酰胺聚合反应合成得到）
Nalco 和 Clariant 的四元阻聚剂		丁基或戊基的四元表面活性剂、胺烷基/烷氧基单酯、烷氧基胺醚羧酸及其季铵化产品
陈光进课题组研发的阻聚剂	zjj1	CAA，复合类型，包括：山梨醇单月桂酸酯：酯聚合物 = 4：1；提取液：Span20 = 4：1~1：3；AEO-3，脂肪醇聚氧乙烯 N = 3 的乙醚：组合山梨醇月桂酸酯，Span20 = 2：1；有效成分为 80%~89% 椰油酰胺丙基二甲胺、苯并咪唑、四丁基溴化铵和 FJ-1
	ZS	
司盘、吐温类聚合物		Span20、Span 80、Span 85、Tween 20、Tween 60、Tween 80
脂类聚合物		羊毛脂、卵磷脂、鼠李糖脂、水性聚脲/聚氨酯（CWPUU）
盐类聚合物		季铵盐盐基化合物、Arquad 2C-75、四季铵盐、季铵盐基团
天然气阻聚剂		蜡晶、胶质、沥青质、纳米二氧化硅颗粒
其他类聚合物		聚马来酸（HPMA）、聚丙烯酰胺（PAM）、十二烷基硫酸钠（SDS）、聚乙烯醇 PVA、双组分二甲基氯乙烯基混合物、环氧乙烷/环氧丙烷嵌段共聚物等

Shell 开发的四元铵阻聚剂被认为具有最好阻聚效果。陈光进等（2020）课题组研发的 zjj1 在水合物体积分数达到 30% 以上，能有效动态控制水合物的生成速率，可保障 28h 后无水合物聚结的趋势；在加入 1% 的 CAA 情况下，即使过冷度为 14.8K，水合物也能均匀分散在水相中成浆态水合物；ZS 则属于一种高效植物提取型水合物阻聚剂，不仅具有较好阻聚效果，还具有对沉积水合物的剥离冲刷的效能。以植物提取液的主要成分，研发具有环境友好型、价格低廉、性能良好的阻聚剂是未来研发的方向。

6.3.2.2 阻聚剂作用机理

阻聚剂的加入，可以防止混相集油系统中的水合物颗粒间黏连聚并或与管壁发生黏附沉积，使水合物浆液具有良好的输送性，风险控制系统内水合堵塞问题。

Lo 等（2010）指出十二烷基硫酸钠（SDS）和十二烷基三甲基溴化铵（DTAB）对水合物颗粒吸附随加剂量的变化情况，如图 6.20(a) 系统内加注的 SDS、DTAB 量较低时，在水合物表面上 SDS、DTAB 占据了更多的吸附位点，导致水合物表面电荷为负，尾部平行排列，此时阻聚驱动力为疏水力；随着 SDS、DTAB 加注量的浓度增加，如图 6.20(b) 中更多的 SDS/DTAB 分子吸附在水合物表面，头部基团与表面相互作用，并且由于分子间存在疏水力导致结构改变；随着浓度的继续增加，如图 6.20(c) 中阻聚剂单分子层形成，其头部基团吸附在水合物表面，尾部朝向水相，分子层中的 SDS、DTAB 充当吸附位点继续形成下一层［图 6.20(d)］。

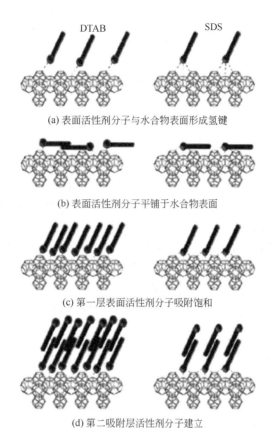

(a) 表面活性剂分子与水合物表面形成氢键

(b) 表面活性剂分子平铺于水合物表面

(c) 第一层表面活性剂分子吸附饱和

(d) 第二吸附层活性剂分子建立

图 6.20　阻聚剂吸附阻聚机理示意图（据 Lo 等，2010）

经 Fang 等（2020）分子动力学模拟表面活性剂对水合物颗粒间聚并的影响结果（图 6.21），进一步验证了表面活性剂会自发地吸附在水合物颗粒表面维持颗粒的悬浮状态、控制颗粒的大小，还可以弱化液桥的作用强度，从而阻止颗粒间的聚集。

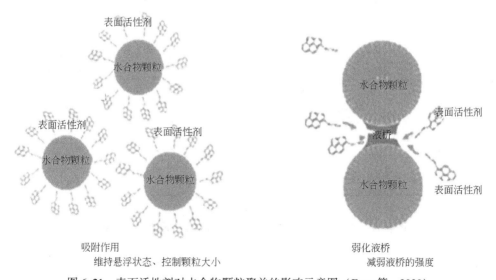

吸附作用
维持悬浮状态、控制颗粒大小

弱化液桥
减弱液桥的强度

图 6.21　表面活性剂对水合物颗粒聚并的影响示意图（Fang 等，2020）

水合物的亲和力与水合物表面形成氢键的数量成正比，当表面被阻聚剂吸附后，会增加水合物颗粒表面的净电荷导致斥力增加，并在水合物颗粒周围形成吸附层，降低颗粒之间的黏附力。也可以从阻聚剂的亲水—亲油两性特征分析，阻聚剂的亲水端会吸附在水合物颗粒表面和内管壁，憎水端会改变水合物颗粒、管壁表面的亲水特性，形成界面膜，增加了颗粒表面的粗糙度，进而阻止水合物颗粒间的黏连聚并、水合物颗粒与管壁的黏附沉积。同时，具有表面活性剂的阻聚剂，可使体系油水乳化后的水滴粒径更小，动态控制以水滴为核心生成的水合物壳更薄，有利于转化更多的内核水，减少了游离水和未转化水作为液桥聚集水合物颗粒的现象，进而起到了有效的阻聚作用。

图6.22给出了无阻聚剂水合物颗粒聚集与含阻聚剂阻聚过程示意图。对于无阻聚剂的非乳化体系，由于水合物颗粒的亲水性与流动碰撞的共同作用，水合物颗粒表面被润湿水层包裹 [图6.22(a)]；因毛细作用、界面张力和黏性力的协同作用，使得润湿的水合物颗粒间形成液桥 [图6.22(b)]，发生聚集并形成团聚体 [图6.22(c)]。对于加入阻聚剂的体系，水合物在乳化的水滴表面生成，水合物颗粒尺寸较小，阻聚剂分子会吸附在水合物颗粒表面 [图6.22(d)]，阻碍水合物与水滴之间的相互作用，增强了水合物颗粒的抗润湿性，颗粒间疏水性较强，限制了液桥的形成，减弱了液桥的作用；会改变水合物颗粒结构形态，形成界面膜，减小颗粒表面粗糙度 [图6.22(e)]；水合物是在乳化更充分的油相中更小的液滴表面生成，系统内的比表面积增加，气液接触更充分，减少了形成液桥所必需的未转化水量，使得水合物颗粒能在液相中均匀分散 [图6.22(f)]。

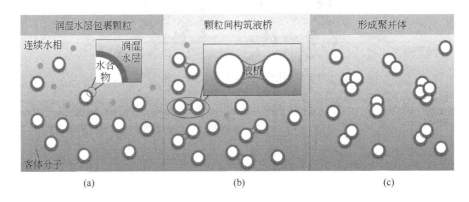

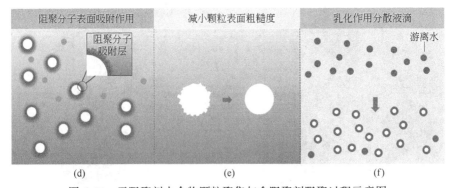

图6.22　无阻聚剂水合物颗粒聚集与含阻聚剂阻聚过程示意图

实际上，各类阻聚剂，因其组成不同、结构不同，其阻聚作用机制也有区别。除了上述强吸附、乳化的阻聚作用外，还包括空间位阻、胶束作用、疏水作用、界面属性改变等。

6.3.2.3 阻聚剂性能评价

根据阻聚剂的功能，显而易见：具有良好阻止水合物颗粒间聚并黏连、水合物颗粒与管壁黏附沉积的阻聚剂性能更好。图 6.23 展示了性能好的阻聚剂的从微观表现（Chen 等，2013）。若加入阻聚剂后生成的水合物分散成细小颗粒状或浆态，系统分散性良好，则认为其阻聚剂性能较好；否则，若水合物颗粒聚集成块或发生沉积，则认为该阻聚剂性能较差。

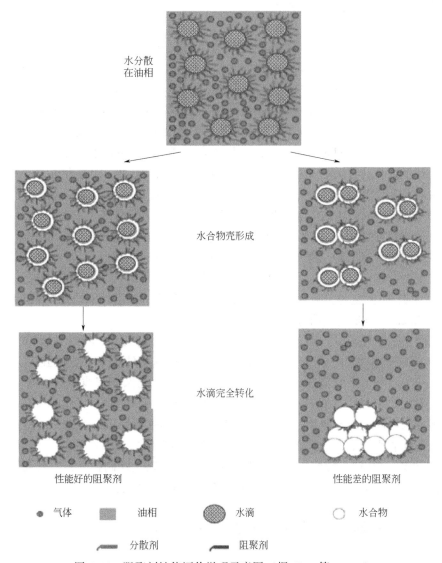

图 6.23　阻聚剂性能评价微观示意图（据 Chen 等，2010）

水合物高压、低温的热力学条件，使高压透明蓝宝石釜成为用于宏观直观分析阻聚剂性能的最佳设备。通过在水合物生成反应釜或反应环道，加装具有微观可视的监测设备（FBRM 或 PVM 等），直接分析加入阻聚剂体系内水合物颗粒的分布、影像及形态等信息，可谓是一种更为科学的评价阻聚剂性能的方法（Chen 等，2013）。但是，大多数情况下，应用非可视、且无微观监测手段的实验设备时，只能借助各自设备的特点，通过间接地分析水合物浆液黏度特性、流动特性等，来评价阻聚剂性能。比如，水合物浆液的黏度低、流动性好，说明测试阻聚剂的性能良好。

实际上，影响阻聚剂性能的因素较多，与流体组成及属性、流动工况、加注浓度等密切相关。因此，实际应用过程中还需要考虑经济成本、环保因素等多方面问题，深入分析影响阻聚剂性能的各因素，在工程应用前应根据实际条件优选出适宜的阻聚剂。

6.3.2.4 阻聚剂现场应用现状

相对于动力学抑制剂而言，阻聚剂的现场应用测试较少。国际上，IFP 首先开展阻聚剂测试，在 1998~1999 年对 Emulip 102b 进行了两次现场试验。IFP 认为第一次现场试验是成功的；但是，第二次现场应用，Emulip 102b 仅在较短时间内起作用，导致管线堵塞，且水合物沉积于上管壁。这是因为在现场应用过程中，流体的流动为层流，气相中没有 Emulip 102b。IFP 认为该问题可以通过非层流流动克服（较大的液体体积和流量）。

1999 年至 2002 年，Baker Petrolite 在墨西哥湾多区块对 Shell 研发的水溶性四元阻聚剂实施了多次现场试验。首次测试实验是在 1999 年，并取得成功。2002 年在 Popeye 油气田，采取连续注入该阻聚剂的现场应用。自此以后，AA 应用的案例在墨西哥湾较多。例如，2002 年至 2003 年 Exxon Mobil 运营的 Diana 油气田输油管线测试了 Baker Petrolite 的 AA。2003 年，墨西哥湾某油井，在停车和重启时没有实施注醇保护，曾被水合物堵塞；随后，在油井重启前注入阻聚剂后，再未发生堵塞。2002 年 9 月，向墨西哥湾一条 6in 的海底管线连续注入阻聚剂，在 -3.9℃ 下水合物生成区域运行，没有水合物堵塞问题出现。从 20 世纪 90 年代中后期到 21 世纪初，荷兰，英国，新西兰对 Shell 的油溶性双链尾四元 AA 进行了现场试验，如 Shell K7-FB 油气田等。

国内的阻聚剂的现场试验则较少，主要的测试由中海油研究总院领衔，测试由中国石油大学（北京）陈光进课题组研发的阻聚剂，在某井 1# 输送管线长 0.75km 的测试期间，管线出现了多次压力显著下降的情况，需要不停地降压排液才能保证管线不被堵塞；在井 2# 输送管线长 2.6km 的测试中，在几次降压排液后，能保证随后 4~5d 正常运行。

尽管阻聚剂的性能并不取决于过冷度，特别的系统内含水量低于 50% 过冷度极高的情况下，其经济性能优于动力学抑制剂。但是，阻聚剂也会因体系含水量过高，流动速度过低而失效（宫敬等，2016）。因此，要在工业中推广水合物风险控制技术，不仅需要在实验室内开展不同尺度的实验研究，更需要在工业现场的多变的实际运行工况中不断测试完善。

6.3.3 水合物浆液流动特性及堵塞风险评估

不论是无添加剂水合物浆液冷流技术，还是加注阻聚剂的水合物浆液输送技术，保障无水合物颗粒间黏连聚并、无水合物颗粒与管壁的黏附沉积，是保障水合物浆液具有良好输送特性，降低水合物堵塞风险的关键。输送具有良好流动性的水合物浆液，须掌握其流动的黏度特性和阻力特性；降低水合物堵塞风险，须能及时评估其颗粒聚并、黏附沉积的堵塞风险。如此，才能使无添加剂水合物浆液冷流技术或加注阻聚剂水合物浆液输送技术应用于混相集油系统中风险控制水合物堵塞。

6.3.3.1 水合物浆液流动黏度特性

水合物浆液流动黏度特性受控因素多，包括：温度、压力、流速、剪切速率、含水率、颗粒体积分数、颗粒直径、颗粒变形性、颗粒间的黏滞力和油气体系表观黏度等。结合高压流变仪与环道两种实验方法，可以获得对水合物浆液黏度特性更为全面的了解和研究成果。

尽管研究者所实验用水合物客体分子不同，实验设备和实验条件不同，但是大部分实验现象均表明天然气水合物浆液具有剪切稀释特性（宫敬等，2016）。Turner 等（2005）和 Yang 等（2004）分别用 Fann35A 黏度计和 ExxonMobil 环路装置测定添加阻聚剂的水合物浆液黏度测试结果，表明悬浮液黏度与水合物颗粒体积分数和剪切率有关，且具有剪切稀释性；当体积分数较高时，浆液还表现出具有明显的屈服应力；尽管，体系添加了阻聚剂，但是在一定剪切率下，水合物的体积分数达到某临界值时浆液的黏度会突然显著增大，这种现象表明了水合物颗粒本身的聚结性质对水合物浆液的黏度存在很大影响。根据 Schuller 等（2005）使用 Physica UDS200 和 Physica MCR500 流变仪测量的北海原油体系内形成的水合物悬浮液的流变性，可知水合物浆液不仅具有剪切稀释性和屈服特性，还表现出一定的触变性；当水合物浆液的弹性模量大于黏性模量时，水合物颗粒间相互作用力很强。

所以，水合物颗粒在流动过程的聚集是导致液相体系黏度增加的主要因素，水合物浆液的黏度与含水率和流速相关。总结了研究者们应用不同的实验装置、实验方法及理论分析，所获得的天然气水合物浆液的相关预测模型，列于表 6.2。不论是以本构方程为基础，还是结合经典的硬质球悬浮液的有效介质理论，水合物体积分数和油气黏度特性，是建立水合物浆液黏度预测模型的关键参数。特别的，将 Einstein 黏度定律推广应用到更高浓度的悬浮液体系中，应考虑颗粒级配、体积分数、颗粒间作用力和表面特征等因素的影响。

表 6.2 典型天然气水合物浆液预测模型（据宫敬等，2016）

理论	经验相关式
Bingham 模型	$\tau_{\mathrm{w}} = 10^6 \dfrac{\mu_{\mathrm{o}}}{1-1.94\varphi_{\mathrm{s}}} \left[\dfrac{F\varphi_{\mathrm{s}}}{1-(1-F)\varphi_{\mathrm{s}}} \right]^3 \Big/ [1-1.94(1-F)\varphi_{\mathrm{s}}]$ （Nuland 等，2005）
Power Law 模型	$\mu = [(4761.9\phi)-428.6]\mu_{\mathrm{o}}\dot{\gamma}^{1/[1+14.29(\phi-0.09)]-1}$ （Nuland 等，2005）
	$\mu = \exp(-4.7798+0.2777\varphi_{\mathrm{s}}+24.3751\varphi_{\mathrm{s}}^2)\dot{\gamma}^{-0.4352\varphi_{\mathrm{s}}-3.2395\varphi_{\mathrm{s}}^2}$ （Yan 等，2014）
有效介质理论	$\mu = \mu_{\mathrm{o}} \dfrac{1-\varphi_{\mathrm{eff}}}{\left(1-\dfrac{\varphi_{\mathrm{eff}}}{\varphi_{\mathrm{max}}}\right)^2}$，$\varphi_{\mathrm{eff}} \approx \varphi\left(\dfrac{dA}{dp}\right)^{(3-f_{\mathrm{r}})}$ （Camargo-Palermo，2002）
	$\mu = \mu_{\mathrm{o}}\left\{1-\dfrac{\varphi_{\mathrm{eff}}(\varphi_{\mathrm{H}},\ \varphi_{\mathrm{W}})}{\dfrac{4}{7}}f_1(N_{\mathrm{num}},\ N_{\mathrm{stir}},\ \phi)f_2(N_{\mathrm{Re}},\ N_{\mathrm{We}})\right\}^{-2.5}$ （Shi 等，2016）

注：τ_{w} 为壁面处剪应力，Pa；φ_{s} 为固相体积分数；μ 为表观黏度，Pa·s；F 为无量纲参数；μ_{o} 为油相黏度，Pa；φ_{eff} 为水合物有效体积分数；φ_{max} 为最大水合物体积分数；γ 为剪切速率，s^{-1}；γ_{o} 为制备乳状液时的剪切速率，s^{-1}；ϕ 为含水率，%；fr 为分形维数；dA 为水合物聚集体直径，μm；dp 为水合物颗粒直径，μm；f_1、f_2 为无量纲参数 N_{num}、N_{stir}、N_{Re}、N_{We} 的函数。

基于高压流动仪和高压流变环道（图 6.7），宫敬课题组开展了赋存蜡的水合物浆液黏度特性研究，指出油基体系内析出蜡晶不会改变水合物浆液剪切稀释性的属性，并建立了基于有效介质理论的黏度计算模型（Shi 等，2018）以及与"双峰"模型相结合的黏度计算方法（柳扬，2019）；借助环戊烷研究含蜡水合物浆液黏度测试，可知含蜡环戊烷水合物具有屈服特性，且屈服应力随着含蜡量的增大而增大，析出蜡晶的空间网络结构、水合物颗粒间液桥以及体系内自由水聚并是导致含蜡体系水合物具有屈服强度的原因（陈玉川，2021）。

因此，不论是利用流变仪还是实验环道的实验数据，研究水合物浆液黏度的特性及建模时，要关注检测系统内水合物浆液的稳定性与均匀性，均应关注加入阻聚剂的水合物浆液体系中未转化水的作用，要考虑水合物颗粒在悬浮主油相中的动态碰撞、黏连聚并、剪切破碎等现象，要分析水合物浆液的屈服、触变性、黏弹特性等流变性。充分分析水合物浆体流动过程中微观颗粒随时间变化特性对流动的影响规律，查明颗粒在其中的微观机制和宏观作用，是准确模拟预测水合物浆液流动黏度特性的基础。此外，模型的适应性和精度，有待依托大量实验测量和对微观颗粒间相互作用认知的提升而完善。（Shi 等，2021）。

6.3.3.2 水合物浆液流动阻力特性

掌握水合物浆液流动阻力特性，是实现混相集油系统高效输送的关键。根据高压环路水合物生成流动实验，观察到随着水合物浆液流速由小到大，水合物颗粒的分布形式依次为沉积床、移动床和悬浮分散状态（图 6.24）。这表明在水合物浆液流动过程中，必然存在一个临界流速，可以保证浆液以非沉积形式存在，可将该流速定义其为临界悬浮流速（宫敬等，2020）。当水合物浆液流速低于临界悬浮流速时，水合物浆液中水合物颗粒的固体特性不能忽视。

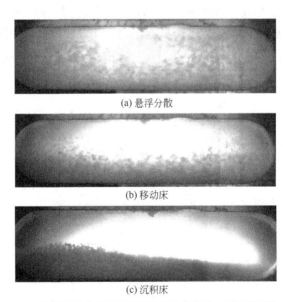

(a) 悬浮分散

(b) 移动床

(c) 沉积床

图 6.24　水合物浆液在不同流速下的流动形态（据宫敬等，2020）

若混相集油系统中，不存伴生气，且水合物颗粒流动速度大于其临界悬浮流速时，水合物颗粒才能保持被液相夹带呈现浆液良好的流动状态，可将系统内流体流动简化为"拟单相水合物浆液流动"；若存在伴生气，则可简化为"气相—水合物浆液两相流动"；尽管体系中加注了阻聚剂，当水合物浆液流速低于临界悬浮流速时，水合物颗粒间的黏连聚并、与管壁的黏附沉积不可避免，则可简化为"气相—水相—油相—水合物相多相流动"。水合物颗粒存在导致体系物性参数的变化，决定了混输管道水合物流动阻力特性研究的复杂性。

以拟单相的方法研究水合物浆液流动阻力特性相对简单，是常用的研究方法。Peysson 等（2003）依据 IFP-Lyon 环道测量的拟单相水合物浆液流动实验数据，反算流体摩阻系数分别为 0.011（含水率 10%）、0.0105（含水率 20%）和 0.013（含水率 30%），并提出：一方面，受流体流动所引起摩擦阻力，可由单相液体流动摩阻计算式给出；另一方面，由于水合物颗粒存在导致的摩阻系数，可由与颗粒大小、颗粒密度、颗粒体积分数和流速相关的函数计算。Joshi 等（2013）认为水合物浆液流动阻力呈现初始稳定、而后急剧增大、最后压降波动较大的三个阶段。宫敬课题组在中国石油大学（北京）的高压流动实验环路中开展了一系列含阻聚剂的水合物浆液拟单相流动实验（宫敬等，2016；2020）。丁麟（2018）基于 Peysson 等（2003）水合物浆液摩阻计算方法，引入因碰撞黏附在水合物聚集体中包裹的未转化水的体积量，并耦合了水合物颗粒微观弦长特性，完善了因水合物生成引起的额外摩阻系数的计算方法。陈玉川（2021）考虑水力摩擦、水合物颗粒聚并后与管壁的碰撞摩擦、水合物颗粒与液相间的摩擦引起的能量耗散，建立了可预测纯水体系内水合物生成中的浆体流动摩阻压降预测模型。

以气—液两相研究方法，分析水合物浆液的流动阻力更加贴近流体的实际情况。Zerpa 等（2013）和 Rao 等（2013）建立气相—水相—水合物相的段塞流动模型，应用该模型模拟海底管道流动，表明水—水合物相间的滑移越大，会导致更多的水合物颗粒聚集。宫敬等（2016）课题组一直致力于气—水合物浆液两相的流动阻力特性与机理模型的研究：根据高压环道的加入阻聚剂的水合物浆液流动实验，史博会（2012）提出了判别气—水合物浆液分层流型的不稳定准则，并基于双流体模型、耦合水合物壳双向生长模型提出了气—水合物浆液两相流动的机理模型。丁麟（2018）基于高压含阻聚剂的水合物浆液环道实验，分析水合物作为固相存在对流型图的影响：水合物固相颗粒的存在，会压缩分层流流动区域，使分层流边界向低气液相流速方向偏移（图 6.25 中①）；增强段塞流的流动趋势，使管内流体更易从分层流转变为段塞流（图 6.25 中①）；同时，降低了环状流和波浪流的临界气速，使管内更易形成环状流和波浪流（图 6.25 中②）；使段塞流与气泡流的转换边界向折算液

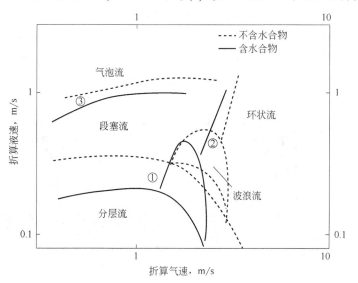

图 6.25　水合物生成前后气浆流型图对比（据丁麟等，2018）

速较低的方向偏移（图6.25中③）。宋尚飞（2020）从水合物颗粒分散相特性出发，依据粒径对水合物颗粒进行分类处理，结合水合物生成/分解动力学模型，应用欧拉—拉格朗日法模拟水合物颗粒的个数、粒径以及运移规律，耦合双流体模型和温度方程，建立了适用于油基体系的水合物浆液多相瞬态流动机理模型。

当水合物浆液流速低于临界悬浮流速时，水合物颗粒壁面沉积引起的阻力增加不可忽视。为此，宫敬课题组借鉴经典固液三层流动模型，引入水合物固体颗粒亲水特性所引起的聚并和剪切的作用，耦合水合物浆液黏度及阻力特性显著增加的影响，假拟水合物在油气管道内生成后，呈现非均质层、移动层及静止层三种流动形式，建立了水平管内水合物浆液固液流动机理模型（操泽，2016）。未来只有深入理解水合物聚集体的微观聚并剪切特性及固液流动与壁面的干摩擦、湿摩擦特性，才能更加准确地理解固浆液流动机理，从而建立和完善更加贴合工程实际的含水合物多相流动的流动机理模型。

由于多相流动本身的复杂性，加之水合物颗粒生成微观特性的未知性，且研究涉及流动、化学、界面作用等多学科的知识，导致水合物浆液阻力特性研究仍处在初级探索阶段。以实验环道测试规律研究和理论机理探索为基础，通过不同程度的简化思路而开展的一系列水合物浆液流动阻力特性研究，仍需要不断深入与改进，以期建立符合混相集油系统水合物浆液流动真实规律的阻力计算模型。

6.3.3.3 水合物颗粒聚并沉积规律

混输集油管道内的水合物堵塞过程涉及复杂的相变、聚并和流动剪切，具有显著时变性及规律性不强等特点。掌握水合物在油气管道中的沉积黏壁、聚并堵塞机制，对有效防控油气管道输运中水合物堵塞的形成具有重要意义，同时也是实现安全、快速移除管道内冻堵的重要理论基础，更是实现管道水合物堵塞的状态的定量表征，基于可靠性理论预测水合物堵塞概率评价"冰堵"风险的关键。

宫敬课题组借助高压水合物实验环道PVM获取的微观颗粒聚集数据，捕捉了流动体系中水合物颗粒聚并的实验现象（图6.26），验证了颗粒间聚集对混相集输系统中水合物生成及堵塞的重要性。在油包水乳状液体系中，水合物颗粒被观察到在水滴表面结晶、成核、成壳，但是该过程具有随机性，水滴的转化率、成壳水合物颗粒的结构形状及大小等，均与实验的工况及流动条件相关，且水合物颗粒间、未转化水滴间的碰撞、破碎、聚并等现象更加多样且复杂（吕晓方，2015）。而游离水对水合物颗粒润湿的液桥、毛细管力的烧结作用是水合物颗粒间黏连聚并、与管壁黏附沉积的主要原因。

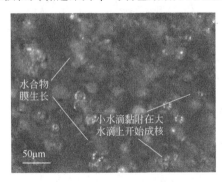
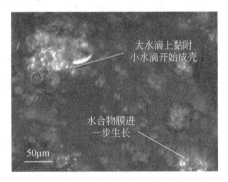

图6.26　PVM记录水合物生成后水合物在油水界面处成核、成壳过程微观视图（据史博会等，2018）

高压水合物实验环道宏观视窗观测、浆液密度测量与 PVM 获取的微观颗粒聚集数据表明，多相管流的流动剪切相互作用下，水合物壁面沉积存在四阶段历程，分别为：水合物颗粒形成初始沉积、水合物沉积层脱落、液相中水合物颗粒再沉积、水合物沉积层老化。摄像机捕捉到的水合物沉积过程不同阶段的图像，如图 6.27 所示。Ding 等（2017）首次提出了以浆液密度变化反应水合物沉积率的定量分析方法，指出水合物沉积受系统驱动力、含水量、流动剪切率以及管壁表面特性和加剂量所控制。在较低温度、较高压力、较低流速（流动剪切率小于 600L/s）、较低含水、较高加剂的情况下，水合物沉积率更低。其中，流速对沉积的影响，还表现在当流动剪切率高于 650L/s 时，水合物沉积量随流速增加而减小。通过对各影响因素的分析，总结得出水合物沉积过程的影响因素主要有：水合物生成驱动力、体系中黏连水的量、水合物颗粒以及壁面的表面性质（或阻聚剂浓度）、管壁表面的传质系数以及流动剪切率。各因素的作用机理，如图 6.28 所示。尽管该研究对水合物的沉积过程进行了划分并提出了沉积量的定量计算方法，但并不能实现对水合物沉积量的前期预测，因此探究水合物沉积本征机理，建立精确的水合物沉积预测模型是未来的研究方向。

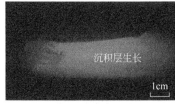  

(a) 初始沉积后沉积层生长　　　　(b) 水合物沉积层脱落　　　　(c) 再沉积后老化的沉积层

图 6.27　摄像机捕捉到的水合物沉积过程不同阶段的图像（据丁麟等，2018）

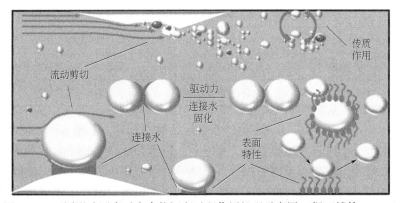

图 6.28　不同影响因素对水合物沉积过程作用机理示意图（据丁麟等，2018）

6.3.3.4　水合物浆液堵塞风险评估

根据前述对水合物堵管机理认知，水合物的体积分数的增加都是引起水合物堵管所要考虑的主要因素。因此，宫敬课题组首次将可靠性理论引入管道水合物"冰堵"风险评价中，建立了以水合物体积分数为判定条件的极限状态方程，考虑水合物结晶诱导期影响和管道运行参数的不确定性、耦合气浆、固浆流动机理模型，应用 LHS、POD 方法快速求解算法，实现了水合物堵塞风险的概率表征（阮超宇，2017）。

图 6.29 为水合物浆液管道堵管概率论及稳定运行等级划分图，给出了水合物堵管风险随时间和里程的变化数据，结果表明在初始时刻管道的堵管概率较低，随着时间的增加，管道同一位置的水合物堵塞概率也逐渐增加。结合图 6.29 所示的水合物堵管概率计算结果，给出了水合物浆液管道稳定运行安全评价等级划分（表 6.3），从水合物堵塞概率的角度评价水合物管道稳定运行的风险。

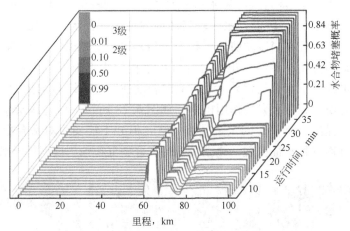

图 6.29　水合物浆液堵管概率及稳定运行等级划分图（宫敬等，2020）

表 6.3　水合物浆液稳定能行安全评价等级划分（据宫敬等，2020）

等级	定量准则	定性准则	状态描述
1	$P \in (10^{-1}, 1)$	水合物堵塞概率极大	管道运行不安全，需立即采取措施
2	$P \in (10^{-2}, 10^{-1}]$	水合物堵塞概率较大	管道运行可能不安全，需采取措施
3	$P \in (10^{-3}, 10^{-2}]$	水合物堵塞概率一般	需注意监控运行情况
4	$P \in (10^{-4}, 10^{-3}]$	水合物堵塞概率较小	管道运行出现异常概率较低
5	$P \leqslant 10^{-4}$	水合物堵塞概率极小	管道基本可安全运行

图 6.29 中以不同颜色区分了该管道的安全运行状态评定。数据表明：随着时间的推移，在管道末端发生水合物堵管的概率更大。实际上，以水合物堵塞概率为指标的评价标准，比以水合物生成概率为指标的标准更为严苛，可接受的概率更小。这是目前能够定量评估准稳态水合物浆液流动过程中水合物堵塞风险的雏形。未来仍需以瞬态流动模拟为基础，开展停输再启动等非正常工作工况下的水合物堵管风险概率评价研究，从而对更加贴近工程实际、易于发生水合物堵塞的瞬态工况进行安全等级分类。

6.4　混相集输系统水合物生成/堵塞的监控与管理

在混相集输系统中，无论采取传统防控水合物生成的技术、还是选用风险控制水合物堵塞的方案，严密有序、实时监控是现场能及时预警水合物生成，避免严重的系统堵塞事件的发生的关键。同时，应特别关注易于水合物生成而引发系统堵塞的瞬态和异常工况，包括启动、紧急停输、停输后再启动、注醇系统失效、节流加热系统或保温绝热系统故障等。

严密有序、实时监控不仅需要强有力的参数检测、存储、分析的数据平台，更需要有熟悉系统结构、流体属性、输送环境的专门工程技术人员。与此同时，混相集输系统的流动保障，不仅需要程序化方案设计，更须具有应对紧急工况的预案机制。

6.4.1 监控水合物生成/堵塞平台数据

工程现场，多以传统防控水合物生成技术，作为混相集输系统的流动保障措施。需要保证系统的运行工况在水合物生成区域以外。所以，关注系统关键设备、易于生成水合物的管段的温度、压力，就是监控水合生成/堵塞平台的关键数据。

但是，对于混相集输系统而言，不是所有位置均设有温度、压力监测与传感设备。因此，开展混相集输系统工艺模拟，就显得尤为重要。国际上，被广泛应用的软件包括斯伦贝谢公司的 OLGA®、康士伯公司的 LedaFlow®，能够实现混相集输系统管路、设备的工艺模拟和流动保障分析。宫敬课题组研发的 MPF，针对深水油气开发所面临的流动保障问题，能实现对各种油气混输管道及管网的流动过程的模拟，并能基于此来实现对井口产量的虚拟计量（宫敬等，2016）。

与此同时，时刻关注系统的产水量也是非常必要的。若采取加热/保温输送，防控系统中水合物生成，产水量的增减与流体的传热系数相关，需要及时根据产水情况调整控温，以期做到最大限度的节能降耗。若采取注醇防控措施，则需要随时根据产水量确定实际的注醇量，以保证系统内游离水相中含醇浓度，满足使系统工况不在水合物生成区域的最低值要求。若采取低压集输工艺，需要根据产水量控制系统的压力范围，保证井口产量在高效、安全的输送范围内。

若混相集输系统在正常工况范围内运行，则系统的温度、压力、产水量均在可控范围内。若在瞬态和异常工况下，工程技术人员要具备能根据系统压力异常，及时预警系统内水合物生成或堵塞的发生。具体判定原则（Sloan 等，2010），如下：如果系统压力异常下降，这意味着水合物堵塞有可能发生在该监测点的上游；反之，如果监测到系统的压力异常上升，这意味着水合物堵塞有可能发生在该监测点的下游。

图 6.30 为典型海上油气开发的简易工艺流程，其中标注压力表的位置是常规海上混相集输系统的压力监测位置。表 6.4 展示图 6.30 中所示位置的堵塞，系统所设监测压力表数据与正常工况相比的变化信息。以位置 1 发生水合物生成/堵塞为例分析，此时处于位置 1 上游的井底压力 p_1 会显著增高，而处于位置 1 下游的压力点油嘴上游 p_2、油嘴下游 p_3、汇管 p_4、平台顶部 p_5 都会显著下降。

表 6.4　水合物堵塞监测点压力信息（据 Sloan 等，2010）

水合物生成/堵塞位置	位置 1	位置 2	位置 3	位置 4
井底压力 p_1	增加	增加	增加	增加
油嘴上游压力 p_2	下降	增加	增加	增加
油嘴下游压力 p_3	下降	下降	增加	增加
管汇压力 p_4	下降	下降	下降	增加
立管顶部压力 p_5	下降	下降	下降	下降

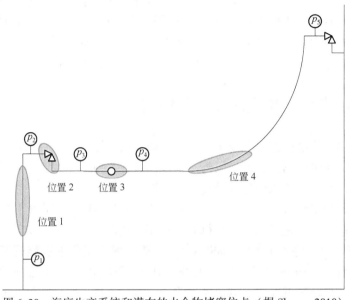

图 6.30 海底生产系统和潜在的水合物堵塞位点（据 Sloan, 2010）

若能获得更多的现场监测位点压力、温度等信息，则越有利于工程技术人员根据数据及时判定水合物生成/堵塞的位置，以便及时采取应急预案，实施流动保障的补救措施，保障生产正常运行，避免系统发生难以控制的安全事故。随着数字化、信息化的不断深入，借助智能化的软件研发，通过程序化的、智慧化的方式，协助工程技术人员进行在线混相集输系统水合物生成/堵塞的监控是未来研究的方向。

因风险控制水合物堵塞技术应用的风险控制尚需深入研究，动力学抑制剂、阻聚剂的工业化研发测试尚需更多的研究工作，该技术在工程现场的推广应用时机尚未成熟。一旦风险控制水合物堵塞技术应用的关键问题得以突破，该技术监测的关键参数，将是依据工程应用场景中参数基础分析预测得到的动力学抑制剂加注条件的水合物生成动力学成核诱导期、在无添加剂或阻聚剂加注条件下浆液中水合物生成量及生长速率。在此基础上，需要建立能将多相瞬变与水合物生成颗粒的微观碰撞、黏连、聚并、破碎、黏附、沉积耦合起来的模型，来便捷地评估混相集输系统的水合物堵塞风险（Shi 等，2021）。

6.4.2　流动保障方案及应急预案

流动保障方案是应对正常工况的操作程序。为了应对工程现场各类异常工况，制定对应的应急预案对确保安全生产意义重大。制定便于现场操作的、安全便捷的流动保障方案，不仅要有工程设计人员的参与，更需要具有现场操作经验的技术人员参与。与此同时，对于上岗的担任流动保障任务的工程技术人员，参加流动保障应急管理培训是确保混相集输系统安全生产的必修课。

编制流动保障操作规程的特定工况，包括：井启动、井停输、测井、水下生产系统启动或停输、系统放空、平台系统启动、平台系统停输等。在启动过程分析中，需要确定注醇量，关注安全的停输时间。在停输过程中，是否需要注入足量的醇以替换管道内易于生成水合物的流体。对于具体的注醇操作流程，需要细致到开阀次序，注入量等信息，力争简明扼要，重点突出。因此，任意一个完整的详细的水合物防控操作指南，均需要具体到每个独立的系统。在制定具体流动保障操作规程前，需要对系统本身的水合物风险进行评定，制定降低系统水合物生成与堵塞风险的策略，对关键设计参数进行详细的分析评估。

以某个停输时间很长的冷井启动为例，其操作流程需要必备以下六个环节：

（1）概述。

（2）操作的主要风险。

（3）其他安全环境等应关注的问题。

（4）相关文档与资料，包括工艺和仪表图（process and Instrument diagrams，P&IDs）、工艺流程图（process flow diagrams，PFDs）等。

（5）操作流程可以实施的先决条件。

（6）带有监控备注的逐步可实施的模块化操作流程细则，例如：该操作后压力、温度、流量如何变化，如果变化与计划不符如何调整，等等。

以图 6.31 所示的油基井下系统为例（Sloan 等，2010），该井在稳产时在绝热材料下可保证系统温度不在水合物生成区域。但是，该井已经停输至少大于 4 周的时间，井内温度梯度与环境已经一致。在实施启动前，须确定系统最大压力和运行压力下的水合物相平衡温度。

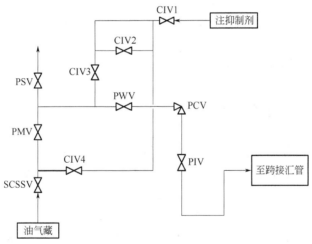

图 6.31 某典型海底生产系统工艺流程图（Sloan 等，2010）

该井启动前的检查程序包括：

（1）相关阀位处于关闭状态，包括 SCSSV、PMV、PSV、PWV、PCV、PIV、CIV1、CIV2、CIV3 和 CIV 4；

（2）检查注入的热油温度（在 76.7℃以上）；

（3）检查注醇设备的功能状态；

（4）储备了充足的甲醇；

（5）平台接收管汇与该井完成对接；

（6）平台选定立管收集该井井流。

该井启动的操作程序为：

（1）通过清管球循环热油，直到系统温度高于 76.7℃；

（2）注入甲醇平衡采油树的阀门压力，开启 SCSSV、PMV 和 PWV 阀门；

（3）通过开启阀门 CIV1、CIV3 和 CIV4，在 SCSSV 和 PCV 上游开始注入甲醇；

（4）开始注入沥青质抑制剂、结垢抑制剂、腐蚀抑制剂等；

（5）根据井口升压计划，打开 PCV 节流器，使井口达到全产量；

（6）当节流阀 PCV 上游温度满足大于运行压力下的水合物生成温度，停止注入甲醇；

（7）监控流体流速和到达平台后的温度，确保其高于水合物生成温度；

（8）如果油流到达平台的温度过高（例如，接近 105.6℃），调整平台背压为 4.1MPa，同时调整井口节流器 PCV 阀位；

（9）如果通过立管后流体到达平台出现段塞，则通过平台节流器调整立管背压；

（10）当井产量达到计划值，且油流在海底系统到达立管尾部的温度在 54.4~105.6℃，可以停止注醇，开始水下正常生产作业。

6.5　混相集输系统水合物生成防控案例分析

在工程应用中，混相集输系统应用传统防控水合物生成技术应用最多，而风险控制水合物堵塞技术尚未被全面推广应用。不同油气藏水合物生成防控措施，会因实际情况而具有其各自的特点。本节将总结不同的陆上混相集气系统、海上混相集输系统中所选用的传统防控水合物生成的流动保障技术的应用，以便更好地理解如何根据矿藏流体物性、工况实际、环境属性来确定适宜的传统防控水合物生成的技术。

6.5.1　陆上混相集气系统

在陆上混相集气系统中，是选择加热或是保温、还是注醇防控、抑或是低压集输、还是多方案联用的传统防控水合物生成的技术，不仅需要结合工艺方案进行经济对比，还需要对其他诸如安全环保、防腐实用、循环利用、操作维护以及对处理厂的生产影响等情况进行综合考虑（陈赓良，2004）。表 6.5 总述本节所列气田所选用的防控水合物生成技术的案例情况，其中注醇方法应用较多，其次是加热和保温的措施，井下节流技术作为低压集输的工艺被更多新气田的开发所应用。

表 6.5　混相集气系统防控水合物生成技术案例汇总

气田	防控技术			
普光气田	排液管电伴热	管道保温	—	—
克拉 2 气田	—	—	井口移动注醇备用 处理厂节流前注乙二醇	—
2005 年后苏格里气田	—	—	橇装移动注醇备用	井下节流 低压集输
大牛地气田	—	—	计量泵注醇	—
川西气田	—	—	泡排车注醇	井下节流 低压集输

气田	防控技术			
榆林气田	—	—	注醇泵	—
大北气田	加热炉	管道保温	—	—
四川富顺页岩气田	二级节流前加热	管道保温	一级节流橇装注入	—
延长气田（中压集气）	—	—	注醇管线	井下节流低压集输
鄂尔多斯东缘临兴	节流前加热	管道保温	—	—

6.5.1.1　榆林气田注醇防控水合物生成技术应用

榆林气田位于鄂尔多斯盆地，采用了多井高压集气低温分离工艺流程，应用井筒、采气管线和集气站节流前注醇的措施，防控水合物生成（刘子兵等，2003）。王永强等（2007）根据榆林地区各井场的实际运行数据，优化了需注甲醇量，如表6.6所示。可将榆林气田的注醇量，从2005年的52L/（10^4m³）下降到38L/（10^4m³），不仅节约了甲醇用量，同时也降低了开发成本。

表6.6　榆林气田甲醇注入量（据王永强等，2007）

井号	油压 MPa	进站温 ℃	日产气 10^4m³	日产水 m³	水合物温度 ℃	温度降 ℃	质量浓度 %	甲醇液相中损失 mg/m³	甲醇气相中损失 mg/m³	甲醇量 L
榆49-38	14.8	16	5.6839	0.496	20.7	4.7	10.4	121.2	3657.5	271
榆34-15	16.4	18	6.5050	0.388	21.2	3.2	7.4	57.0	2615.5	219
陕209	18.2	16	3.3953	0.312	21.9	5.9	12.7	160.9	4469.8	198
榆44-8	13.9	15	2.9567	0.519	20.4	5.4	11.7	280.2	4130.2	164
榆46-12	13.4	16	3.0086	0.525	20.2	4.2	9.4	216.4	3310.5	134
榆49-6	19.8	19	3.3019	0.378	22.4	3.4	7.8	115.9	2756.0	120
榆45-18	13.6	18	4.3848	0.298	20.3	2.3	5.3	45.1	1866.2	106
榆50-5	15.6	17	2.2913	0.352	21.0	4.0	8.9	179.9	3145.0	96
榆49-7	19.8	17	1.6363	0.212	22.4	5.4	11.8	209.4	4174.3	90

6.5.1.2　克拉2气田注醇防控水合物生成技术应用

克拉2气田位于新疆塔里木盆地拜城县境内。该气田集输管路没有水合物生成危险。原因是在气田生产中前期，井口节流前气流压力为58MPa，温度70～85℃，经节流至12.2～12.4MPa后，温度降为47～48℃，输送至中央处理厂温度在45～46℃；且在气田生产后期，井口气流温度仍高达77℃左右，井口定压开采压力为4MPa，属低压集输。经集气管道输到中央处理厂仍能达到73℃左右（汤晓勇等，2006）。但是，考虑到气井投产及停输等非正常工作下的水合物冰堵问题，在井口设置了注醇接头，配备了移动注醇车。

克拉2气田第一处理厂，设计有6套具有相同处理能力的脱水脱烃装置，单套装置原料天然气设计日处理量为 $500\times10^4m^3$ ，最大日处理量为 $600\times10^4m^3$ 。原料气在预冷前须注入乙二醇，保证脱水脱烃过程无水合物生成，乙二醇通过精馏法再生重复使用。蒋洪等（2008）以单套气体日处理量按 $500\times10^4m^3$ 为例，在保证注入乙二醇贫液的节流后温度比水合物生成温度高 $5℃$ ，且保证乙二醇富液处于非结晶区域（浓度在 $60\%\sim64\%$ ），优化乙二醇注入量，须注入贫液乙二醇浓度为 85% ，注入量见表 6.7，相比于低浓度 80% 乙二醇的注入量会减少，从而降低乙二醇再生系统的热负荷。

表 6.7 不同处理量乙二醇日注入量（据蒋洪等，2008）

原料气 工艺参数	节流后 工艺参数	乙二醇贫 液液浓度	注醇后水合物 生成温度	不同处理量乙二醇日注入量，m^3			
				500×10^4	450×10^4	400×10^4	350×10^4
11MPa、45℃	8MPa、$-17.25℃$	85%	$-22.27℃$	870	783	696	609
11MPa、45℃	7.5MPa、$-19.73℃$	85%	$-25.0℃$	1000	900	800	700

6.5.1.3 苏格里气田井下节流低压集输及移动注醇防控水合物生成技术应用

苏里格气田是典型的低孔、低渗、致密天然气藏，其地质情况复杂，非均质性强，开发建设难度大，单井产量低，压力递减速度快，稳产能力差，具有低渗、低压、低产、低丰度"四低"特点。平均每 $1\times10^4m^3$ 天然气约可产 $0.02m^3$ 凝析油，属低碳硫比、低含凝析油的湿天然气。随着对苏格里气田的认识的不断深入，刘祢等（2007）对自 2002 年试采至 2005 年正式运营过程中，该气田不断调整现场防控水合物的集输工艺进行分析，总结如下：

2002 年，试采时按照"高压集气、集中注醇、节流制冷、脱水脱油、分散处理、干气输送"的集输工艺模式进行建设，但在生产过程中暴露出以下问题：气井压力下降快，无法满足节流制冷所需的压力能；气井产量低，携液能力差，井口温度低，采气管线频繁有水合物生成；气井间压力差异大，造成系统压力匹配困难；建设投资和运行费用高。

2003 年，为适应中压集气和低成本开发、节能降耗的要求，采用了"井口加热、保温输送、中压集气、分散处理、区域增压"的集气工艺模式，建设了 12 口加密井，同时对原有流程进行了改造。在集气站建设氨制冷装置满足低温脱油脱水需要；在集气站设置天然气增压机组满足低压生产要求；采用中压集气工艺，使水合物冻堵现象大幅减少。

2004 年，随着对苏里格气田地质特点认识的不断深入，明确了采用"集气站和天然气处理厂二级增压外输，采集气系统湿气输送、天然气处理厂集中脱水脱油"的地面集输工艺思路，并提出了"井口加热、低压集气、井间串接、带液计量、湿气输送、二级增压、集中处理"的集输工艺流程。虽然该流程简化了集气管网，但井场工艺仍有待进一步简化。

2005 年，采取了井下节流、简化采气、井间串接采气和湿气带液计量工艺等工业试验，并取得良好效果。由此可知，针对苏里格气田地质特征，经过多年的工业试验和不断优化、创新，最后形成了当前采用的"井下节流、井口不加热、不注醇、井间串接、带液计量、中低压集气、常温分离、二级增压、集中处理"的集输工艺流程。通过井下节流，井口天然气压力一般为 1.5MPa，因而井口不加热，采气管线不保温（采气管线埋设于冰冻线以下）、不注醇。这样就保证了井口和采气管线中不会有水合物生成，并做到了井口无人值守。

但是，值得注意的是因苏里格气田所处区域气温变化大，冬天最低温度达-29℃，而气田又采用湿气集输工艺，为防止冬季环境温度过低导致气井井口和地面管线发生冻堵影响正常生产。根据气井生产情况，在井口或管线发生冻堵时，采用移动注醇车进行注醇，保证正常生产。

6.5.1.4 大牛地气田注醇防控水合物生成技术应用

大牛地气田位于内蒙古毛素沙漠鄂尔多斯盆地塔巴庙区块陆相沉积辫状河沉积亚相，储积层砂体均质低压低渗。气水比20~30，最低气温-20~-30℃，昼夜温差大。大牛地气田集气工艺采用高压集输（15~20MPa），井口温度在-9~20℃。由于管线地处沙漠地带，集输管线长，管线起伏大，集输管线均采取不保温埋地处理，埋深1.5m，地下1.5m平均地温为10.5℃，最低温度为0.5℃。

王宏伟（2007）报道了该气田通过集气站高压计量泵，向管线或套管环空连续或间歇注入甲醇来抑制水合物生成，同时还建设了甲醇回收厂。尽管甲醇有毒，只要保证生产过程处于密闭输送，价格低廉再生工艺简单的注甲醇工艺，已在大牛地气田得到应用。以DK2井参数为例，参数确定了所需注醇量，列于表6.8。

表6.8 DK2井甲醇注入信息表（据王宏伟，2007）

部位	日产水 m³	压力 MPa	温度 ℃	水合物生成温度，℃	要求甲醇浓度，%	理论用醇量 L/d	实际用醇量 L/d
井口	0.2	17.25	10.2	18.72	10	—	—
集气管线始端	0.2	17.25	10.2	18.72	10	—	—
集气管线末端	0.2	17.0	0.0	18.50	33	—	—
节流后	0.2	5.0	-10	7.80	37	117	125

6.5.1.5 川西气田注醇及井下节流低压集输防控水合物生成技术应用

川西气田最初采取的是气井水套炉加热后地面节流低压集输的工艺，但是该方案仅能防止水套炉后集输管线水合物的堵塞，对于井筒和井口到水套炉之间的地面管线的水合物堵塞问题难以防控（邓柯，2007）。

以联益101井（产气量1.07×10⁴m³/d）和联益105井（产气量2.5×10⁴m³/d）间800m的集输管线为例，在没有加热措施的冬季，通常会发生一个月冰堵7~8次的情况。现场后采取对联益101井、联益105环空，利用泡排车采取间歇注醇的工艺，注醇周期为10天，注醇量分别45kg/次（合113元/次）、77kg/次（合193元/次），并配合及时的井筒和地面的排液。能够实现有效地防控管线内水合物堵塞，提高了开井时率，增加了产气量。

针对川孝452井（产气量1.7×10⁴m³/d）、马蓬43井（产气量1.5×10⁴m³/d）等高气藏压力的新气田，邓柯（2007）建议采取井下节流低压集输的流动保障措施，防控井筒和地面管线水合物的生成与堵塞。其中，川孝452井实施井下节流工艺后，油压从11.5MPa下降到3.0MPa，套压仅降低1.0MPa，不仅节流后气井流速增加，还有利于气井排液，能实现气井连续排液。需要注意的是，井口温度随着井下节流器下入深度的增加而增加，井下节流器下入深度越深井口温度越高。

因此，邓柯（2007）推荐川西气田生产年限较长的低压气井、井身结构复杂或井筒内壁较脏的气井，采用注醇工艺防治水合物堵塞；而新投产的高压气井，宜采用井下节流工艺技术防控水合物的生成。

6.5.1.6 普光气田加热保温防控水合物生成技术应用

普光气田的天然气含硫化氢 15.16%，含二氧化碳 8.64%，属于深层、高产、常温、常压、高含硫中含碳的长井段孔隙型碳酸盐岩气藏。为了防止天然气水合物的生成，普光气田集输系统主流程管线采用了保温层保温，在节流前通过加热炉对输送介质加热，以保证输送介质的温度高于该天然气水合物生成温度。例如，冬季 P101 集气站 2020 年 1 月三级节流后气体温度、压力分别为 31.97℃，8.18MPa；二级节流后气体温度、压力分别为 28.45℃，11.81MPa；该运行工况不在水合物生成稳定区域（吴志欣，2012）。

但是，普光气田排液管线管径小（$\phi60.3mm\times6.3mm$）且 90°弯头较多，因间隔作业且部分排液管线无保温层保温，致使排液管线内流体黏度增加、流动性差，在冬季气温较低时，排液管线的温度与环境温度接近，易于生成水合物。针对排液管线的水合物生成的防控，吴志欣（2012）指出不宜采用注醇的方法，建议通过电伴热来防止天然气水合物生成堵塞。

6.5.1.7 大北气田注醇和加热防控水合物生成技术应用

大北气田作为塔里木油田的主要气田，天然气设计年处理规模为 $30\times10^8m^3$，建有 3 套脱水脱烃装置，单套设计日处理能力 $500\times10^4m^3$。内部集输系统采用高压集气、气液混输的方式。气田投产初期及稳产中、后期，各井区部分单井流体温度和集气干气输送温度，均接近或低于水合物生成温度，需采取必要合理的技术措施防止水合物生成并兼顾凝析油防凝。因塔里木气田内部集输系统，常用的防止水合物生成方案是注醇和加热。赵建彬等（2013）针对注入乙二醇和真空加热炉加热两种工艺方案比选，两个方法的优缺点及费用分析见表 6.9。

表 6.9　注乙二醇与加热优缺点及费用对比（据赵建彬，2013）

方案名称	注乙二醇方案	真空加热炉加热方案
优点	（1）单井工艺流程相对简单，管理较方便； （2）可对醇进行回收重复使用； （3）不对管线和设备造成腐蚀； （4）无毒，基本不危害人员健康和环境污染	（1）一次性投资与 2013 年运行费用均低于注醇方案； （2）热量可再回收利用； （3）能防止水合物形成、凝析油凝固； （4）可利用旧试采工程中的加热炉、燃料气橇等设施
缺点	（1）一般考虑气液分输； （2）介质中 Cl⁻ 的存在易使乙二醇再生装置结垢，影响热效率品质； （3）液量太大时，乙二醇再生装置规模、投资及运行费用很大； （4）凝析油可能会凝固	（1）单井工艺流程相对注醇复杂； （2）需敷设燃料气管网； （3）日常维护工作量较大； （4）加热设备需考虑防腐； （5）处理厂需考虑降温措施

方案名称	注乙二醇方案	真空加热炉加热方案
一次性设备费用	含注醇橇、储罐、管线、乙二醇回收装置等，约3040万元	含加热炉、调压阀组、管线等，约1650万元
运行费用	燃料气耗量、乙二醇耗量2013年折现，约2800万元	燃料气耗量2013年折现，约1530万元
总费用（2013年）	约5840万元	约3180万元

经分析注醇方案，需考虑气液分输，注醇量及回收装置规模大，投资运行费用高，夹带的烃液、Cl⁻及其他杂质对乙二醇品质有较大影响，乙二醇再生塔底重沸器管束易结盐；而加热方案不仅能防止水合物的生成，还能有效防止凝析油凝固，且一次性投资与运行费用较低，虽然存在一些设备腐蚀的风险，但结合其他技术特点，赵建彬等（2013）推荐采用加热方案防止水合物生成。同时，考虑到气田生产前期部分单井和集气干线产输量小，从经济性和节能角度考虑，需要增加外保温层，防止流体产生较大温降；否则，需要提高加热炉功率，随之燃料气消耗量也会增加大。

6.5.1.8　四川富顺页岩气田注醇与加热防控水合物生成技术应用

页岩气具有井口分布广、单井产量低、井口节流后压力高的特点。因页岩气开采所处期间不同，井口的压力与产量也会随之变化。李研等（2015）以四川富顺区块为例，介绍了该页岩气区块的水合物防控工艺为注醇与加热联合的防控方法。

该页岩气井处于开井期（2天）的井口压力为70MPa，至反排期（8个月）其压力降至42MPa，到正常生产期（57个月）与生产后期（4年以上）的压力井口压力为7MPa；开井期与反排期的井口产水量大。一般而言，井口工艺可以采取在井站完成脱水、井站不脱水外输集中脱水。

无论是否采取井站脱水，在开井期及反排期，井口均需要通过移动式橇装甲醇加注橇注甲醇，降低水合物生成所需温度，以满足井口节流后流体温度高于水合物生成温度3℃以上，再经过水浴式加热器加热以防止二级节流后续操作中生成水合物，加热后的温度控制在60℃以下。对于设置井站脱水装置的流体，经二级节流气液分离计量后，进入低温脱水橇后脱水满足外输水露点条件，再经调压3.09~5.27MPa以20℃外输；对于无井站脱水装置的流体，经二级节流气液分离计量后，直接调压至3.09~5.27MPa，以5~10℃外输。

在正常生产期和生产后期，无需一级节流和加热。对于设置井站脱水装置的流体，经二级节流气液分离计量后，温度以15~40℃进入低温脱水橇后脱水满足外输水露点，再经调压3.09~5.27MPa以20℃外输；对于未设置井站脱水装置的流体，经过二级节流后温度在18~45℃后，经计量、调压后压力在3.09~5.27MPa后外输。

因此，在开井期及反排期，可采取一级节流前加注甲醇，二级节流前通过水浴电加热器橇。在正常生产期没有水合物生成风险，但是在生产后期冬季（14℃）和夏季（20℃）时，需要开启加热炉加热流体温度，加热到水合物生成温度以上3℃。这些橇装设备在井口正常期不需要时，可把橇装注醇加热设备运至有需要的井口。橇装设备结构紧凑，占地面积小，减少管道连接，可避免重复设计，节省采购与制造时间。其中，橇装的注醇泵采用调节泵，可根据井口压力、温度和流量，按比例加注甲醇。需要注意的是因开井期压力在 60MPa 以上，因此甲醇加注管道接头需要特殊加工，材质为 SS316，高压力等级。

6.5.1.9 延长气田注醇防控水合物生成技术应用

延长气田地处鄂尔多斯盆地，其所辖气井多为致密岩性气藏，具有低孔、低渗、低产、低丰度、井口压力衰减快的特点。对于不同的集输方案，所选择的水合物防控技术亦有所不同。王晓光（2019）根据志丹双河地面工程年产能为 $5×10^8 m^3$，比选、分析了高压、中压、低压集输管网的适用性，具体分析如下：

1）高压集输防控水合物生成方案

井口不节流，高压天然气（20~30MPa）经单井管线直接进入集气站，在集气站内设有水套式加热炉加热，加热后节流天然气压力至 5.8~6.3MPa，温度降至 0℃ 左右，进入生产分离器，分离出天然气中游离水进入集气管线。高压集气集气站的流程，可参考图 6.32。

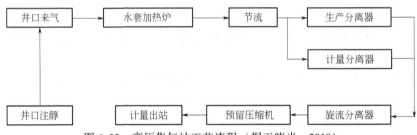

图 6.32 高压集气站工艺流程（据王晓光，2019）

压力在 20~30MPa 下的高压采气管线水合物生成温度为 20~25℃，为防止单井管线在输送过程中产生水合物堵塞管线，通过在集气站内设单井注醇泵，通过敷设集气站至单井间的注醇管线向井底注。每口气井敷设 2 条高压管线至集气站，1 条采气管线（设计压力 35MPa），1 条注醇管线（设计压力 35MPa）。流程示意图如图 6.33 所示。

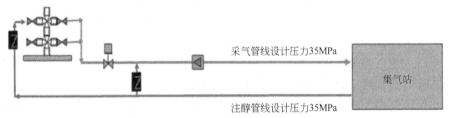

图 6.33 高压集气注醇管线工艺流程（据王晓光，2019）

2）中压集输防控水合物生成方案

天然气在井筒内节流至压力为 6.0~7.0MPa 左右，可保证井筒内无水合物生成。中压集气集气站的流程，可参见图 6.34 所示。中压集气工艺生产井采气管道的设计压力确定为 8.0MPa，注醇管线的设计压力按照 35MPa 进行设置，便于开井及泡排。站内设注醇泵，注醇管线和采气管线同沟敷设，冬季需要向井筒内注甲醇。夏季地温 16℃，水合物形成温度

10~13℃，运行温度高于水合物形成温度，夏季不需注醇。

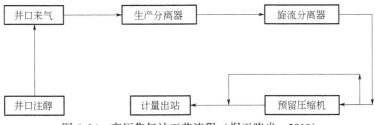

图 6.34　高压集气站工艺流程（据王晓光，2019）

3）低压集输防控水合物生成方案

天然气在井筒内节流至 1.5~2.0MPa 左右，可保证井筒内无水合物生成。压力为 2.0MPa，水合物热力学相平衡生成温度约为 0.2℃，井口温度满足在水合物生成温度之上，因此井口不需要注醇。但是集输效率不高。

综述分析，王晓光（2019）建议选用开发初期投资小、运行费用低，且充分利用地层的热能和压力能，开发初期不需要增压的中压集输、注醇防控的方案，更为经济、高效、安全。

6.5.1.10　鄂尔多斯东缘临兴区块加热保温防控水合物生成技术应用

鄂尔多斯盆地东缘临兴区块，属于致密气田，区别于常规天然气，井口初期压力较高，含水量大，随后的 2~3 年迅速递减。冬季平均气温−7.8℃。先导试验区采，用注醇防控水合物生成技术。该区块每口井压力差别大，因此不仅需要满足串接后的高效集气，同时还需要满足有效防控水合物生成。但是，注醇量随着含水量的增加显著增加且回收率不高，经济性下降；且需敷设高压、低压 2 条采气管线。为此，刘月勤等（2019）提出对高压井采取高压集输保温，而后在节流前加热，再与低压井集输的方式，可以实现高效集气的同时，又可有效抑制水合物的生成，工艺流程如图 6.35 所示。

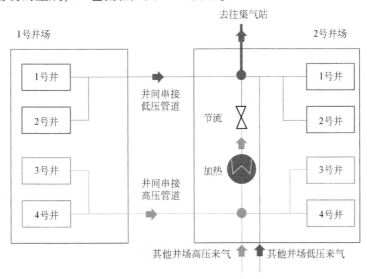

图 6.35　高压集气站工艺流程（据刘月勤等，2019）

高压采气管路保温层的厚度，根据相邻井场的距离确定。经核算，高压井覆有 20mm 保温层，可保证 850m 左右的传输距离无水合物生成；覆有 30mm 保温层传输距离，则可保证 1100m 左右的传输距离内无水合物生成。高压气节流前使用水套加热炉。根据节流效应，确定不同高压气体节流前所需增加的温度。考虑到现场生产实际，推荐增加 20% 的余量作为参考。经核算，当采气温度为 20℃，井口压力高于 2.5MPa 时，节流前需要加热；若采气温度为 50℃，节流前需要加热的井口压力最低为 4.71MPa。该方案相比注醇方法，高压集中加热节流的工艺方式不仅节省了加热炉与节流设备，便于维护；且在节流过程中实现预脱水，减轻后续脱水工艺设备负荷；其运行成本主要是燃料的费用。

6.5.2 海上混相集输系统

6.5.2.1 渤西油气田防控水合物生成技术应用

图 6.36 显示渤西油气田集输管道，大部分运行工况均在水合物生成区域以内。只要管道内有游离水，就很容易发生水合物生成与堵塞。根据天然气的水露点数据分析，2.0MPa 下天然气最大水露点达到 27.2℃。为管道内游离水析出提供了条件。兰峰等（2007）估算积液量约为 300~600m³，提出须制定适宜的清管计划，及时清除滞留在管道中的游离水。但是，该管道输量低、管道存在变形、管道上游不利于通球。为此，现场特制了专用清管器，清除了该管道内 600m³ 积液，有效地避免了该管道水合物生成与堵塞问题的发生。

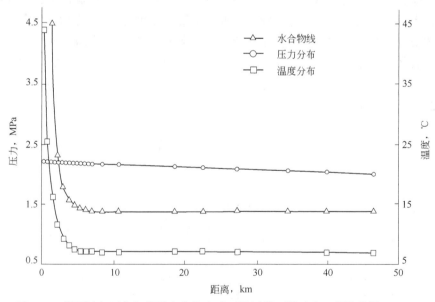

图 6.36 渤西油气田集气管道水合物生成区及运营工况对比（据兰峰等，2007）

6.5.2.2 荔湾3-1气田防控水合物生成技术应用

荔湾3-1气田是中国海域内首次发现的深水气田，该气田在水深 1480m 处设置水下生产系统，并在其西北方向约 200m 水深处建有浅水增压处理中心平台，水下井口距浅水增压平台约 75km（陈宏举等，2011）。荔湾 3-1 气田深水天然气管道依靠井口压力将油气水输送至浅水增压处理中心平台处理，为了在气体循环和清管作业时形成回路，荔湾 3-1 气田拟新建 2 条 558.8mm 的海底管道。荔湾 3-1 气田海底管道高差大，管道出入口路由水深相差 1280m，加上 230m 立管高度，总高程差达 1510m，水合物生成风险高。

现场采取注乙二醇防控管道内水合物生成，并从管道出口的水相中回收利用注入的乙二醇。但是，由于深水天然气管道高差大，在启动时，管道内的液体流速较慢，管内滞液量需要较长的时间才能达到平衡。在此期间，管道出口无液体流出或液体流量较小，需要在平台存有足量的乙二醇。这也是风险控制技术被工业界所关注的主要原因。

清管工艺是深水天然气管道流动安全保障的重要设计任务之一，它可保证海底管道安全输送，减少管道腐蚀，排出积液，提高管道输送效率。优秀的循环清管方案，还可以降低段塞对于平台设施的影响。陈宏举等（2011）建议荔湾 3-1 气田深水管道采用操作的灵活性高的浅水平台收发球循环清管方案。此清管方案中，水下生产系统需要设置 3 个阀门（图 6.37），正常生产时阀门 1 和阀门 2 处于常开状态，阀门 3 处于关闭状态，生产流体由井口处的入口 1 进入管汇经管道 1 和管道 2 输往浅水平台。清管设施设置在浅水平台，准备清管时考虑部分生产井停产，保持一条管道正常输送（管道 1），一条管道停输（管道 2），在平台使用压缩气体驱动清管球对停输管道进行反向清管，压缩气体年用量为 $5\times10^8 m^3$。具体清管流程如下：清管球从入口 2 处进入管道 2，关闭阀门 2，打开阀门 3，将 2 条管道形成循环回路，在平台使用压缩气体驱动清管球对管道 2 进行清管；当清管球运行到节点 1 处时，关闭阀门 3 并停止压缩气体进入，清管球由正常生产的井流驱动对管道 1 进行清管，并将停产的生产井启动，管道 2 恢复正常输送。

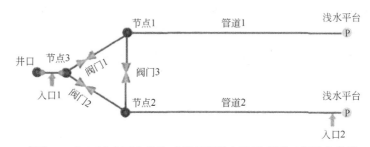

图 6.37　荔湾 3-1 气田浅水平台收发球循环清管方案示意图（据陈宏举等，2011）

6.5.2.3　番禺 35-1 气田防控水合物生成技术应用

番禺 35-1（PY35-1）气田位于中国南海，采用水下井口方式开发，所产出的油气水混合物通过海底管线输送到 PY34-1 CEP 平台上。该气田单井节流后最低温度为 -40℃，开井时容易在节流阀下游生成水合物，因此需要在单井节流阀前临时注入水合物抑制剂。

衣华磊等（2012）对水下井口水下抑制剂及其注入点的选择进行了讨论：该气田水下井口至 PY34-1 CEP 平台的海底管线输送流体压力高（27MPa），海水温度低（16℃），流体在输送过程中会有水合物生成，因此需要在节流阀下游连续向海管注入水合物抑制剂。由于节流阀上游压力高，且水合物抑制剂是临时注入，故选择价格相对便宜的甲醇（质量分数为100%）作为水合物抑制剂，从而降低费用；而节流阀下游压力低，需要长期连续注入水合物抑制，而由于甲醇属于有毒易挥发液体，不宜在平台大量储存，故选择可再生的贫乙二醇（质量分数为80%）作为水合物抑制剂，从而达到费用和空间的最优化。PY35-1 气田水下井口处甲醇和乙二醇注入点，如图 6.38 所示。

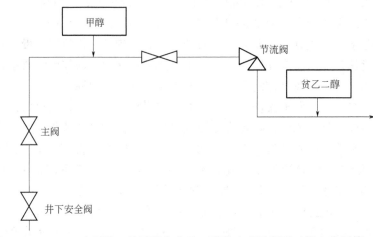

图 6.38　PY35-1 水下井口处甲醇和贫乙二醇注入点示意图（据衣华磊等，2012）

开井时选择在节流阀上游临时注入甲醇，由设在 PY34-1 CEP 平台上的甲醇注入设施通过脐带缆中的 25.4mm 的管线注入，根据最大关井压力（27MPa）确定的甲醇最小注入量为 $1m^3/h$，该注入量在开井最大产水量下 $150m^3/d$，能满足水下井口节流前的水合物生成的防控。以海水温度取整个水下生产系统的最低海水温度（PY35-1 气田在最大水深 201.5m 处的海水温度为 16℃），在此基础上考虑 2℃ 温差余量以确保水合物生成得到有效防控，确定乙二醇所需最小质量分数及最大注入量，如表 6.10 所示。

表 6.10　PY35-1 气田生产期所需贫乙二醇体注入信息（据刘永飞等，2008）

参数	生产早期 （2013—2016）	生产中期 （2017—2020）	生产晚期 （2021）
质量分数，%	26.5	22.0	14.5
贫乙二醇体积分数，m^3/m^3	0.45	0.345	0.201
含30%安全裕量*，贫乙二醇体积分数，m^3/m^3	0.585	0.449	0.261
产水量，m^3/d	19.8	156	17.8
贫乙二醇注入量，m^3/h	0.48	2.91	0.19

＊注：乙二醇注入量安全裕量需要考虑两方面因素，其一是油藏数据（压力和温度）、含水率和井口计量的不稳定性，取10%；二是乙二醇在井口分布、流动控制以及贫乙二醇的质量不稳定性，取20%。

6.5.2.4　番禺 35-2 气田投产防控水合物生成技术应用

番禺 35-2 气田是我国南海的重要天然气田，位于南海珠江口盆地白云凹陷北坡，距离香港约 260km，所在海域水深为 236~338m，地质储量干气约为 $7.79×10^8m^3$，底层海水温度为 9.5~11.6℃。

吴奇霖（2016）以番禺 35-2 的 A1H 井参数为基础，研究了该井投产过程中为避免井口节流所诱发水合物生成的分析。该井的天然气日产量为 $19.3×10^4m^3$，凝析油日产量为 $6.3m^3$，水日产量为 $6.7m^3$。投产后油嘴前后压差较大，节流后的最低温度可达 $-28℃$，远低于对应压力下的水合物生成温度。当投产 92min 后，油嘴出口温度能达到 25℃；当投产 200min 后，油嘴下游将维持在 62℃ 左右，油嘴节流过程不会有水合物生成的风险。为此，在投产初期，为了防控水合物生成引起冰堵，需要加注热力学抑制剂。考虑到甲醇有毒，乙二醇凝固点较低，吴奇霖（2016）提出在投产初期采用注入甲醇（366kg/h），当温度高于乙二醇溶液的凝点后再切换为注入乙二醇（67kg/h）的水合物抑制剂注入方案。

6.5.2.5 南海某海底管道停输防控水合物生成技术应用

南海某气田位于珠江口盆地，平均水深约185m，2013 年 12 月底投产，高峰日产气 $82×10^4m^3$，并伴有一定量的凝析油和生产水。开发工程方案采用水下生产系统，通过新建 11.7km 的海底管道将产气输送到周边某综合平台进行处理后外输。该气田设置多种水合物防控措施，包括 2 套甲醇注入系统和 1 套泄压放空系统，提供少量的甲醇注入和气量放空。放空可作为一种有效的水合物抑制、解堵手段。

在意外关停或者计划关停海管放空后，按照设计要求，可放空到 4MPa 保压，然后开井时直接给海管缓慢升压，至平台正常压力平衡后再恢复生产。管道发生停输后，如果操作不当会有水合物生成，引发冰堵事故，给气田的安全经济运行造成十分不利的影响。

苗建等（2016）对该管道停输单纯注醇、单纯泄压、注醇—泄压联合的防控水合物生成的方法进行经济性分析，结果见表 6.11。其中，甲醇价格为 8000 元/m^3，天然气价格为 1.2 元/m^3，最大的日放空量为 $65×10^4m^3$（压力泄放到 4MPa），甲醇注入量在 $0～5m^3$，均在现场资源条件允许的范围内。不注醇的成本为 7.83 万元，不放空的成本为 3.71 万元，因此采用单纯注醇法比单纯放空，可以大幅度节约成本。联合采用注醇—泄压的方法，放空的气体越少成本越低。

表 6.11 不同压力下甲醇注入量、气体放空量及经济成本 （据苗建等，2016）

压力，MPa	甲醇注入量，m^3	气体放空量，m^3	总成本，万元
4.0	0	65291	7.83
5.0	3.03	56291	9.18
6.0	3.41	47060	8.38
7.0	3.73	37641	7.50
8.0	3.99	28114	6.57
9.0	4.23	18467	5.60
10.0	4.44	8749	4.60
11.0	4.63	0	3.71

实际上，甲醇的注入量在很大程度上受管道内存水量的影响。苗建等（2016）分析了管道内不同存水量时经济成本同放空压力的变化，结果表明：在管道内存水量较少时（<30m^3），单纯注醇的经济性更好；存水量越大时（>30m^3），单纯放空法的经济性最好；不论管道内存水量多少，注醇—泄放联合方法都不是最为经济的选择，而且现场操作繁琐，不推荐采用。当价格因素处于变化中，在甲醇与天然气价格同时变化时，水合物最经济的防

控策略受价格下降或涨幅缓慢的一方决定：当甲醇价格升高时或天然气价格下降时，单纯放空法经济性最好；当甲醇价格下降时或天然气价格上升时，单纯注醇法的经济性最好。因此，实际的经济比选需要根据管道内存水状、价格等多因素综合考量，以选择最为经济、安全、高效的停输阶段防控水合物生成的方案。

6.5.2.6　陵水17-2气田水下分离与增压系统防控水合物生成技术应用

陵水17-2气田，由于产水量较高，乙二醇注入量非常高，浮式平台上乙二醇回收装置，无法满足而乙二醇回收要求。在这种情况下，采用水下分离与增压系统将大大减少乙二醇的用量，从而满足气田总体开发要求（刘永飞等，2018）。图6.39为典型的水下分离增压流程示意图。

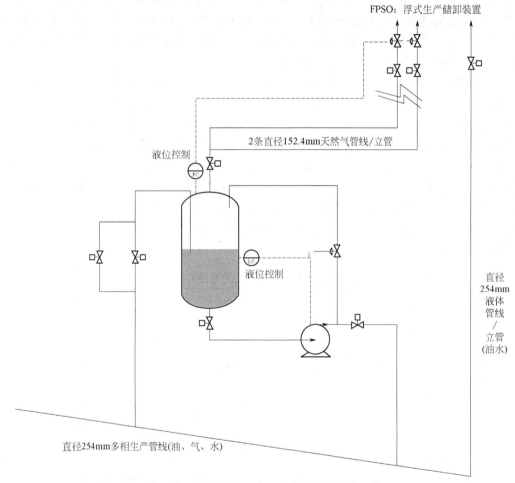

图6.39　典型水下分离与增压流程示意图（据刘永飞等，2018）

7 水合物堵塞移除技术及应用

从水合物分解机理出发，常用的水合物堵塞移除技术，主要包括降压、加热、注入热力学抑制剂等。这些方法对于干气输气系统、混相集输系统都是适用的，只是因油气管道输送的流体（单相气体、或多相油气）、输送的场景（干线埋地管道、海底集输管路）不同，实际的系统水合物堵塞移除方案的实施会有差异。比如，在混相集输系统中，还可以在条件允许时借助连续油管辅助将热力学抑制剂送到堵塞体附近，加速堵塞分解。

不论是在干气输送系统还是在混相集输系统中，大部分水合物堵塞事故多是由于设计考虑不周、人为操作失误、非正常运行工况等原因所致，因不可抗力（飓风、设备故障等）造成的问题是难以控制的，只有通过安全、及时的堵塞移除措施，才能将其损失降低到最低。若延时过久，初始生成松散的水合物会被压实、胶结，导致堵塞体更为坚实，被迅速移除的难度会显著增加。

7.1 水合物堵塞移除技术

在油气工业开发领域，一旦系统内发生水合物堵塞，应节约时间，尽快制定应对方案，及时消除堵塞，将可能产生的损失降到最低。但是，每一次水合物堵塞事故的发生情况，都是千差万别的，例如堵塞位置、堵塞程度等。因此，很难就所有水合物堵塞事故，给出精确的、一概而论的移除应对细则。但是，依据工程经验与理论分析，总结出有效移除水合物堵塞的应对原则是可行的。

在系统内发生了水合物堵塞事故后，在制定应对方案过程中，堵塞移除的安全问题应被给与足够的重视，在此基础上识别堵塞、定位堵塞、确定堵塞状态后，而才能制定出安全、有效的水合物堵塞移除应对方案。

7.1.1 堵塞移除的安全问题

若在发现水合物堵塞事故的同时，就盲目直接采取降压或加热处理，则不仅不利于堵塞的快速移除，大多数情况下反而会恶化堵塞状况，引发安全事故。因此，任何时候应对和处理水合物堵塞事故时，首先要重点关注堵塞移除的安全问题。应及时上报堵塞情况，组织相关领域的技术专家进行现场调研，根据实际堵塞工况，确定合理、安全的应对方案。

在水合物堵塞被移除的过程中，分解后的水合物会释放出大量气体。例如，在标准工况下（273.15K，101.325kPa），$1m^3$ 具有90%孔穴占有率的水合物完全分解约会释放 $164m^3$ 的天然气。大量气体的释放，将导致在输送系统内堵塞体附件的压力发生骤变，会在不同的系统工况下，引发下述各种不同程度的安全事故（Sloan 等，2010）：

若在系统中间隔存在多处水合物堵塞体时，圈闭在堵塞体间水合物分解的大量气体，所引起的系统局部压力骤增，会诱发爆管事件，如图7.1所示。若采取点加热分解，水合物堵塞体受热不均匀，水合物分解的气体被圈闭在堵塞体与管壁的封闭空间内，亦会因系统局部压力剧增，诱发爆管事件，如图7.2所示。

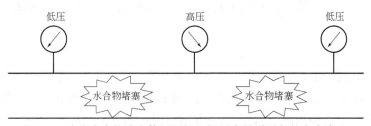

图 7.1　多个水合物堵塞体间圈闭空间压力骤增引起的安全隐患

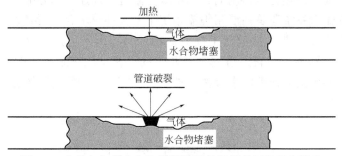

图 7.2　非均匀加热水合物堵塞体引起局部高压的安全隐患

因水合物堵塞体的径向分解快于轴向分解（图7.3），分解的堵塞体会快速脱离管壁且在近管壁处形成一层水膜，使堵塞体与管壁间的黏附力下降。若在堵塞体分解过程中，上下游产生足够压力差，推动脱离了管壁的残余堵塞体，在输送系统内运移，如图7.4所示。若下游恰好是弯管、阀门或三通等设备，高速移动的堵塞体会直接撞击弯管、设备，引起严重的管道破坏、变形或脱位等事故，由此所涉及维修和停产费用昂贵，严重的情况甚至会导致人员伤害等安全事故，如图7.5所示。美国科罗拉多州矿业大学水合物研究中心（Sloan等，2007），开发了基于热传递控制模型（CSMPlug）来准确预测水合物堵塞体分解时间的软件。

图 7.3　降压1小时、2小时、3小时后管内水合物堵塞体变化（据 Sloan，2010）

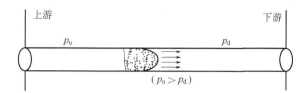

图 7.4　由于差压导致的水合物堵塞体的受力而移动示意图

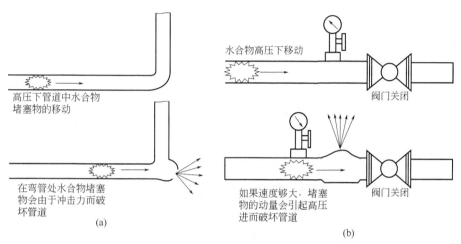

图 7.5　水合物堵塞体快速移动（a）导致弯管破坏（b）

该软件核心模型，基于圆柱坐标体系的傅里叶传热定律（Davies 等，2006），通过输入堵塞体上下游温度、压力、水合物结构、堵塞体孔隙参数、渗透率、管道内径与长度等信息，可推断单边或双边水合物堵塞体分解所需的时间、堵塞体移动的速度和距离等。同时，可以估算带有电伴热的水合物堵塞体的分解速。借助这些信息，可以预判水合物降压解堵的安全风险。

因此，面对油气工业系统内出现的各种水合物堵塞事故，无论采取何种解堵措施，都需要关注解堵过程中的安全问题。因为，这是一个具有高安全风险的非正常工况作业，是一个具有高度潜在不稳定因素的过程，应对其给予高度重视。

在面对系统堵塞事故时，应及时组织技术专家进行现场调研后，预判是否为水合物堵塞，假设系统内存在多个分布不均匀的堵塞体，分析堵塞位置及状态信息，选择适宜的移除策略，制定解堵过程安全预警方案。在解堵过程中，要时刻严密监测被堵塞系统的运行压力，并进行实时动态预警分析，以便及时调整预案，保障解堵过程的安全，防止水合物堵塞分解释放的气体，引发系统压力骤变所致的各类意外事故。

7.1.2　水合物堵塞的识别

当明确油气输送系统发生堵塞时。虽然对于非常熟悉油气系统的工程师而言，对堵塞事故的辨别是显而易见的。但是在采取下一步操作之前，确定是什么堵塞了系统中的流体流动，仍然是非常重要的。

对于大口径的干气输送系统，完全的水合物堵塞很少发生。但在天然气调压的中、小口径的支线上，冬季发生堵塞，可以快速明确其为水合物堵塞。

但是，对于混相集输管道而言，系统中的堵塞，还有可能是由于蜡堵、沥青质沉积或者结垢等其他原因，不一定是水合物堵塞的生成。有效识别混相集输系统的堵塞是否为水合物堵塞，需要分析系统压力的变化。通常而言，如若混相集输系统中堵塞发生前后，系统压力增加缓慢变化，则该堵塞很可能是蜡堵、沥青质沉积或者结垢等，这是由于蜡堵、沥青质沉积、结垢等问题的发生都是缓慢变化，有的甚至需数月时间。若是水合物堵塞，则会在几个小时乃至几天内迅速累积形成，最后的完全堵塞的发生会很快，且引发系统运行压力变化非常地剧烈，表现为堵塞体上游压力急剧上升，其下游压力显著下降。

7.1.3 确定堵塞体位置及状态

7.1.3.1 预判水合物堵塞位置

实现堵塞体的准确定位非常困难。实际上，若在解堵过程中花费在精确定位堵塞体的时间较长，会导致系统堵塞严重恶化，造成难以快速清除系统堵塞。

但是，必要的分析预判是需要的。现场可应用的判定水合物堵塞位置的方法包括：依赖数据采集平台，分析系统各关键位置压力、温度、气质随时间变化的数据，预判水合物堵塞大致管段；水合物堵塞位置下游的压力会异常下降，上游的压力会异常增加，下游温度有可能会异常增加。另外，须结合系统地形信息，关注地势低洼游离水等聚集区，这些位置最易引发水合物堵塞。同时，还可以依据软件离线模拟，分析关键位置压力、温度、流量变化规律，结合水合物生成热力学条件、系统地形信息，预判水合物生成的可能管段。对于干线输送系统，详见 5.3.2；对于混相集输系统，估算游离水聚集位置，至关重要。

在管道内无大量积液的情况下，通过向管道注醇，根据系统压力变化，也可预判堵塞体位置。但是，这种假设一般而言是无效的，因为水合物聚集会导致大量的液体聚集在其前侧，导致热力学抑制剂难以到达堵塞体位置。因此，该方法只有在管道中没有大量积液时，才是有效的。尽管该方法耗时较长，但是在干气输送系统被证明是有效的方式。

此外，声波分析、伽马射线密度监测分析、管道变形检测、压力波等方法可进行水合物堵塞位置的预判。但是，这些方法现场条件实施条件苛刻，且各有自身的技术局限性，例如：声波检测在非完全堵塞时才有效；伽马射线密度监测，适用于海底裸管系统；管道变形法，需要在管道上安装有应变箍；压力波法受各种压力波信号干扰，致使预判误差大（王哲，2018）。

7.1.3.2 估算堵塞体状态

估算堵塞体的状态，包括其尺寸、密度与剪切特性等信息，是预测管道解堵时间与释放压力大小、移动堵塞体所需力量的必要信息。

管道的运行工况数据，不仅可以帮助预测堵塞体位置，同样可以用来预测堵塞体的大小。以保守估计为原则，假设系统中积存的所有游离水全部转化成水合物，结合系统水力工况与地形信息，应用水合物生成热力学及动力学理论，即可估算系统中水合物生成量的最高上限。但是，对一定长度的管段而言，因水合物堵塞分布的不均匀性，颗粒聚集与黏壁分布的不确定，这个估算的准确性有待深入研究（Sloan 等，2010）。

堵塞体密度、剪切特性的估算是预测堵塞体状态的关键信息，但在解堵过程中，准确的信息通常难以获得，因此在解堵之前需要假设可能出现的最差情况。通常，一般可以认为天然气水合物堵塞体的密度约为 $920kg/m^3$，堵塞体的剪切强度约为 $40N/m^2$。

7.1.4　可选的解堵技术

对于油气输送管道系统中出现的各种水合物堵塞事故，无论采取何种解堵措施，都需要关注解堵过程中的安全问题。Energy Safty Canada（2018）在其防控与安全管理水合物生成与堵塞手册中，指出在解堵过程中需要关注的三个重要原则：（1）应停输或减产，减缓水合物堵塞体在管内移动所带来的影响；（2）确保管道内的压力在管道最大许用压力以下，推荐应低于该值的 80%；（3）制定应急响应计划，以处理管道破裂导致气体的泄漏、火灾或受伤等情况。所有不必要的人员应撤离该地区，应确保所有参与解堵人员了解所有解堵程序与应急响应计划，保证工作人员安全是第一要务。

从水合物分解机理出发，常用的水合物解堵技术方法主要包括注醇、降压加热，或者辅助机械移除，而实际上每一种方法均具有其显著的优势，也存在一定的应用局限性。

7.1.4.1　注醇解堵

注醇解堵，是通过改变水合物堵塞体附近水合物生成热力学条件，以实现分解水合物的目的。注入的醇类，一般包括甲醇或乙二醇。甲醇解堵的效果会比乙二醇快，但是甲醇的挥发性强，管内流体携液能力差时，不利于其快速流到堵塞体位置实施解堵。如果无法使注入的甲醇或乙二醇输送到堵塞体附近，其解堵效果将是较差的。

由于密度差是药剂流动的主要驱动，因此密度相对大的乙二醇相较于甲醇在工业中应用于解堵的情况较多。若注醇点与堵塞点距离较远时，注醇解堵的效果将大打折扣。特别的，若在管路中存在较大的地形起伏，则很难在没有流动的情况下将醇输送到堵塞体附近来实现有效地解堵。只有当堵塞体在生产设备、海底管汇或采油/气树附近时，注醇解堵的效果才能得以保障。陆上管道通常采用工程泡排车向油管、采气管线内直接加注大量甲醇来解堵。实际上，较为合理的方式是从堵塞体两端分别注醇，来提高药剂快速接近堵塞体的效率。有时还会采取加盐来增加液体的密度，促进含醇抑制剂的流动。另外，通过注氮气或氦气，可以协助药剂流动，但是暂无工业应用。

在实际生产过程中，若采用注醇方式移除水合物冰堵，其用量应视情况而定。首先，水合物堵塞程度难于掌握，从气流中出现微量水合物到管道堵塞的时间难以确定，若发现及时，则甲醇的注入量会有较大区别；再则，水合物堵塞的密度和长度随机性强，用醇量难于计算；最后，水合物堵塞位置难以准确定位，对穿越或小角度弯头较多的采气管线更是十分突出。

若采取注醇解堵，务必要遵循以下原则：

（1）需要注入足够的醇，并使其接触到堵塞体，保证堵塞体上下游的流动通畅；

（2）要根据自由水和水合物溶解分解出来的水量修正化学剂的注入量，避免醇浓度被稀释，一般会持续注入新鲜的醇液，如条件允许应对其进行实时的浓度监测；

（3）要做好管线中流体积液的及时排放工作；

（4）单独使用此解堵方解堵耗时长，一般多作为辅助解堵方案，即在冰堵消除后，需要注醇来防止堵塞的再度形成；

（5）解堵过程必须考虑健康、安全及环境（HSE）等问题。

7.1.4.2　降压解堵

降压解堵，是工程中被广泛应用的方法，也是最为直接有效的方法。根据前述 3.5 所介绍的软件计算堵塞体所处环境温度下对应的水合物生成压力，以此来确定解堵所需降低的压力。如果体系压力降低幅度越大，远远低于环境温度所对应水合物生成压力，则堵塞体融化分解速度越快。在降压过程中，辅以注醇来加速水合物分解，并防控具有"记忆效应"的游离水再次生成水合物。

因此，从安全解堵的角度上考虑，在实施降压解堵之前，须在堵塞体的移动路径上判定其是否会产生较大破坏力；在降压解堵过程中，须实时监测并控制堵塞体两侧的压力平稳下降，以阻止或限制堵塞体在管道中移动。如果两段堵塞体上下游的压力变化不同，那么表明水合物仅部分分解，需要继续降压或者更长的时间。一旦发现堵塞体发生了移动，要在降压点采取停输或者降低流量的方法，通过控制降压速率来控制堵塞体移动。一旦确定水合物已经完全分解，可以在注醇辅助下缓慢恢复流量，以防没有完全分解的水合物出现其他问题。因此，压力控制在解堵过程中至关重要。

若采取降压解堵的单边降压法，会增加解堵过程中的不稳定因素。Sloan（2010）解读了发生在加拿大雪佛龙公司的一个单边降压解堵水合物造成人员伤亡事故的案例：该管道是一条含硫化氢的酸气输送管道；冬季，在埋地管道内发生了水合物堵塞；由于现场工作人员，具有丰富的处理水合物堵塞的经验，但却对该事故没有给予足够的重视，未及时采取处理措施，几天后水合物继续增厚，逐步老化硬实；当工作人员试图通过打开下游阀门，通过放空降压来移除分解管内堵塞体时，由于水合物堵塞体部分分解释放的压力使堵塞体脱离管壁而在两侧压差作用下高速移动，引起埋地管道破裂后蹦出；不幸的是破裂的管道喷射出地面后飞出接近 1m 的距离，刚好击中工作货车，造成了人员伤亡。所以，若采取单边降压解堵策略，需要严密监视管内压力变化，以便及时做出适时的调整。

双边降压解堵方式被视为最合理的降压方案。双边降压的方法具有平衡系统总能量，加速水合物堵塞体分解的优势。需要注意的是，如果管道中存在多个堵塞体，即使采用双边降压的方法，也有可能因水合物堵塞体间封存的密闭空间引发压力不平衡，导致水合物堵塞体的高速移动。因此，要缓慢降压，使水合物堵塞体前后压力联通，降低管道系统内因压力不匹配，而出现较大压力偏差的情况。此外，如果压力下降过快，因气体的焦耳—汤姆逊效应，管内气体温度会快速下降，易于引起分解的游离水结冰，诱发堵塞的再次发生。所以，解堵过程中时刻保持对压力的监测，保证堵塞体两侧压力平衡，直到堵塞体完全分解为止。在水合物堵塞体刚形成的时候，在水合物堵塞体疏松高渗透孔隙大的情况下，及时采取双边降压的措施，易于压力传递及水合物的快速移除。

若采取降压解堵，务必要遵循以下原则（Sloan 等，2010）：

（1）降低压力取决于环境温度对应的水合物相平衡压力，压力下降越大，解堵速度越快；

（2）双边缓慢同速降压为宜，降压过程中应密切监测堵塞体两侧压力变化；

（3）只有当堵塞体距离下游设备设施在安全距离范围内，上下游具有通畅的流通空间，才允许采取单边降压；

（4）降压解堵耗时长，在其完全解堵完毕后，须注入适量的醇以防止水合物再生成；

（5）降压解堵水合物的方法，在深水海底水下生产系统与极地系统不具有适用性，原因是深水净水压力难以实现快速降压，而极地系统内水合物分解的水易于再次快速结冰。

7.1.4.3　加热解堵

加热解堵是通过增加水合物堵塞体附近的温度到水合物生成温度以上，以破坏水合物稳定存在的热力学条件，以达到分解水合物的目的。因为，采取直接加热措施具有一定的风险，特别的单点或非均匀加热，会引起圈闭空间局部压力骤增，不仅会引起水合物的二次生成，使得解堵过程更加困难；更为严重的是会引发管道爆裂的安全事故。

Sloan（2010）报道了某加热解堵事故案例：2000 年，西伯利亚某管道发生了水合物堵塞，管道工人试图对裸管直接加热去除水合物堵塞体；但是，由于水合物堵塞体的末端位置不太精确，管道工作人员错误加热了堵塞体的中间位置；因水合物堵塞体中部分解释放的压力迅速增加，且气体因两端有未分解水合物阻断而被圈闭，引起管道超压而破裂，造成一人死亡，四人受伤。

因此，对于任何一种加热方法，均匀加热都是加热解堵实施的关键，并应该严格控制分解气体后系统增压，不能超过管道允许最大工作压力。只有保证水合物堵塞体所在周围环境加热温度一致，保证全线温度维持在±3℃以内，才能保障水合物堵塞体均匀分解，保证分解气体有自由的释放通道。所以，采用加热解堵措施时，应制定合理的操作程序，并实时监测管道压力和温度。

一般而言，当系统采取的是加热防控系统水合物生成，则在解堵过程中应贯彻优先加热解堵的策略。除了系统设计的加热方式外，工程上常用的加热方式主要为电加热、热蒸气加热或热水浇淋。但是，加热解堵能耗大，需根据实际情况，确定是否加热解堵以及加热的具体方式。电加热可提供较为稳定的热流通量给管道，在能够准确判断堵点位置时，其解冻堵的成功率较高。但是，如果水合物的位置和长度未知，唯一安全的操作是加热整条管线，确保水合物堵塞体被均匀加热，才能保证电加热解堵的安全。否则，需要对管道进行电热缆的包覆工作。因此，该解堵方法在现场使用较少，仅在个别裸管段和外输管线、分输调压设备出现冻堵时使用。热蒸气加热或热水浇淋，以热蒸气直接吹扫堵的管道，或以热水浇淋堵塞的管道，热量通过管道使管内堵塞体受热。对裸管应用后两种方法较方便，对于埋地管道需要进行开挖等前序工作。如果管线所处位置为冻土层，埋深较高时，管线开挖的困难和工作量较大。

此外，实验室研究微波加热分解水合物冰堵的速率远高于环境加热，解堵速率与降压分解相当，且分解得更为彻底（Fatykhov，2005）。但是，梁德青（2008）指出微波分解水合物存在明显的温度振荡，局部的快速升温所产生的温差有利于水合物的分解，但是可能会产生系统安全问题及水的汽化问题。与此同时，可采用发热化学药剂反应放热来加热冰堵部位（局部反应加热分解）。

若采取加热解堵，务必要遵循以下原则：一、确保冰堵的位置和长度是已知的，从水合物堵塞体两侧向中间逐步加热，尽量使堵塞体受热均匀，避免点源加热，确保整个加热部位温度控制在±3℃内；二、预测加热温度对应水合物相平衡压力，若该压力大于管道最大允许压力，则不宜采取加热解堵；三、在解堵过程中及解堵之后，仍需密切监测管内压力变化一段时间，以防压力超高引起管道破损等事故；四、在加热解堵完全后，须注入适量醇以防止水合物再生成。

7.1.4.4　辅助机械解堵

辅助机械解堵就是局部连续油管的情况下，通过该设备将热力学抑制剂或热水直接、有效地送到堵塞体位置。但是，连续油管的钻头对管道也存在一定的损坏，对管道的形式有一定要求。该方法不仅需要有连续油管设备，同时还受限于连续油管的长度。

在海上借助钻井船进行该作业，所消耗的工程费用及时间将是非常昂贵的，但是对于深水油气田而言，也许该方法是可供使用的最佳选择（Sloan 等，2010）。

若采取机械解堵，务必要遵循以下原则：

（1）只有连续油管能都达到堵塞体位置的长度时才能使用（典型的连续油管长度约3000m）；

（2）解堵完毕后，须注入适量的醇以防止水合物再生成。

7.1.5　解堵推荐方案

在面对系统发生的水合物堵塞时，务必假设管道内为多处冻堵且有圈闭的气体空间，且要在专家与现场调研充分的基础上，明确堵塞的位置及状态，及时制定解堵策略，防止堵塞体堆积硬化。

在发现系统出现水合物堵塞时，应采取停输或减产才有利于解堵。但是，需要注意的是：在停输时，体系压力会骤减，气体的温度会显著降低，反而不利于水合物解堵的顺利完成；若采取减产，也会引起体系温度的下降，务必辅以注醇才可以有效保障解堵过程的顺利实施。对于混相集油体系，及时采取适度增产，可以推挤"堵塞体"排出管道，并借助于流量增加引起的系统温度提升，帮助解堵过程。但是无论如何，在解堵过程中务必监测压力，防止压力超过管道或设备的最大许用压力的80%，避免水合物堵塞体在管内移动。

通常而言，单纯依赖注醇解堵的关键是使药剂与堵塞体有效接触，且要同时注意水合物分解会导致抑制剂浓度下降，影响解堵效果，解堵时间长；宜采取双边缓慢同速降压并辅以注醇的解堵方案，若只能采用单边泄压分解堵塞体，应对超压和管道破裂喷射危险性做评估；若只能采取加热解堵，应均匀加热堵塞体所在管段，温度控制在±3℃以内，须时刻监测管道压力，以防气体释放压力超过管材强度限制；辅助解堵防止水合物再生成，注醇是必要的措施。

表 7.1 给出了不同位置产生水合物堵塞，宜选择的解堵策略的次序（Sloan 等，2010）。搜集资料，咨询专家，获得技术支持，进行现场充分调研，永远是第一位的。如果系统设计已具有加热措施，那么首选加热解堵。若具备机械解堵的条件，则机械方法在管道、井筒、立管水合物冰堵发生时，可作为第三推荐方案。但是，针对不同的工程背景，实际的水合物解堵测量均具有工程随动性。

表 7.1　移除策略次序推荐（据 Sloan 等，2010）

堵塞位置	1	2	3	4	5	6	7
管道	咨询专家	若设计了加热系统，则加热	机械	注醇	降压	机械	随工程随定
井筒	咨询专家	若设计了加热系统，则加热	机械	热液环空循环加热	注醇	降压	随工程随定
立管	咨询专家	若设计了加热系统，则加热	机械	降压	注醇	随工程随定	—
设备	咨询专家	若设计了加热系统，则加热	降压	注醇	机械	随工程随定	—

一般设备中的冰堵是非常常见的，而且通常解堵也很快。如果受冻堵的设备位于比较不易处理的地方，解堵就会比较困难且花费的时间会比较长。例如，对过滤器底部采取临时电伴热的措施，同时外包双层棉被处理；对于分离器排污出口的冻堵，采取橡胶管内注入热水缠绕分离器底部再用棉被包裹；对于阀件的冰堵，不宜动阀，外加棉被包裹处理等待回暖，采取自然解冻方式。

7.2　干气输送系统水合物堵塞案例分析

干气输送系统，输送气质达标、系统干燥的前提下，不会发生水合物堵塞事故。但是，如若进入干气输送系统的气质含水超标，又或是系统在投产时存在试压水残留未完全干燥，水合物生成且发生堵塞的事故也有可能发生。

面对干气输送系统的水合物堵塞案例，工程中多采取联合解堵的方案，以期快速解除冰堵，恢复系统正常运行。本节总结了国内典型输气管道、站场、清管卡堵过程发生水合物堵塞案例及所选择的解堵策略，可为学术研究和工程实践及时、高效解决干气输送系统中水合物堵塞事故，提供借鉴与参考。

7.2.1　干线输气管道堵塞案例

7.2.1.1　陕京输气管道冰堵案例分析

陕京输气管道承担向京津冀供气的任务。在 1999 年初，发生了 3 次水合物堵塞事件（马永明等，2010）。其中，1999 年 1 月 4 日 0 时许，调度人员发现灵丘和杜村之间的压差增大（灵丘 3.28MPa，杜村 2.67MPa，压差 0.61MPa，正常状态下应不超过 0.25MPa），并在一个小时之内持续增大。据此判断该站间管段，应是出现了水合物堵塞。经现场确认和测压，在红泉村、云彩岭、巨羊沱三个阀室的压力分别为 2.6MPa、3.6MPa 和 3.5MPa，由此确认在红泉村和云彩岭阀室间管段发生了局部水合物堵塞。其根源是管段内积存了施工和试压期间遗留在管道低洼处的游离水，且积存量较大。

马永明等（2010）指出对于已发生水合物堵塞的管道，应采用以下步骤进行及时处理：

（1）在最短的时间内，降低相关管段的干线压力。根据季节、压差点的位置（上下游位置、地形地貌位置等）和管道压力，判断是否发生水合物冰堵，一旦发生，应关闭堵塞前一个 RTU 阀室（尽量保证一段时间内满足下游供气），观察压力变化情况，并立即派人到现场监护,下游各站需同时解除调节阀的自动截断功能。

(2)赴现场人员应立即查看阀门的状态,上报各管段压力,检查非远传干线阀是自动关闭还是形成水合物,判断水合物生成的最小区间,确定最有可能生成水合物的地点,并上报具体数据。

(3)经过前两个步骤,如果关闭 RTU 阀室之后,下游各管段没有压差,即表明该阀室下游压力均衡,此时可打开该阀室的旁通阀,为下游缓慢供气。现场人员应定时(每10min)上报下游各点压力,并分析各管段是否还存在异常压差。如果没有异常压差,说明已经解堵。

(4)同时在管道出现异常压差的管段上方燃烧木炭,加热地表,通过辐射和传导加热管道。

(5)在干线异常点上游阀室向管内注醇。

(6)如果前述步骤均不奏效,可考虑在堵塞点前放空(关闭上游阀室)管道。

7.2.1.2 榆济输气管道冰堵案例分析

榆济天然气然气管道横跨西北方高寒地区,全长 1045km,管径有 711mm 和 610mm 两种规格。该天然气管道冬季投产不久后在山区一段发生了严重的冻堵,压差一度达到了3.0MPa(丁乙等,2012;吴斌等,2013)。在西源祠阀室、石门阀室、杨家峪阀室压力变化异常,通过分析上下游管道的运行参数和统计管道工程遗留的裸管段,初步确定两处裸管段为线路冻堵点,如图 7.6 所示:1 号冻堵点位于西源祠阀室和石门村阀室之间的爬坡段,距石门村阀室 1~2km,西源祠阀室高程为 840m,石门村阀室高程为 1310m,两阀室间距21.5km;2 号冻堵点,位于石门村阀室和杨家峪阀室之间的 U 形弯管段,距石门村阀室 8~9km,杨家峪阀室高程为 1209m,两阀室间距 18.2km。

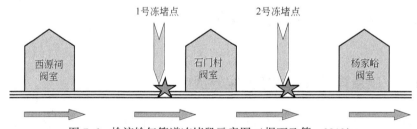

图 7.6 榆济输气管道冻堵段示意图(据丁乙等,2012)

现场采取了多种解堵方案相结合的方式。丁乙等(2012)和吴斌等(2013)总结了该干线堵塞所采取的解堵策略,如下:

(1)控制首站出站压力在 7.5MPa 以下,出站温度约 50℃。对上游 1 号冻堵点的爬坡管段和下游 2 号冻堵点的 U 形弯管进行保温掩埋。

(2)在汾阳分输站通过发球筒注入乙二醇,注入量为 125kg/2h。对两处节流点进行开挖和炭火烘烤,但效果不明显。

(3)以管道截流声推断有水合物形成位置。从堵塞节流点两侧阀室进行放空作业,在放空的过程中通过控制压差,对管道进行反复吹扫,放空降压后恢复输送压差到 1MPa,天然气管道水合物得到了及时的消除。消除干线管道水合物,冬季需放空至 0.5MPa 以下,夏季需放空至 1MPa 以下。放空量大，运行压力是 6.3MPa，总放空量达 $100 \times 10^4 m^3$。但是，在当时管道所处环境温度在 −10℃ 左右，当用放空降压来分解输气管道中已生成的水合物时，虽然水合物分解了，但又立即转化为冰塞，所以当经过 2 次降压放空解堵后，压差又慢慢上升，由此又采取电伴热措施，防止再次冰堵。

（4）根据线路低点监听的水合物堵塞节流位置，对节流点采用缠绕 3 根长 100m、功率 50kW 电伴热带加热的方法，外层采取保温措施，用土掩埋后，通过发电机连续供电加热，使水合物与金属管道结合点温度达到电伴热所能加热的最高温度 75℃，传热到管壁后温度大约为 30~40℃，有效地抑制了管道冰堵的再次发生以及进一步恶化，整个冬季运行中节流处压差没有继续增加。同时，监控下游站场天然气水露点，判别移除情况。

（5）在管道压差没有进一步上升后，为防止管道再次堵塞，造成管道内气体流速提高，在满足下游供气需求的前提下，调整上游气田进气量，使得管道在经济合理的工况下运行。通过模拟仿真计算运行工况，管道起点保持 7MPa，末点压力 5MPa 即可满足下游管网供气，同时能有效控制冰堵现象进一步扩大，但是不能完全消除冰堵现象。

（6）在平稳度过冬季后，为彻底清除管道内水合物以及积存的液体，同时消除冰堵产生的条件，彻底解决干线节流问题。在第二年夏季，对该管线进行在线清管作业，清管作业发送了聚氨酯全涂层泡沫清管器以及带跟踪定位仪的碟形皮碗清管器，清出管道内积液 $600m^3$，清出粉尘约 3000kg。经过 7 次清管后，基本上清除了干线的水合物冰堵。

与此同时，在该输气干线管段还出现阀门冻堵、抱死现象。阀门的阀坑位置易于有游离水积存，是引发阀门水合物生成的根本原因。解除冻堵，一般采取热水循环加热法。简单操作流程为：采用小型锅炉将水加热后，泵将热水通过阀门放空口强力注入阀腔，待阀腔内温度上升到一定程度后，将水通过排污口排出。

7.2.1.3 大沈输气管道投运期间水合物堵塞案例

大沈天然气管道是东北天然气管道工程的重要组成部分，承担着大连 LNG 码头天然气外输任务，设计年输量 $84 \times 10^8 m^3$，设计压力 10MPa。因其气源为 LNG 气化天然气，所以其干燥度是达标合格的。但是，管道所经之地为高纬度地区，寒冷期长，全年气温低于 0℃ 的时间超过 100 天，极端最低温度可达 −30℃，极易造成地面管道的冰堵问题（代晓东等，2016）。

大沈管道 2011 年 11 月投入运行。管道从新港站出站到 17#阀室，管道高程变化较大，最高点松岚站海拔 157m，阀室间海拔落差可达 120m。较大的落差和管道起伏加剧了流体的湍流程度，扰动剧烈，有利于水合物生成。根据大沈天然气管道的气质、沿途地理、运行工况等，结合运行管理部门的统计，综合分析得出：造成管道冰堵的水源主要来自于试压水；干线管道冰堵主要发生在松岚站至阀室段；松岚、营口、沈阳由于站内调压工艺，工艺区和分输冬季容易发生冰堵；在夏季清管作业时，清管器前后节流，易产生水合物。

现场对干线管道低洼处，采用站场注入醇类（甲醇、乙二醇等）抑制剂的方式，醇类同游离水结合，降低水合物形成温度，使工艺运行条件一直处于水合物生成的条件区间之外；干线管道进行清管作业时，虽清除管道内积水和杂质，但清管过程容易发生冰堵。在极端条件下，可能出现阀门部件冻堵的现象，可采用现场淋浇热水或暂时停输切换至备用线的方法解决。

7.2.2 输气管道站场水合物冻堵案例

7.2.2.1 西气东输二线输气站场冰堵案例分析

西气东输二线工程是我国第一条引进境外天然气的大型管道工程，线路总长 8551km（包括干线及支干线），设计年输量 $300 \times 10^8 m^3$。自西气东输二线 2009 年投产至 2010 年 1 月，共有 15 座站场和 1 座阀室出现过冰堵问题，累计发生水合物事故 50 次（图 7.7）。站场水合物发生的区域，集中在工艺管线的气液聚结器底部排污管、过滤器集液包下排污管线、进出汇管排污管、收球筒排污管和残液罐装车管线；仪表进站管线上的压力变送器、气液聚结器上液位计、气液聚结器及过滤器上的差压变速器引压管（赵小川等，2012）。若站场电伴热功率不足，当出现冰堵后，开启电伴热效果很差，通常采取热水浇的方式解决（赵小川等，2012）。

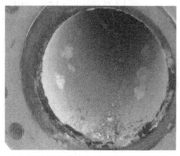 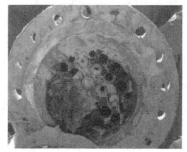

(a) 霍尔果斯首站计量管路内壁水合物　　(b) 靖边站计量橇被水合物堵塞

图 7.7　西气东输二线部分水合物堵塞事故实例（据赵小川等，2012）

随后，2011 年 4 月 27 日在西气东输二线管道红柳站卧式分离器发生了冰堵，堵塞引起设备前后压差高达 1MPa，远高于正常范围，系统被迫降量输送（图 7.8）。发生冰堵的原因是：气体流过卧式过滤分离器内置圆柱体孔径较小网状滤芯时，因节流导致气体温度显著降低、引起游离水析出，且在高压条件下输送，因此在分离器内有水合物冰堵形成，进一步会导致滤芯破损和变形。现场采取的措施是更换滤芯和掺混二线热天然气的方法，再辅以强化注醇，解决红柳站水合物冰堵问题的发生。

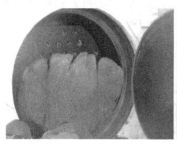 

(a) 分离器生成的水合物　　(b) 损坏的滤芯

图 7.8　2011 年西气东输二线红柳站卧式分离器水合物堵塞（许彦博等，2012）

7.2.2.2 涩宁兰输气末站水合物事故案例分析

涩宁兰（涩北—西宁—兰州）输气管道，老线和复线平行运行，局部地段绕行。途径我国西北高寒地区，冬季漫长，最低气温达-30~-20℃。因涩宁兰老线和复线交替混合，气源气质不稳定、含水量大，加之管道投运干燥不彻底，导致管道内存有游离水，在高压低温条件极易形成水合物堵塞。

兰州末站各输配支路的工艺流程，如图7.9所示。天然气要经孔板流量计、调压撬、流量调节阀三次节流，节流温降幅度较大。2010年11月27日，涩宁兰输气管道兰州末站各条出站支路供气压力显著下降，在提升分输前压力的情况下，调节阀阀后压力未上升，致使过阀压降增加，气温骤然下降，导致水合物生成，如图7.10所示。通过分析兰州进出站的水露点，得知出站天然气的含水量高于进站，验证了上游清管的液态水进入兰州末站支线的推断。这也说明兰州末站内有游离水存在，在满足水合物生成热力学条件的情况下，发生了水合物堵塞（李大全等，2012）。

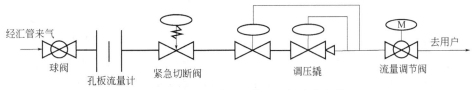

图7.9 兰州末站配气支路工艺简图（据李大全等，2012）

图7.10 调压撬中的水合物（据李大全等，2012）

7.2.2.3 冀宁线输气站场分输水合物事故案例分析

冀宁线从2011年1月采用来自中亚西气东输二线气源，致使冀宁线各场站在降压分输过程中调压阀、流量调节阀陆续出现严重的冰堵现象，导致各场站不能安全平稳向下游用户分输。

郑新伟等（2013）总结了现场所采取的解堵措施，主要以放空降压和注醇解堵为主：对于指挥器或引压管的少量冰堵，可采取直接浇注开水加热的方法解堵；对于流量调节阀的冰堵，可临时采取提高上游节流效应的方法，从而减少调压阀前后压差，待冰堵消失后再恢复，或者直接切换分输支路；对于分离器或汇管排污管线的冰堵，采取的是在线排污的方式冲开冰堵的方法，但是要缓慢打开阀套式排污阀；如果条件允许，待冰堵消失后恢复。

7.2.3　西气东输二线输气管道清管水合物卡堵案例

清管器卡堵后，清管器上游管道的压力升高，如果没有及时采取解决卡堵或者降低压力的有效措施，会造成清管器下游管道压力快速升高，可能超过管道设计允许的极限压力，导致管道破裂事故。清管器卡堵后，清管器上游管道的压力降低，此时清管器前后压差逐渐增大，如果压差超过某个极限，清管器解卡时，会因压差大而高速运动，犹如瞬间射出的子弹，此时下游的清管监听人员可能来不及反应而导致丢球。监听丢球后，再重新查找清管器十分困难，不知道清管器的具体位置；无法确定收球站何时应该启用收球操作流程，高速运动的清管器对管道内壁可能产生损坏，特别是在遇到管道的弯头时，可能来不及转向而与管道发生剧烈碰撞，导致管道破裂（李大全，2012）。

2010年西气东输二线西段清管前，制定了清管作业计划表，按清管平均流速约4km/h、每站收发球作业时间4h初步估算，预留机动时间，每段清管时间预计3d。由于管道内天然气的流度较慢，日输量为（1000~1400）×$10^4 m^3$，调控运行尽量增大输量"自然憋压"的作业方式进行清管，并制定了发生爆管、火灾等的应急预案。但是，在清管过程中出现了卡球事件。处理卡球累计放空天然气达到250×$10^4 m^3$；影响向西一线转供约420×$10^4 m^3$，影响向陕京管线系统转供约470×$10^4 m^3$。选用的清管器为两直四碟型皮碗结构清管器（图7.11），安装有大功率高性能发射系统，通过地面接收机，能够准确定位清管球的具体位置。自2010年4月开始清管工作，具体清管工作进展情况见图7.12。截至2010年9月20日，完成11段清管，5段变形检测工作，共清出液体36.1m^3，固体杂质131kg。清管长度合计1908km，占西气东输二线干线总管长78%。

图7.11　西气东输二线干线西段清管清管器情况（据赵小川等，2012）

7.2.3.1　张掖—永昌段卡堵案例分析

2010年5月，张掖—永昌段清管器卡球及解堵过程，列于表7.2。图7.13为西气东输二线干线西段清管卡球相对位置示意图。图7.14为张掖—永昌段第一次卡球及解堵过程压

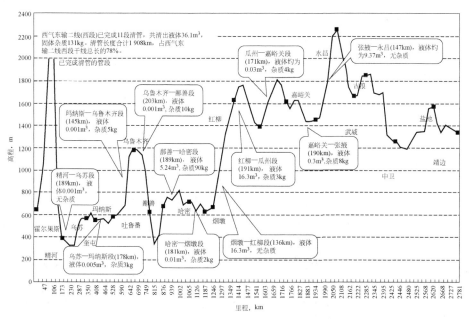

图 7.12　西气东输二线干线西段清管工作进展情况（据赵小川等，2012）

力趋势图。图 7.15 为第一次卡球蒸汽吹扫加热照片。图 7.16 张掖站进出站压力趋势图中共有四个大的波峰：第一个波峰显示第一次卡球解堵成功，中间两个波峰显示第二次卡球解堵成功，最后一个波峰显示第三次卡球解堵成功。在永昌站打开快开盲板后，收球筒被坚硬的水合物塞满，形成一个直径 1.3m、长 2.55m、体积约为 3.385m³ 的圆柱形冰柱，基本没有其他杂质。收球结束后，大量水合物和碎冰进入了站场分离器中，并在随后几日排出 4.5m³ 的污物。

表 7.2　张掖—永昌清管卡堵移除流程（据袁运栋等，2011；赵小川等，2012）

第一次卡堵	事件
2010 年 5 月 27 日 21:34	张掖站发清管器
2010 年 5 月 28 日 9:00	在北京调控中心发现张掖站出站压力逐渐升高，58#RTU、永昌站进站压力逐渐下降，分析后确认清管器卡堵（图 7.13）
2010 年 5 月 28 日 18:38	现场确定清管器在 56#阀室下游 5km 处弯头卡堵
2010 年 5 月 29 日 13:00	张掖和 58#阀室压差达到 1.49MPa
第一次解堵	过程
确定卡堵位置	堵球发生在 KP1939km 下游弯头处，转角 221°，隔离 56#和 57#阀室
开挖管道埋土	现场挖开管道埋土，发现管道无变形，排除管道变形的可能；地表温度 11℃，开挖后管道表面温度 8℃
蒸汽加热	蒸汽吹扫冰堵处 1.5h（图 7.14）
上游单侧放空	通过 56#阀室放空，压力由 6.21MPa 降至 5MPa 时，清管球倒退 700m（反推清管器至 KP 1938km 处）
下游单侧放空，通球成功	再打开 56#阀室主阀，关闭放空，同时打开 57#阀室放空阀，压力从 5.00MPa 降至 4.75MPa，在 1.46MPa 压差的正牵引作用下，清管球顺利穿过冰堵处

第二次卡堵	事件
—	清管器在运行至58#阀室下游约13~14km处，再次停止运行，停球位置为直管段
第二次解堵	**过程**
确定卡堵位置	清管器运行至58#阀室下游约13~14km处，停球在直管段
开挖管道埋土	挖开停球点，发现管道无变形，排除管道变形的可能
蒸汽加热	蒸汽吹扫冰堵处
卡球前后放空	将清管器前后压差升至2.0MPa，试图冲过停球点，但没有成功，清管球纹丝不动
蒸汽持续加热	在开挖点上方搭建保温棚，密闭蒸汽吹扫24h后，蒸汽车对停球点加热（3车蒸汽）
卡球点两端放空	关闭58#和59#阀室，打开放空，将两阀室间的管段压力降至2MPa；此时58#阀室上游压力约6MPa，59#阀室下游压力为5.6MPa。
关闭上游放空，通球成功	打开58#阀室后，在4MPa压差作用下清管球经过短暂震动后以3.5km/min的速率向下游射出，瞬间速率210km/h，清管检测器的指示灯瞬间闪过
收球	在压力和地势的作用下，清管球逐渐减速，距永昌站1km处，打开进站球阀XV1203收球，清管球在进站三通处停止，最终顺利进入收球筒。
第三次卡堵	**事件**
—	无详细说明

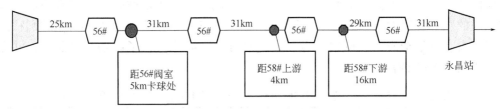

图 7.13　西气东输二线干线西段清管卡球相对位置示意图

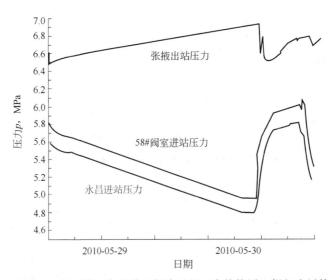

图 7.14　张掖—永昌段第一次卡球及解堵过程压力趋势图（据赵小川等，2012）

图 7.15　西气东输二线干线西段清管卡堵现场蒸汽加热管道（据赵小川等，2012）

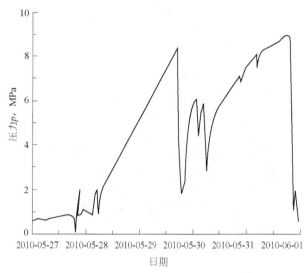

图 7.16　张掖进出站压力趋势图（据赵小川等，2012）

清管器前方的射流孔以射流的方式清除清管器前堆积的杂质，清理积水和管道建设初期遗留物。在清管器前面的 3 个皮碗上各有 4 个 $\phi50mm$ 的泄流孔，后面的 3 个皮碗上各有 6 个 $\phi50mm$ 的泄流孔。管球运动时，射流孔和泄流孔前后的压差造成节流效应，使得天然气降温生成水合物，同时由于射流孔和泄流孔的存在，管道在卡球过程中出现严重节流，在清管器前端局部管段急剧降温，给解堵造成较大困难。因此，清管作业应尽可能取消清管球的射流孔。

7.2.3.2　其他管段清管卡堵案例分析

根据张掖—永昌段清管经验，修改清管作业方案，清管器不开泄流孔，不安装临时在线排污管线和排污坑。在个别温度较低或高差较大管段清管前增加了注醇。除在烟墩—红柳段发生了冰堵问题外，其他管段正常。

为确保红柳—精河段清管作业安全，分析沿线压力与温度，烟墩站压力为7.02MPa，温度为15.5℃，高于该压力下水合物生成温度15.0℃；红柳站压力为6.40MPa，温度为11.1℃，低于该压力下水合物生成温度13.8℃。因此，在发球前对烟墩下游第一个阀室（36#）注醇1.44t。为确保加醇之后水合物形成温度降低到对应生产运行工况下的管输天然气温度之下：霍尔果斯—精河段、玛纳斯—乌鲁木齐段、乌鲁木齐—鄯善段、烟墩—红柳段、红柳—瓜州段注醇浓度满足28%（质量分数）；精河—乌苏段、鄯善—哈密段、哈密—烟墩段、瓜州—嘉峪关段、嘉峪关—张掖段、张掖—永昌段、永昌—古浪段，须注醇浓度满足25%（质量分数）；乌苏站场—玛纳斯站间，须注醇浓度为26%（质量分数）。

2010年6月28日13：45清管球从烟墩压气站发出，历时28h，于6月29日17：45到达红柳联络压气站。最终收球筒内清出直径1.3m、长度4.1m的冰柱，如图7.17所示。清管器前端皮碗刚进入球筒，后端皮碗还在收球筒变径位置，将清管器前端水合物清除后，再次倒收球流程，才将清管器整个送入收球筒。

图7.17　红柳站收球筒内清除的冰柱和清管器（据赵小川等，2012）

烟墩—红柳清管作业的经验及暴露出的问题，赵小川等（2012）总结如下：

（1）在清管前，必须对所辖管段所有的压力和地温情况逐一摸排，当压力与温度条件处于水合物生成曲线之上时，方可开展清管作业。

（2）投运前应利用清管器干燥，清出管道内的游离水。应保证清管器的密封性，清管器运行速度宜控制在0.5~1m/s。在管道日常运行管理过程中清管时清管器运行速度一般宜控制在3.5~5m/s。鉴于管道内可能存有较多的游离水，建议清管器运行速度控制在0.5~2m/s。按目前输气量和操作压力计算，清管器的运行速度约为1.3~1.6m/s，流速适中。

（3）清管前和清管期间管道沿线加甲醇，特别是低洼地段。根据计算，西气东输二线的天然气，注入甲醇浓度需要满足15%（质量分数），水合物生成温度大约降8℃。

（4）在烟墩—红柳清管过程中，清出长度为4.1m的大型冰柱，清管器无法进入1.3m筒体，通过此事反映出两个问题——收球筒尺寸过短，无法应对较多水合物冰柱的情况；收球筒上跨接线，尺寸过短，当清管器卡阻在大小头时，无法平衡清管器前后的压力，清管过程中特别是在取球过程中存在风险。

7.3 混相集输系统水合物堵塞案例分析

在混相集输系统中，水合物堵塞案例较多。因系统中游离水是必然存在于系统中的。只要系统运行工况，满足水合物的生成热力学条件，水合物则极易生成，严重的会堵塞管道，影响生产甚至发生安全事故。采用多法联用的方法，移除混相集输系统中的水合物移除方案是常见的。但是，针对不同的油气藏，也具有其特殊性。本节总结了国内外被报道的矿场集输系统内的水合物堵塞案例，可为学术研究和工程实践中及时解决混相集输管道内水合物冰堵提供借鉴与参考。

7.3.1 陆上混相集输系统堵塞案例

7.3.1.1 川西气田地面管线水合物堵塞案例

川西气田气井，开采初期具有较高压力，在天气寒冷的冬季和初春季节，普遍产少量凝析水，气井井筒及地面管线极易出现天然气水合物堵塞及由水合物引发的其他堵塞。表7.3列出了川西气田2004年投产地面管线堵塞情况。川西气田采用的气井水套炉加热后，地面节流降压，仅能防止水套炉后集输管线水合物的堵塞，对于井筒和井口到水套炉间的地面管线的水合物堵塞问题难以防控。地面管线解堵采取的措施，主要是利用高压管网气进行吹扫，但是高压气流不断冲刷管壁，不仅消耗大量天然气，而且存在较大的安全隐患。

表 7.3　川西气田 2004 年投产地面管线堵塞情况（据邓柯，2007）

气藏	气井	投产时间	影响正常生产时间，h	堵塞次数，次	堵塞减产 $10^4 m^3$
洛带遂宁组	金遂 18 井组	2004.11.16	258	52	19.9
	金遂 16 井组	2004.12.31	1103	68	23.0
	金遂 15 井组	2004.11.16	19	10	0.9
	金遂 14 井组	2004.12.28	18	4	0.2
合计			1448	134	44
新场上沙溪庙组	川孝 453	2004.12.01	14	34	0.3
	川孝 473	2004.01.18	14	4	1.0
	川孝 482	2004.07.20	78	22	1.95
	川孝 483	2004.1220	3	10	0.5
合计			109	70	3.75

7.3.1.2 榆林气田气井水合物堵塞案例

榆林气田部分气井，生产初期井口压力较高、井底较脏、生产不平稳等因素，水合物堵塞频次相对较高。王永强等（2007）总结气井、集输管线出现堵塞的原因，具体分析如下：

（1）气井产量低，气井内所产液在油管内易于形成液体的环状流，而造成井筒内的节流现象，导致井筒内的水合物堵塞；此外，产气量小易造成气流的携液能力下降，液体易于聚集在低洼的集气管线，对气流造成节流效应，易造成水合物堵塞。这是低产井易于反复出现油管和采气管线水合物交替堵塞的主要原因。

（2）新投产井易堵塞，主要源于前期井下作业的残留物多，易诱发水合物成核生长。

（3）榆林气田南部山区采气管线起伏程度大，弯头多，降低了气流的携液能力，易产生水合物堵塞。

（4）个别采气井管线太长，或采气管线相对产量较粗，气流温度损失较大，易造成低洼处积液而出现水合物堵塞。

水合物堵塞管线后，使用甲醇解堵的消耗量要远大于气井正常生产加注量，因此，合理注醇不仅能保障气井正常生产，还能减少甲醇的消耗量。

7.3.1.3　重庆气矿集输系统水合物堵塞案例

2007 年 11 月至 2008 年 3 月，重庆气矿集输管线、站内设备或埋地管线共发生冰堵 66 次，清管通球 189 次，影响天然气产量近 $40×10^4 m^3$，见表 7.4。从统计结果看，发生水合物堵塞最严重、堵塞次数最多、清管通球最频繁的管线，主要来自高含硫集输管线以及部分地处高寒地区的井站内节流效应较为突出的分离器分离头、过滤分离器、进站弯头、三通等。胡德芬等（2009）分析总结上述时间段重庆气矿堵塞频发的原因，总结如下：

表 7.4　重庆气矿各作业区 2007 年冬季水合物堵塞情况（据胡德芬等，2009）

作业区	管线冻堵		站内管线或设备		清管次数 次	影响气量 $10^4 m^3$
	条数 条	次数 次	堵塞点 处	次数 次		
忠县	1	4	0	0	80	0
开县	6	12	1	1	52	10.8
万州	3	3	5	41	38	22.5
开江	1	1	3	4	19	5.8
合计	11	20	9	46	189	39.1

（1）2007 年冬季，重庆遭遇了百年不遇的冰雪天气，站内设备全部处于裸露，无任何保温措施，且天然气中硫化氢含量较高，提高了水合物生成温度，导致了站内分离器分离头、弯头、三通以及埋地管线等节流效应较强的部位，冻堵严重程度高于集输管线。

（2）由于部分管线因消泡制度欠合理、消泡剂注入量较小、消泡不及时，液滴随泡沫被带进集输管线或下游井站，在冬季持续低温条件下，导致汇管埋地管线、弯管处以及分离器进出口管段，极易发生水合物堵塞。

（3）由于站内工艺设计不合理，埋地管线弯头、变径多，分离器施工焊接质量差，分离元件排列错乱，易于引起气流流突变与堵塞部位变径而缩小流动通道，在气温持续低温的冬季，加剧了水合物堵塞的问题。

（4）部分管线没设置清管系统，无法及时清理管线中的脏液（游离水、液烃及各种杂质等）会诱发、加剧水合物成核生成。

（5）注醇设备损坏未及时更换，间歇加注泵排量高（最小 47L/h，最大 160L/h）但加注时间短，雾化效果差，在管道内流体产量低、管径大、气速低的情况下，抑制剂很难随气流向下游流动保证防冻效果；部分井无正规的防冻剂加注装置，有的井只能利用发球筒、高级孔板阀或者是泡排车在解堵时进行临时性加注，且缺乏雾化装置，导致防冻剂效果不能得以充分发挥。

根据针对上述冻堵案例的分析，胡德芬等（2009）以下述两个案例，介绍现场所采取的解堵措施。

（1）针对 2008 年 1 月巴营站内池 37 井集气管线（ϕ159mm×7mm，5.3km，汇集池 37井、池 037-1 井来气，日集气量 26×10^{4}m^3 左右）频繁发生堵塞，主要表现在进站弯管处、进站至汇管埋地管线（图 7.18）出现冻堵，导致管线输压升高，造成池 037-1 井多次关井，池 37 井实施出站外放空生产的情况发生。针对巴营站内出现的冻堵现象，作业区开展现场办公，制定应急措施：首先，技术干部进驻现场，监控管线运行状况及防冻剂加注情况；随后，制定临时防冻剂加注制度。由于池 37 井至巴营站管线无防冻剂加注装置，现场采取泡排车加注防冻剂，每天分四个时段加注，每次加注乙二醇 5~10kg；出现异常加密加注；同时，及时调整管线清管周期，由 15d/次调整为 3d/次，确保管线正常运行；通过上述应急措施的落实，2008 年 1 月 25 日后管线恢复正常。

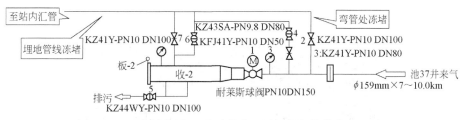

图 7.18　巴营站内池 37 井冻堵位置图（据胡德芬等，2009）

（2）针对 2008 年 1 月 28 日天东 5-1 井分离器积液包及排污系统出现堵塞，无法正常排污，雷达液位计无法正常显示，分离段和积液包温差增大的情况，现场判断积液包和排污管线被水合物堵塞。先后采取提高水套炉温度、利用车载泵加注热甘醇（120℃）等措施，但是解堵效果均不佳。通过分析分离器结构和堵塞情况，利用水套炉热水（控制炉温80℃），将水管缠绕分离器集液段，采取滴灌方式对集液段连续加热，同时调整排污制度，由原 36h 排污一次（自动排污）调整为 2h 排污 1 次后，使得分离器集液段、排污系统堵塞问题得到缓解。

针对因天东 52、池 37 井消泡制度不合理的情况，加强泡排井冬季管理，及时调整消泡剂加注制度，尽可能做到及时消泡，减少泡沫携液带入管线的可能性，降低堵塞概率。对于产水量较大的泡排井，建议实施泡排剂与防冻剂交叉加注，加注前应进行药剂配伍。

对于易于发生冻堵的工艺进行调整，如可以在气液分离器安装旁通管线，避免因气液分离器分离头的特殊结构引起水合物堵塞；可以减少弯头、U 形管和变径管，或者增大分离器分离头直径，减少节流效应；对于含硫天然气采取高低含硫气混输，降低管线中的天然气含硫量，达到有效降低水合物生成温度的目的；可以将自动排污阀前端的控制阀更换为平板闸阀，减少节流效应，同时选用通径大的自动排污阀，减小排污系统冻堵概率。

7.3.1.4 川渝气田地面管线水合物堵塞案例

川渝气田内部天然气生产，普遍采用湿气输送工艺，即井口天然气经井站水套炉加热、节流降压、分离计量后输送到集气站或净化厂脱水处理。

据周厚安等（2012）年报道，自 2002 年该气田随着硫化氢产量的增加，且高位压力运行，不断在气井、采输气管线、高压气举管线及地面集输站场设备发生水合物堵塞问题。每次冰堵采取热水淋、放空泄压、清管通球等措施解堵，每 3~5d 必须清管通球 1 次，每次清管均发现管内有大量固体水合物。

7.3.1.5 普光气田火炬分液罐排液管线水合物堵塞案例

普光气田中的火炬分液罐是集气站收集酸液的撬块。当罐中液位达到一定值，或通过吸污车和清水车拉运，或通过启动罐底泵来通过排液管线外输。一旦火炬分液罐排液管线，发生堵塞将会造成火炬分液罐冒罐。

2011 年 3 月 25 日，普光 302 集气站火炬分液罐，罐底泵到外输管线拆卸后发现严重堵塞，堵塞物质为水合物（图 7.19），经清水冲洗融化一部分后取出堵塞，物质管线得以疏通（吴志欣，2012）。

图 7.19 普光 302 集气站火炬分液罐罐底泵到外输管线中的堵塞物（据吴志欣，2012）

7.3.1.6 苏格里气田管线水合物堵塞案例

孟凡臣等（2014）报道苏 76 区块在投产期间的冬季，大约有 20~30 条管道发生冻堵，管道解堵的时间 1~24h 不等，个别超过 24h。管道冻堵不但影响气井的正常生产，而且解堵也需要加注相当大量的甲醇。

孟凡臣等（2014）根据苏格里气田的工艺情况，估算了管线堵塞的经济损失：如果以每口气井平均日产气（1~1.5）×10^4m³，天然气价格 0.85 元/m³，平均每天冻堵 30 条管道，管道解堵的平均时间 12h，每个月平均冻堵时间 15d，高发期 3 个月共冻堵 45d 为例进行计算，则由于冻堵造成气量损失费大概为 30×（15000/24）×12×0.85×45＝8606250 元（干管放空损失的气量未计入）。通常在管道发生冻堵之后加注甲醇进行解堵，将十分被动，且甲醇注入量也难以控制。

7.3.1.7 Chevron 天然气—凝析液管道水合物堵塞案例

Chevron 在 1996 报告了一例凝析气管道完全被水合物堵塞的案例。该管道内径为 152.4mm，长度为 24.14km。管道设计为绝热保温，在流动条件下，足以使流体的温度保持在水合物生成温度以上。该管道内以输送凝析液为主，无自由水产量，但天然气在管道入口压力和温度下，处于被水蒸气饱和状态，在输送过程中会从湿气中凝析出的游离水。

在环境温度为 3~5℃ 的情况下，在一段长时间的停输期间内，管道中发生了水合物堵塞。现场先后采用了联合解堵方法（Sloan，2010）：首先在管道堵塞体的两侧降压，然后使用一个电弧焊接装置将电流直接施加到该管道堵塞体附近 100m 的钢管上。当管道线路被加热到 20~25℃，加热解堵才有效。整个解堵过程花费了 2d 时间完成。

7.3.1.8 Werner-Bolley 天然气—凝析液管道水合物堵塞测试实验

Werner-Bolley 天然气—凝析液管道内径为 101.1mm，长度为 5km。日均产天然气 11.32×$10^4 m^3$、100 桶凝析液、10 桶凝析水。其管道地形图如图 7.20 所示，图上位点 1 到 5 均具有压力监测与传感装置。在位点 4，还设有密度计分析液体和固相状态。图 7.21 所示为采用 CSMGem 计算得到的水合物生成曲线及温度随管道的分布，数据显示在位点 2 之后，该管道已经进入到水合物生成区域内。

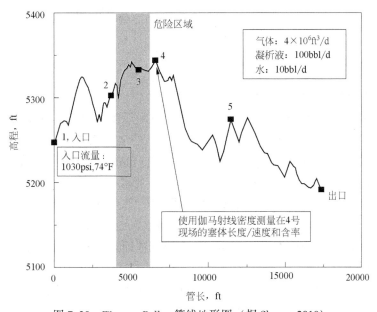

图 7.20 Werner-Bolley 管线地形图（据 Sloan，2010）

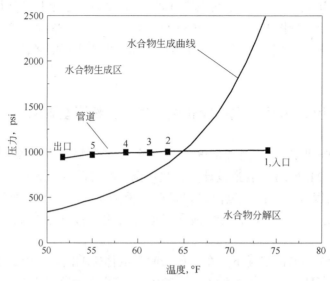

图7.21 沿线温度变化曲线和水合物生成曲线 （据Sloan，2010）

在1997年1月和2月，通过在井口停止注入甲醇、在正常生产状态下清管、然后维持正常生产之后，在该管道成功实施了四次水合物堵塞，通过单侧降压移除水合物方法被测试。水合物堵塞是在试验开始时，管道内无抑制剂，同时有少量水留存。四次堵塞过程具有类似的工况变化规律，测试结果列于表7.5，Test1和Test2的堵塞时间类似，短于Test3，略长于Test4。

表7.5 Werner-Bolley的水合物堵塞时间 （据Sloan，2010）

测试序号	第一次观察到压力变化的时间，h	首次出现压力峰值时间，h	堵塞时间 h	井头最大的压力，MPa	地面温度，℉
Test1	38	44	99	7.01	44.6
Test2	36	48	98	7.17	45.4
Test3	34	36	56	7.72	45.4
Test4	72	110	143	>8.27	43.8
平均值	45	59	99	—	44.7

图7.22展示了Test1和Test4中不同阶段各位点间压差、清管压力和位点4出测量的流体密度随时间的变化曲线，Test2和Test3的数据变化与图7.22类似（Sloan，2010）：图7.22早期阶段ESB（eearly-stage behavior）：P2-P5间的压差平缓，且缓慢增加；图7.22中期箭头过渡阶段MSB（middle-stage behavior）：随着水合物黏壁、剥离，堵塞动态建立，使得管道内压差急剧变化；部分堵塞已形成，导致管道内的压差增加。图7.22最终阶段FSB（final-stage behavior）：水合物堵塞形成，导致系统停输，表现在压差的急剧波动；图7.22堵后阶段PFB（post-flow behavior）：部分气体通过多孔的水合物堵塞体渗漏流动，或者无渗漏的停止流动。

四次测试水合物生成的位置在高点后的一个低洼水聚集点，该位置工况对应的温度具有大于6.5℉的过冷度。该过冷度被广泛应用为水合物生成所需的最低过冷度。

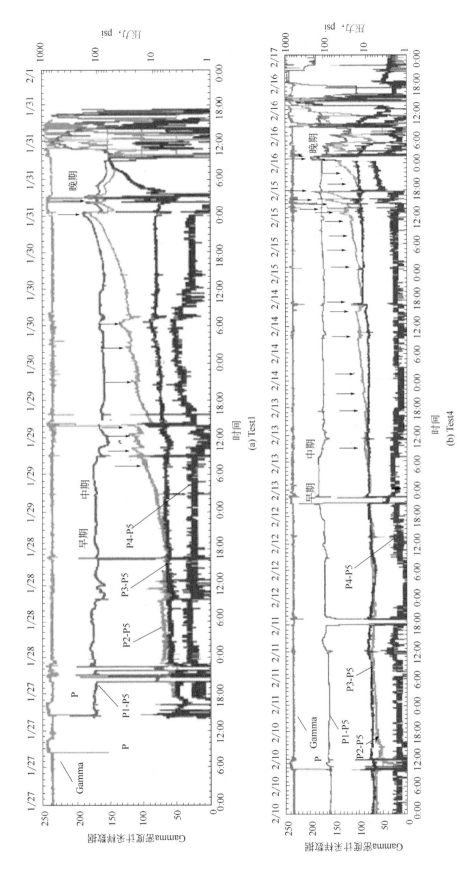

图 7.22　Test1 和 Test4 中各位点间间压差、清管压力和位点 4 处流体密度随时间的变化曲线（据Sloan，2010）

7.3.2 海上混相集输系统堵塞案例

7.3.2.1 渤西油气田海底管道水合物堵塞案例

2005年2月，渤西油气田海底输气管道曾出现过憋压现象，管道入口压力最高达2.8MPa（正常压力为2.1MPa），管道输量也大幅度下降，管道几乎接近停输。

通过增加甲醇注入量并在管道出口，实施多次放空降压等解堵措施维持了管道输气（兰峰等，2007）。几经反复后，管道恢复了正常运行，期间排出了约40m³积液。从处理结果上看，操作人员对管道堵塞问题的判断是正确的，处理措施也是基本合理的。

7.3.2.2 渤海某海底管道水合物堵塞案例

渤海某海底天然气输送管道，起点在油田A，经过12.8km在油田B处登陆，汇合油田B的天然气后经过28km输送至气田C。海底管道直径为254mm。该海管入口配备了注醇设备，在乙二醇长期注入的情况下，可保证管道内不发生水合物冻堵。但是，因该管道曾作为凝析油转运的海底管道，液烃转运过程中的底水夹带使该输气海底管道中发生了水合物冻堵。

油田A和油田B间管道压差的正常波动范围为0.1~0.4MPa。当海底输气管道发生冻堵时，管道压差波动有所增加。在海底管道发生冻堵后，在多种措施解堵后，恢复生产的海底管道压力和压差数据，如图7.23所示。

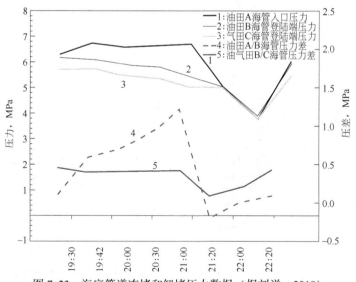

图7.23 海底管道冻堵和解堵压力数据（据刘洋，2018）

具体解堵过程列于表7.6中。刘洋（2018）对该海底管道的水合物堵塞和解堵进行了分析，总结出应关注的事项，讨论如下：

1) 初期压差升高阶段

(1) 加大甲醇注入量。特别在天然气还能流动的情况下应及时加大甲醇注入量。因现场从发现压差异常到明确发生冰堵，花费了一定的时间。尽管在 19:43 开始期间一直注入甲醇，但是注入量逐步提高，在注入接近一个小时的 20:30，系统解堵效果并不显著。这是因为甲醇从 A 入口注入需要一定时间才能流动到冰堵位置；但是，随着冰堵的发生管内流体的流速下降，携液能力下降，甲醇难以快速到达 12.8km 的冰堵点；此外，甲醇注入量的增加是逐步增加，提量时间长，未能达到甲醇解堵所需要的浓度。应在发现冰堵发生时，及时采用设备最大注入能力，以尽快降低冰堵风险。

(2) 降压。在发生冰堵的初期，单向降压的措施，不仅没有达到有效解堵，还存在堵塞块被推移的风险。从本案例最终的解堵情况来分析，双向降压起到了关键的作用。因此，在冰堵初期，应果断采取双向降压，同时大量注入甲醇辅助解堵，以避免降压不及时引起的冰堵加剧。双向快速降压效果的优于单向降压的措施。

2) 完全冰堵阶段

(1) 切断供气。要迅速切断供气，为降压作准备工作。

(2) 降压。将进出口压力同时降低，观察进出口压力变化，判断海底管道是否解堵。如果不行，需要继续降低出口压力，观察入口压力，当入口压力明显下降时，说明管道开始解堵。

(3) 初始通气。海底管道开始解堵后，入口开始供气，并保障大量甲醇注入。甲醇注入需在管道出口化验。一般对于注入乙二醇的管道，当下游乙二醇浓度高于 50% 时，海底管道发生的冰堵可能性较小。而实际上，在海底管道冰堵前两天，下游化验乙二醇浓度分布为 40.3% 和 39.2%，说明因管道内积水增多，加入的乙二醇浓度被稀释了，恰好在海底管道立管端聚集，尤其在登陆端，积存了大量游离水。因此，解堵过程中平台 B 海底管道登陆端，收球筒指示器会被冰块顶跳。

(4) 正常供气。观察进出口压差变化，保障海底输气管道运行压力必须在最低允许压力值附近，在不出现异常高压的情况下再加大供气量，同时终端逐步开始向下游供气，直到海底管道压力达到正常操作值为止。海底管道解堵后，仍存在大量积水，发生再次堵塞的可能性。因此，在大量注入甲醇和乙二醇的同时，应该维持海底管道在可以承受的最低 4MPa 下运行，避免再次发生冻堵。

该海底管道发生冻堵事件后，油田 A 采取了加密测量外输天然气水露点，持续监测排放至海底管道内的液烃含水量；优化天然气脱水系统，提高工作效率；根据下游油田 B、油田 C 的乙二醇浓度情况及时采取增加乙二醇注入量，并定期向海底管道内注入甲醇；加密海底管道的通球频率等方法，降低了海底管道水合物生成的风险，解堵后的海底管道未再次发生冻堵。

表 7.6　解堵过程（据刘洋，2018）

2017 年 5 月 3 日	压差变化情况	采取措施
2017 年 5 月 3 日 19:42	油田 A、B 间管道压差从平时 0.12MPa 上升到 0.6MPa	逐步提升甲醇注入量至 160L/h

2017 年 5 月 3 日	压差变化情况	采取措施
2017 年 5 月 3 日 20:30	冻堵未改善，油田 A、B 间管道压差上升到 1.31MPa	减少上游供气量，增加下游输气量，C 端单向放空
2017 年 5 月 3 日 21:00	C 端压力由 5.69MPa 下降到 5.0MPa，但是管道入口压力未下降，解堵失败	上下游，双向放空
2017 年 5 月 3 日 21:20	下游压力维持 5MPa，上游压力泄放到 4.9MPa，但恢复供气 海底管道入口压力快速涨到 6.3MPa，解堵失败，再次冻堵	继续双向放空，B 处利用收球筒流程，放空
2017 年 5 月 3 日 22:00	海底入口压力下降到 4MPa，C 端压力下降至 3.8MPa，B 收球筒处有冰块敲击海底管道声音导致过球指示器起跳，海底管道入口压力下降，出口压力上升并趋于同压，解堵成功	
2017 年 5 月 3 日 22:20	上游开始给终端海底管道供气，海底管道进出口压力缓慢上升，压差在 0.15MPa 以下的正常范围内	甲醇持续注入 24h 停止 海底管道运行数据恢复正常

7.3.2.3 番禺 35-1 输气管道水合物堵塞案例

水合物上游管线压力通过预留在脐带缆中的 25.4mm 管线泄放（图 7.24），水合物下游管线的压力通过设在 PY34-1CEP 平台上的泄放阀泄放，泄放终压是水合物融解压力 7MPa（环节温度 16℃），只需要 0.75h 即可以完成，且泄放气体量很小。

当水合物堵塞发生在靠近水下井口处时，通过脐带缆中 25.4mm 管线泄压解堵易于操作；随着堵塞位置向平台靠近，通过脐带缆中 25.4mm 管线进行压力泄放所需时间大幅增长，将导致大量的气体泄放，且很难泄放到融解压力。鉴于这种情况，当水合物堵塞发生在靠近平台处时，可以安装一根临时管线泄放气体到供应船的容器里，因此需要在井口预留一个接口用来连接管线到临时供应船容器（衣华磊等，2012）。

图 7.24　PY35-1 气井井口跨接管处泄放管线示意图（据衣华磊等，2012）

7.3.2.4 BP Pompano 外输天然气管道水合物堵塞案例

BP Pompano 的主要外输管线 Pompano（VK 989）天然气外输发生了水合物堵塞。原因是 Pompano 平台上气体脱水装置连续 4 天发生故障，导致有 4 天未脱水的湿天然气进入到该管道中输送。期间管道满足了水合物生成的必要条件，且随着其生成量的增加累积，最终导致该管道堵塞。Sloan 等（2010）总结了该案例的关键环节：

1）确认水合物堵塞，估算水合物生成量、生成位置及其分布情况

管道内生成的水合物量，可通过估算管道内累积游离水获得。该管道输送湿气时间为4d，该期间的日天然气输量为$1.8×10^4 m^3$，管内日游离水产量为$4.5 m^3$，换算成质量单位为4.5t。假设所有游离水均转化成水合物，以最不利的工况粗略估计水合物中气水所占质量分数分别为15%、85%。则最大的水合物的质量估算约为5.3t。

通过水下机器人进行管道密度检测，根据该堵塞案例所获得的密度数据，可预测水合物堵塞大约在距离 Pompano 平台1005.84m 的位置。以此密度测量数据，估算管道约有$60.96m×76.2mm$（约5.7t）的水合物。

尽管堵塞状况具有不确定性，但是两种方法估计的水合物生成量相似。基本可以确认堵塞位于距离 Pompano 平台1005.85m 的地方，该区域与管内天然气运行工况进入水合物生成区域的判断是一致的。

2）解堵策略制定与实施

专家与管道操作人员商定的解堵方案是：从堵塞体的两侧，缓慢小心地降低管道 VK 989 的压力。下游的阀门通过邻近平台 MP 313（Chevron）的一条管线将该管道与主管线隔离，并与堵塞体下游导通。

在解堵方案达成一致的同时，开始从 VK 989 立管端注入甲醇。随着管内压力的下降，共向立管底部注入了$9.45 m^3$甲醇。当 VK 989 处管道压力降至 3.35MPa，在 MP 313 处管道压力降至 2.07MPa 后，降低 MP 313 处的压力到 1.37MPa。随即，降低 VK 989 处压力到 3.30MPa，满足了12℃的水合物分解压力。根据堵塞体两端压力的变化，可以判定堵塞体的多孔性较好，并不是特别密集。接着，继续降低 VK 989 处压力到 2.75MPa，降低 MP 313 处压力到 1.37MPa。这个过程持续到 MP313 处压力下降到 0.68MPa，VK 989 处压力下降到0.86MPa。随后，VK 989 处压力降到与 MP 313 处压力持平为 0.68MPa。整个降压过程，用时 28h。

随后，再次通过水下机器人进行管内密度检测，定位水合物堵塞位置。数据表明，水合物堵塞体长度已经缩小为 1.52m，这被认为是最后需要被分解的残余水合物。将 VK 989 处的压力提高到 1.37MPa，试图将甲醇推送到堵塞体。但是，堵塞体出现了移动。因此，再次将该处压力降低到 0.68MPa，在大约 62 小时后，剩余的水合物堵塞体被完全分解。之后，管道升压、恢复生产。

这整个解堵过程中，共有$10.97 m^3$的甲醇被注入到 VK 989 管道。之后，在乙二醇抑制剂注入未满足要求之前，将采取甲醇注入的完全抑制方案，以保障后续的生产安全。累计停产 14 天，其中 10 天用于分析问题而获得一致的解堵方案，4 天降压解堵。

7.3.2.5　南美洲近海凝析气井水合物堵塞案例

在 1993 年，在南美洲某近海 181.3m 水域的凝析气井中的水合物堵塞案例被报道。该井使用了 177.8mm 套管和 88.9mm 油管。产量包括天然气和凝析液，约达到每天数百桶，含水率约为 6%（Sloan，2010）。

在一次 15 小时的生产测试之后，关井 25 小时以收集分析储层压力建立数据体系。这一

期间，油管处于7.2℃的海水中，管内存有高压气体，导致水合物的生成。油管内流体的温度接近-1.6℃，远低于水合物生成温度。导致油管内的钢丝绳工具被冻住，通过进一步的拉动导致其分离。现场通过将乙二醇注入油管顶部，使用加热的钻井液和海水，将地面压力提高到48.26MPa，以期打通水合物堵塞体。但是，上述措施均失效。实际上，升高压力更加有利于生成稳定的水合物，而不会疏通油管中的堵塞体。

最后，通过连续油管下沉到94.79m附近的水合物堵塞体位置，并循环注入79℃的乙二醇，使得该水合物堵塞体得到了移除。完成该堵塞体的移除总计耗费接近13天的时间。

7.3.2.6　BP Atlantis 外输系统跨接管水合物堵塞案例

2009年，BP报道了连接Atlantis天然气外输和Mardi Gras天然气输送系统的406.4mm的跨接管上，成功移除水合物堵塞体的案例。

Atlantis油田位于阿特沃特褶皱带西部，附近的油田还包括MadDog和Neptune（Sloan，2010）。水深范围1280.16~2072.64m。Atlantis油田位于Troika油田东南约80.46km，Mars油田西南约144.84km。从Atlantis油田生产的油气，分别通过MardiGras集油管道"Caesar"和集气管道"Cleopatra"运输到市场。图7.25和图7.26分别展示了从Atlantis到外输集气管线"Cleopatra"跨接的流程及布局示意图。

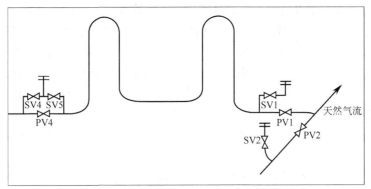

图7.25　Atlantis跨接到外输集气管线"Cleopatra"流程示意（据Sloan，2010）

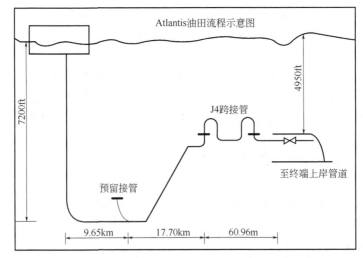

图7.26　Atlantis跨接到外输集气管线"Cleopatra"布局示意（据Sloan，2010）

水合物发生在 W4 井管线终端 PLET 上的 SV1 阀，在 Atlantis 和 MardisGras 的连接点的上游位置。通过伽马密度计监测到 J4 跨接管（图 7.26）上有水合物的生成。而在这个期间 Atlantis 还未投产，处于调试运行期。这说明 PV1 阀有内漏的现象，因为来自外输集气管线 "Cleopatra" 管线上的天然气是生成水合物气源唯一可能源头。

现场试图通过各种常规方法，如真空泵或甲醇注入等方法，多次分离水合物，但都未能成功。随后，暂停任何补救行动，直到制定出可实施的更安全的补救计划。在修复工作暂停后，集气管线 "Cleopatra" 和 Atlantis 生产平台的设施中，可以监测到缓慢但稳定的压力增加。实际上，此时在 P4 管道终端连接器 PLET 上的 SV-4 处于关闭时，Atlantis 生产平台的设施端的压力增加停止。通过随后模拟计算，与 SV-4 和 SV-5 连接器连接的调试操作中使用的临时阀组发生泄漏，估计约有 9000 桶海水泄漏到跨接管。在综合考虑了所有方案后，决定使用钻井装置将管道中的液体去除，然后通过化学药剂加注和降压移除了 J4 跨接管中的水合物。在水合物从跨接管中清除后，启动双侧减压，清除 SV1 和跨接管中的其余阻塞物。

整个移除工作，包括管道内海水移除、化学药剂加注和水合物分解移除。为了避免跨接管中有多处堵塞体，在海水移除过程中，通过在堵塞体附近多点增设应变监测设备，借助 ROV 监测管道应变的情况。应变监测数据表，在图 7.27 所示的 A 位置。在移除海水时，堵塞体两侧的压力信号可以联通。但是，不幸的是，随着海水被堵塞体 A 挤压，而使该位置难以实现堵塞体两侧的压力联通。通过 A 另一侧的应变无反应能得以验证。在堵塞体 A 和堵塞体 B 内圈闭的空间因水合物分解产生高压，从而能推动水流通过堵塞点 A。

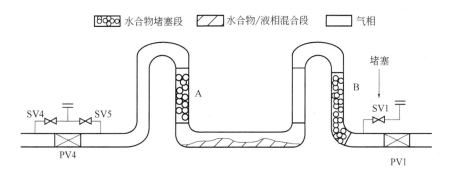

图 7.27　跨接管内水合物分布示意图（据 Sloan，2010）

在成功地进行了侧向脱水和干燥之后，开始了修复程序。跨接管上可以连接的点只有 SV1、SV4 和 SV5 三个 101.6mm 的阀。为了避免因钻井平台沉浮所导致的小管道的断裂，Atlantis 油田采油树安装了临时通路，可以连接到管道的跨接管上。一个 50.8mm 的柔性管道，可以连接一个临时管汇和跨接管，来测试生产和测试接头的状态。随后，一系列的控制和药剂管理测试被建立起来，比如在采油树设置防喷器 BOP（blow-out preventer）和 LMRP（lower marin riser package），并通过管柱、气举管柱和化学药品注入协同进行流动管理。

7.3.2.7　Tommeliten-Gamma 回接管道水合物堵塞现场测试

Statoil 的 Tommeliten-Gamma 回接管线到 Edda 平台的简图如图 7.28 所示。1994 年春天，

在该回接管路中开展水合物堵塞测试（Sloan，2010）。该回接管线，由两条生产管线组成，直径分别为228.6mm和152.4mm，没有绝热保温。

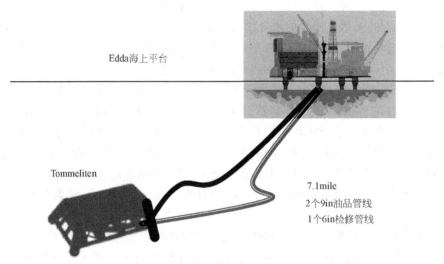

图7.28　Tommeliten海底回接管道连接到Edda平台示意图（据Sloan，2010）

　　在回接管路中的一条服役管道上，进行了8次水合物生成与堵塞试验。该凝析气田所产凝析液和水在分离器的质量百分比分别为16%和2%。虽然这部分所处北海地区的海拔高度非常平坦，但这条服役管线在海底井口和Edda平台之间跨过了几条其他管道，从而造成了管道起伏，易于水的聚集，在倾斜管段会发生水合物块的堵塞。

　　在测试过程中记录相关参数，包括：甲醇注入量、井筒温度，井筒压力、立管温度压力、测试分离器压力温度、立管顶部伽马射线密度计读数、节流阀位置、测试分离器油液位和水液位、测试分离器油气水质量流量等。水合物的生成不仅需要水的聚集，同时还需要充分的过冷度。如图7.29所示，在实验过程中，水合物堵塞始终发生在海底管道的同一位置。因此水合物易于在地形起伏大的低洼水聚集位置，且同时满足过冷度条件下生成。但是，水合物生成的时间及其长度会因具体工况不同而不同。图7.30所示为用商用多相流动计算软件OLGA®模拟计算的该管道地形中的积液情况。在测试的8次试验中，有4次在海底管道内形成了水合物堵塞，分别为4#、5#、6#和8#。

　　（1）1#测试，在管井后重新启动该管道并注入甲醇三个月。在管道启动前，管道内形成的堵塞体，主要是由于停输期间的阀门内漏，引起没有抑制的水进入到管道内。

　　（2）2#、3#测试，没有注入抑制剂，但是在立管出现了显著的压力和温度的波动，这是因为水合物堵塞在立管顶部平台的节流过程中生成了。

　　（3）4#测试，管道降压启动，平台侧压力显著提升在海底生成水合物。

　　（4）5#测试，以注醇失效而实现水合物堵塞，允许在稳态操作中形成，水合物生成位置如图7.29所示。

　　（5）6#至8#测试，是带压关井后重启过程中的水合物生成与堵塞测试。6#测试，没有注入抑制剂，管道堵塞了接近40h。在8#测试中，加醇注入量偏低，管道堵塞了约13h。7#测试，没有形成水合物堵塞，是由于该再启动是在前一次堵塞移除水合物注醇降压之后随即实施。通过压力的波动和伽马密度计的监测数据，可以确认并估计堵塞体形成的位置。

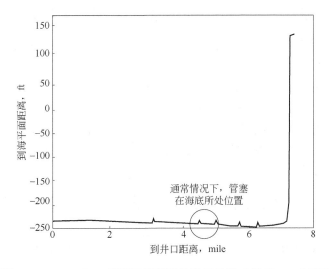

图 7.29　Tommeliten 海底回接管道地形拓扑图（据 Sloan, 2010）

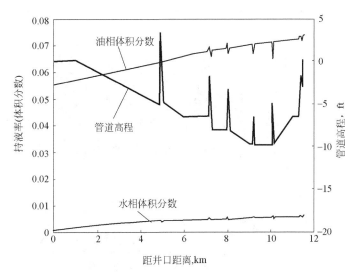

图 7.30　OLGA®模拟计算的回接管道地形变化引起积液情况（据 Sloan, 2010）

7.3.2.8　Matterhorn 气体外输管道水合物堵塞案例

2003, Total 的 Matterhorn Tension Leg Platform 在 Mississippi Canyon Block 234 完成了安装，水深为 853.44m。该采油树是干式生产，有两个外输的管道，分别是 203.2mm 的输油管线和 254mm 的输气管线。该外输气体管道，再通过一个 24.14km 的回接管线连接到 508mm 的输气干线上。在该输气管道内被报道了两次水合物堵塞事故（Sloan, 2010），均使用了连续油管输送甲醇到堵塞体位置的方法。

1) 第一次堵塞事故——在飓风 Ivan 发生后形成水合物堵塞

2004 年 9 月，由于飓风 Ivan 影响导致外输气体管线 GEP（gas export pipeline）出现严重的破坏。海底泥石流导致 508mm 的主输气干线发生了 91.44～198.12m 的位移，这导致 254mm 的 GEP 在连接点破坏，致使管道内进入了海水。在 2005 年 3 月修复清管作业过程中，形成了水合物堵塞。综合考虑，现场选用连续油管送入甲醇的方法移除该水合物堵塞。但是，在连续油管到达堵塞体前，还要以氮气替代立管所需压头，以维持系统压力防止水合物快速的分解。随后，进行液体置换后，管道降压移除堵塞体。具体实施过程，列于表 7.7。图 7.31 展示了水合物被清管器移除的照片。

表 7.7　Werner-Bolley 的水合物堵塞移除实施过程（据 Sloan，2010）

时间	实施过程
2005.3.29 至 2005.3.31	启动连续油管到达堵塞位置
2005.4.1 至 2005.4.8	化学药剂助力水合物堵塞体分解，但是效果不显著
2005.4.9 至 2005.4.14	立管注氮压力平衡，减压恢复生产移除堵塞体

图 7.31　水合物浆液实物及清管器推出水合物实例（据 Sloan，2010）

2) 第二次堵塞事故——在生产过程中形成水合物堵塞

2007 年 1 月，由于乙二醇脱水器再沸器故障，气体出口管路出现水合物堵塞。管道内初始压力在 20min 以内，从 9.1MPa 迅速增加到 10.3MPa，表明有水合物堵塞形成。管路所处的温度条件，使其过冷度接近 30°F，如图 7.32 所示。

由于脱水装置故障，具有较高露点气体流过 GEP。在 GEP 的低点估算约有 0.3bbl/d 的水积累，为水合物的形成创造了有利的条件。这种水合物堵塞发生的延迟，意味着水合物颗粒在数天内逐渐聚集，从而形成了初期相对松散、未固结的堵塞体。通过减压和大量注入甲醇，堵塞体被成功移除。其中，连续油管将甲醇送至堵塞体前端，又协助移除了堵塞体前端的液体。

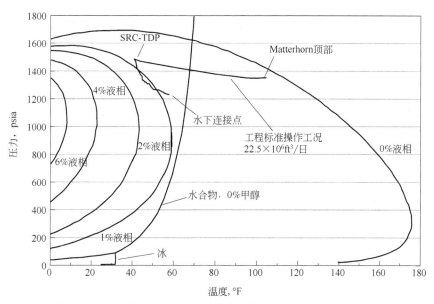

图 7.32　水合物生成曲线与气体相包线比较（据 Sloan，2010）

7.3.2.9　Merganser Field 水合物堵塞案例

Merganser Field 位于英国北海中东部地区。图 7.33 展示的是该区块发生水合物堵塞过程中压力的变化曲线。系统在停输关井约 1h 后重新启动。但是乙二醇注入系统未能一并启动。重启后，压力随流动的增强逐渐升高，表明水合物沉积的形成。当压力增大时，油嘴的产量迅速下降。此时，乙二醇注入系统启动，生成的水合物逐渐分解。在压力降低后，在乙二醇持续注入下再启动增产，没有水合物生成。因此，需要时刻监控系统的压力，才能降低意外事故工况发生所导致的损失（Sloan，2010）。

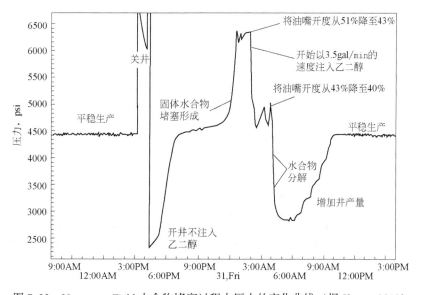

图 7.33　Merganser Field 水合物堵塞过程中压力的变化曲线（据 Sloan，2010）

7.3.2.10 Anadarko Independence Hub 平台水合物堵塞案例

Anadarko Independence Hub 的采油树 Jubilee #4 位置（见图 7.34）的正常工作压力为 27.57MPa，环境最低温度为 3.3℃。Jubilee #4 发生堵塞，压力的反应非常迅速，如图 7.35 所示，压力开始在 2∶35 增加，管线堵塞发生在 3∶05。根据压力变化和温度变化，推断最可能的水合物堵塞位置是 152.4mm 的跨接管 Jumper 或连接部位 Sled 或管汇。在 Jubilee #4 采油树下游的 2.25km 处，该位置流体的温度会从井口的 48.88℃ 下降到 6.66℃。

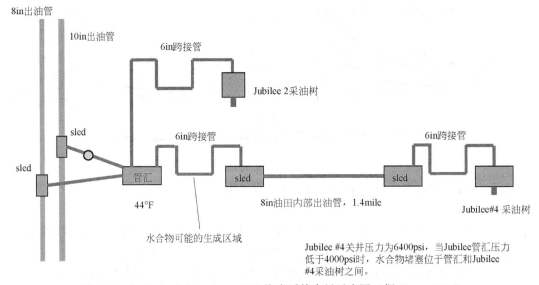

图 7.34　Anadarko Independence Hub 海底系统布局示意图（据 Sloan，2010）

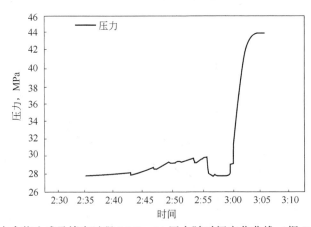

图 7.35　水合物生成及堵塞过程 Jubilee #4 压力随时间变化曲线（据 Sloan，2010）

通过从 Jubilee #4 井口和 Jubilee 2 井口向堵塞位置泵入甲醇，在 12d 的时间内完成了水合物堵塞体的移除。在此期间泵入了大约 24.60m³ 的甲醇（Sloan，2010）。图 7.36 显示 2008 年 11 月 6 日至 15 日期间的 Jubilee #4 压力变化曲线。表 7.8 列出了水合物解堵过程的关键环节。

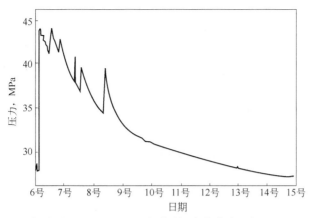

图 7.36 解堵过程 Jubilee #4 压力随时间变化曲线（据 Sloan，2010）

表 7.8 Anadarko Independence Hub 水合物解堵流程（据 Sloan，2010）

序号	实施过程
1	定期向 Jubilee#4 注醇，监测压力变化
2	ROV 到达，关闭 254mm 管线上 Jubilee#2 采油树在 SLED 上的阀门
3	开始从 Jubilee#2 向 Jubilee #4 注醇
4	甲醇注入量达到 18.92m³
5	打开 Jubilee #4 节流阀，提产到 0.28×10⁴m³/d
6	Jubilee#4 下游压力，迅速反弹增至 41.36+MPa
7	继续通过 Jubilee#2 向 Jubilee #4 注醇 5.68m³
8	再启动 Jubilee #4，所有该管线上连接的井均处于关井状态
9	增开 Jubilee #4 节流阀，5 步增至 0.05×10⁴m³/d
10	Jubilee#4 下游压力，在 10min 内从 17.95MPa 下降到 16.9MPa
11	增开 Jubilee #4 节流阀，36 步增至 0.22×10⁴m³/d
12	Jubilee#4 下游压力，在 12min 内下降到 16.609MPa
13	增开 Jubilee #4 节流阀，38 步增至 0.42×10⁴m³/d
14	Jubilee#4 下游压力，在 0min 内下降到 16.526MPa
15	增开 Jubilee #4 节流阀，40 步增至 0.62×10⁴m³/d
16	Jubilee#4 下游压力，在 10min 内下降到 16.568MPa
17	增开 Jubilee #4 节流阀，42 步增至 0.87×10⁴m³/d，并维持该产量
18	重启其他关停的井

7.3.2.11 West Boomvang 水合物堵塞案例

图 7.37 所示为 West Boomvang 的水下生产系统分布示意图。该系统可以输送来自 D1 PLET 和 D2 PLET 的流体。PLET（pipeline end termination）是水下回接开发方式中常用的水下设施，为油气田水下回接提供接口。在 2004 年 2 月 24 日，井 EB 686#2 投产，油气日产量分别为 3100bbl、23 0.65×10⁴m³，不产水。在 2005 年 3 月 25 日开始产水，至 2005 年 3 月

31 日的油、气、水的日产量情况分别是 47bbl、$0.056×10^4 m^3$、4400bbl。

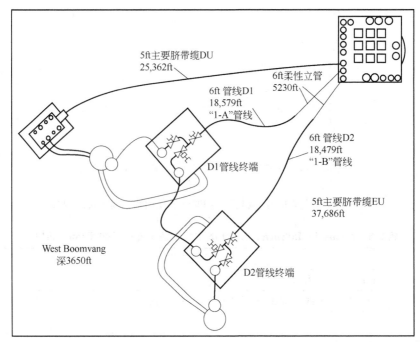

图 7.37 WestBoomvang 海底布局示意图（据 Sloan，2010）

图 7.38 是 D2 管线发生水合物堵塞时管线的压力温度变化曲线。通过降低 D2 管线的压力，同时通过全线清管移除了该堵塞体。初始井口降压到 1.96MPa，清除了 440bbl 的液体，包括水、凝析液和甲醇。在第二阶段和终极的降压过程中，191bbl 水被清除，同时还包括 81bbl 凝析液和甲醇（Sloan，2010）。详细的降压流程如表 7.9 所示。

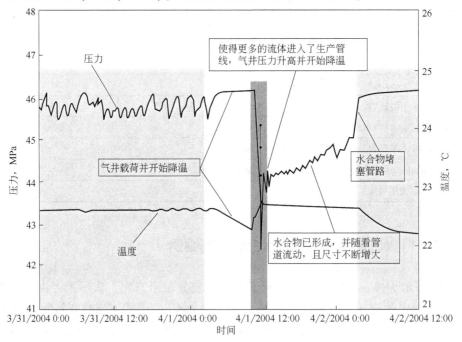

图 7.38 D2 管线出现水合物堵塞时压力和温度变化曲线（据 Sloan，2010）

表 7.9 Boomvang 水合物降压解堵流程（据 Sloan，2010）

序号	降压实施过程
1	关闭 EB641 #1，同时关闭登陆阀，通过脐带缆向井口和管路中注入甲醇
2	排空地面设施的余压，打开 D1 的清管阀门
3	向 EB641 #2 注醇，同时打开 D2 的清管阀门
4	使管内流体流向为从 D2 流向 EB641#2，通过清管环路进入到 D1 管线中
5	关闭清管阀，打开登陆阀，重启 EB641#1 井
6	通过井流清推出 D1 管线中在降压过程中留存的集液

序号	确认水合物已分解流程
1	通过管端和海底采油树端，用甲醇置换 D2 管线内流体
2	将甲醇泵入到 D1 管线，关闭登陆阀；允许 EB641 #1 给管线增压到地面预期关井压力的 75%
3	再次向 EB641 #2 注醇，打开两侧清管阀
4	打开 D2 登陆阀，随着压力的建立，流体从 EB641 #1 向 D2 流动
5	用缓蚀剂和甲醇置换 D2 管线中流体，直到地面设施能回收到药剂为止
6	打开 D1 登陆阀，关闭清管阀；吹扫 D2 登陆阀并关闭清管阀

7.3.2.12 Chevron Leon 凝析液管线水合物堵塞案例

从 Chevron Leon 平台通过 203.2mm 长 30km 管道，每日向生产平台输送 $2.83×10^4 m^3$ 的天然气和 20000bbl 凝析液。该水合物堵塞发生及解堵过程的关键信息列于表 7.10（Sloan，2010）。

表 7.10 Leon 天然气—凝析液管道水合物堵塞及解堵（据 Sloan，2010）

序号	过程
1	该管线处于停输状态，超过 1 个月的时间
2	注入 20% 的甲醇以启动该多相流动管线
3	3d 仅达到了正常产量的 10%
4	管线再次停输，时间小于 1 个月，没有甲醇注入
5	再次启动，管线压力经历了较快的提升，2.75MPa/min，意味着管道内形成了堵塞
6	在水合物堵塞分解前，经历了一段时间的甲醇注入和浸泡时间

图 7.39 是用 OLGA® 分析的在正常产量、90% 正常产量下的停输后管线内的集液分析。

数据表明：对于减产情况下的停输，水更易于聚集在距离管线入口较近的低洼处；这样稀释了留存在系统中的甲醇，从而促进水合物堵塞的形成。

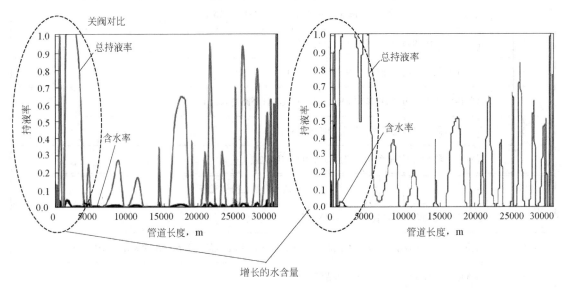

图 7.39 正常产量（左）、90%正常产量（右）停输过程集液分析（据 Sloan，2010）

图 7.40 展示管道中所有位置的运行温度，均低于水合物生成的相平衡温度。图 7.41 至图 7.42 展示了应用 CSKHyK-OLGA® 计算的系统中的水合物体积分数、压力随管线的变化。

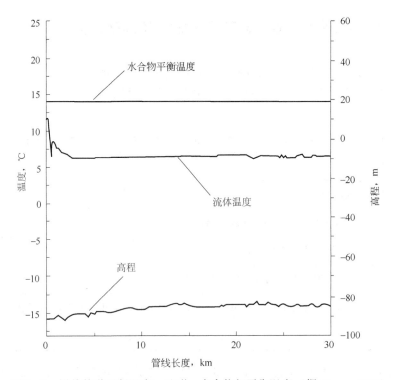

图 7.40 沿线管道运行温度、地形、水合物相平衡温度（据 Sloan，2010）

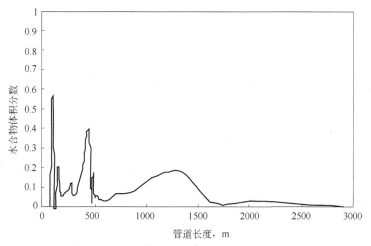

图 7.41　CSMHyK-OLGA®预测水合物体积分数（据 Sloan，2010）

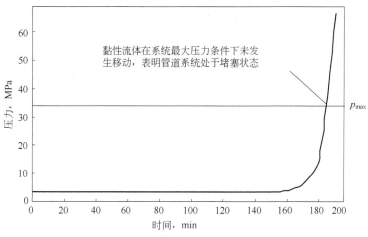

图 7.42　CSMHyK-OLGA®预测压力变化（据 Sloan，2010）

　　总之，预测管线中的积水位置及确定系统内需要注入的最低甲醇浓度，对于定位水合物堵塞和保障停输阶段的水合物堵塞防控而言，至关重要。

8 水合物法储运天然气技术

天然气作为一种清洁、高效的优质能源，在全球能源结构中的占比逐年增加。天然气储运主要的方式(吴长春等，2003)，包括管输天然气 PNG（pipeline natural gas）、液化天然气 LNG（liquidfied natural gas）、压缩天然气 CNG（compressed natural gas）、水合物法储运天然气等。以水合物法储运天然气，可充分发挥工业界非天然存在的气体水合物为人类所用特点。

水合物法储运天然气，也被称为天然气固态储存 GtS（gas to solid），是利用 $1m^3$ 水合物可储存 $150\sim180m^3$（标准工况下）天然气的特性，将天然气在一定的压力和温度下，转变成固态晶体水合物储运（Makogon，1997；Sloan 等，2007；樊栓狮，2005；陈光进等，2020），涵盖水合物的生产、运输、气化等关键技术环节。在小输量、中等运距的零散气田和边际气田的天然气输运中，该技术具有显著优势（Gudmundsson 等，1994；1995；1996；1998；1999）。本章在概述水合物法储运天然气技术的基础上，指明了该技术工业推广所需关注的关键技术与工艺环节，并对该技术的应用现状进行总结与展望。

8.1 水合物法储运天然气技术概述

8.1.1 天然气储运方法简介

天然气储运的方式，除了管输天然气、液化天然气、压缩天然气、水合物法储运天然气外，还可以吸附天然气，或将天然气转化为液体（将天然气或其他气态烃转化成长链烃类，如汽油或柴油的炼油）、转化为商品（将甲烷合成转化为甲醇、氨、合成原油、润滑剂或化学品制造的前体，例如二甲醚）、转化为电力（用气体发电能量转换成电力运输，也是天然气的储运方式）（Thomas 等，2003）等。本节将对天然气储运主要方式管输天然气、液化天然气、压缩天然气、吸附天然气、水合物法储运天然气进行简要介绍。

8.1.1.1 管输天然气

管输天然气的主要储运设施是天然气管道输送系统，一般由输气管段、首站、压气站、中间气体接收站、中间气体分输站、末站、清管站、干线截断阀室、线路上各种障碍（水域、铁路、地质障碍等）的穿跨越段等部分组成。为满足调峰和应急供气的需要，在输气管道终点附近，通常建有配套的地下储气库或地面储气站。

天然气本身的固有特性，决定了管道是其最合适的输送方式，它适用于整个天然气供应链上的每一个运输环节。作为连接气源和输配气系统的纽带，长距离输气管道具有距离长

（一般从几百千米到几千千米）、管径大（一般在 400mm 以上）、输量大、输送压力高（一般高于 4MPa）、可以连续运行、投资规模大等主要特点。长距离输气管道的输送成本，在很大程度上取决于其输送能力和输送距离。一般而言，在距离一定的条件下，管道输送能力越大，其满负荷运行的输送成本就越低。在满负荷运行的前提下，输气管道的最大经济输送距离与输送能力密切相关。输送能力越大，最大经济输送距离就越长。因此，输气管道特别适用于大运量的天然气运输。但是，因为其初始投资成本很高，需要相当大的经济规模，对于一些中小油气田或是零散的用户来说，采用这种运输方式不经济。随着运量的减小，输气管道的最大经济输送距离可能小于实际运输距离，此时采用压缩天然气或液化天然气散装运输，有可能比管道运输更经济。

现代意义上的输气管道已有近 120 年的发展历史。在北美、苏联和欧洲，天然气管道已连成地区性、全国性乃至跨国性大型供气系统。1963 年，我国建成第一条输气管道——巴渝管道。直到 20 世纪 80 年代中期，我国的输气管道还主要分布在川渝地区。自 90 年代以后，我国天然气管道的发展步伐显著加快，截至 2020 年，全国已经形成了"三横三纵"的全国性天然气管网。

从总体上看，我国天然气管网实现了川渝、长庆、西北三大产气区与东部市场的连接以及储气库、LNG 接收站、主干管道的联通，实现了东北、西北、西南及东部沿海四大进口通道（图 8.1），形成了"西气东输、北气南下、海气登陆"的格局。根据《中长期油气管网规划》，我国中长期的天然气干线规划图，管输天然气将会持续成为天然气大量储运的方式。

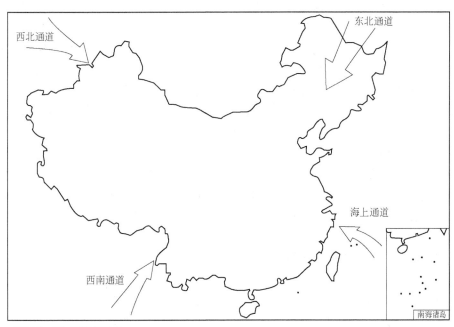

审图号：GS (2008)1156号

图 8.1　我国天然气管网四大进口通道［以 GS（2008）1156 为底图］

8.1.1.2　液化天然气

在常压下，当温度降至 −163℃ 时，天然气会由气体转化为液体，被称为液化天然气。

液化天然气是一种无毒、无色、无气味的液体，在-163℃下的密度约为425kg/m³。液化天然气能量密度接近汽油，其体积是标准工况下气态体积的1/600左右。因此，在某些特定条件下，以液化天然气形式进行天然气储运会比气态天然气更经济（吴长春等，2003）。

采用液化天然气的形式供应天然气涉及的关键环节包括天然气液化厂、液化天然气的储存、液化天然气的运输及接收站等（顾安忠等，2015）。按液化天然气的目的，可将天然气液化厂分为基本负荷型、调峰型。液化天然气可通过地上金属罐、地上金属/混凝土罐、地下罐三类，低温（<-161℃）、常压（<0.03MPa）储存（顾安忠等，2015）。液化天然气的运输方式，包括海上船运、内河航运、陆上罐车运输。从全球范围看，液化天然气的陆上运输规模，远远小于海运。在国外，陆上运输主要是作为液化天然气接收站到卫星站的一种转运方式。液化天然气接收站的功能是接收、储存和再气化液化天然气。截至2020年6月，我国已投运LNG接收站22座，总接收能力7440×10⁴t/a（郑晨，2020）。

但是，因天然气液化临界压力高，临界温度低，液化成本很高。液化天然气在储存和运输过程中，需要保持低温以维持液化状态，致使液化天然气储运的投资大、运行费用高，只有在运量大的远洋贸易中才能表现出更强的运输优越性。液化天然气的海运在国际天然气贸易中占有重要地位，运距超过7000km的天然气运输几乎都采用这种方式。

8.1.1.3 压缩天然气

压缩天然气是以高压状态储存于专用储罐中的气态天然气，其压力一般为20~25MPa。在25MPa情况下，天然气可压缩至原来体积的1/250，大大降低了天然气的储存容积。但是，由于储存压力的增大，也对压缩天然气储气瓶提出了很高的要求（吴长春等，2003）。

压缩天然气可作为汽车燃料，可直接在压缩天然气母站给压缩天然气汽车加气，也可通过专用钢瓶拖车将压缩天然气运输到各个加气子站。压缩天然气也可作为民用或工业气源，通过压缩天然气母站将天然气压缩到压缩天然气专用拖车上的高压储气瓶组中，然后将其运至配气站，最后在配气站将瓶组中的CNG减压并输入到配气管网或储气罐中。

压缩天然气须采用高压储存方式，要建立专门的高压加气站，配备多级压缩系统，建设投资和操作费用高；高压容器制造成本高，对材质要求严格，并需要定期进行检查；同时，若采用壁厚的高压储罐，会增加了车辆的自重。因此，与管道输送方式相比，压缩天然气具有灵活性强、投资少等特点，特别适合于用气量不大、用户距气源及输气干线较远的情况。

8.1.1.4 水合物法储运天然气

水合物法储运天然气，是通过高压、低温条件，将天然气储存于水合物中。相较于其他天然气储运与输送方式的优势，水合物法储运天然气系统安全性和可靠性强，在经济性方面具有一定的优势（樊栓狮，2005；陈光进，2020）。

在运输安全性方面，水合物是固体，其体积不会在短时间内变化，分解需吸热，在无传热途径的情况下，分解量小，释放天然气速度缓慢，不仅可以在一定的低温、压力（在冷冻到-15~-5℃左右时，即可常压保存）下维持长期稳定存在，与液化天然气、压缩天然气相比更具有不易燃烧、防止燃烧和爆炸事故的高安全性的优势。

水合物以天然气、水为介质，生产工艺简单、环保，分解后几乎可以百分之百释放出天然气，固定投资少成本低，整体效益大，处理过程的灵活便捷、可操作性强，可以实施小型化、小规模、模块化的设计，适应低产量或低运量的需求。因此，水合物法储运天然气，可作为零散气田、边际气田小批量天然气的储运方式，也有利于中小型天然气消费群体（广袤、分散的农村和偏远乡镇）的增加，还可用于中心城市较大规模的天然气调峰，对我国宏观能源战略应用具有重要而迫切的现实意义。但是，天然气法储运天然气技术的工业化应用，还需要解决大规模快速生成、固化成型工艺、集装和运输过程的安全等关键技术问题。

8.1.2　水合物法储运天然气技术发展历史

早在 20 世纪 40 年代末，美国科学家提出了一种固化天然气的储存方式，为当时城市燃气的储存、调峰提供了一种新的手段（Miller 和 Strong，1946）。但是，早期研究者认为利用高压防止水合物分解的设备费用高，而常压下水合物大规模储运需要极低的温度。而常压甲烷水合物相平衡温度为−80℃（Veluswamy 等，2018），也就是说常压下只有储存温度低于−80℃水合物才能稳定。虽然，也有研究指出常压下−32℃的储存在技术上是可行的，但是大量水合物以这样低的温度储运，经济性不高。因此，在当时得出结论是该技术实用性不强，难于实践（Gudmundsson 等，1995）。

随着学术界对水合物基础理论认知的不断深入。20 世纪 70 年代，Exxon 和 Chevron 公司发明了一种水合物法储运天然气的方法（Veluswamy 等，2018）。20 世纪 90 年代，Gudmundsson 等（1994，1995，1996，1998，1999）提出了水合物可以在常压下大规模储运的可行性，即通过实验证实了在 2~6MPa、0~20℃制备的天然气水合物，在绝热条件常压下可以以−5℃、−10℃、−18℃的温度稳定存在 10 天。当温度为−18℃时，十天的时间中水合物气体的释放量仅为其包含气体量的 0.85%（Gudmundsson 等，1994）。与此同时，水合物处在−31~−2℃区间内分解，表现出的"自我保护效应"更加有助于水合物在大气压下长达数天或数周的稳定储存（Sloan，2007；Stern 等，2001）。这为水合物法储运天然气产业化提供了理论依据。随后，英国、美国、日本等国家从上个世纪末至今均加大了对水合物法储运天然气技术的研发力度（樊栓狮，2005）。

英国 BG Group 天然气集团于 1993 年发起了以水合物作为一种低成本的跨洋天然气运输替代方法（Fitzgerald，2001），为发电设施或其他天然气客户提供天然气。从 1996 年到 2000 年，Advantica 在 BG Group 的资助下，开展了水合物法储运天然气的实验室测试、中试工厂测试及初步商业实践的研究（图 8.2）。

美国 Marathon 石油公司开展了水合物法储运天然气相关技术应用的研发推广工作。美国国家天然气水合物中心，启动了水合物用于调峰储气中试的研究项目、NGH 汽车探索项目等（Yevi 等，1996）。在 1999 年，美孚石油公司发明了一种存储 NGH 的容器，可以利用来自太阳的热能分解气化水合物（Veluswamy 等，2018）。

自 21 世纪初期，水合物法储运天然气技术 GtS 的工业应用被日本三井工程和造船公司（Mitsui Engineering & Shipbuilding，MES）及其合作伙伴日本石油天然气金属国家公司（Japan Oil, Gas and Metals National Corporation，JOGMEC）所推广应用。2001 年，MES 成功实现了天然气水合物的高速连续生产及全面研发。2003 年，MES 建成了第一阶段工艺开发装置（process development unit，PDU）（图 8.3）投入运行，日产量为 600kg（Nogami 等，

2008），产生的粉末制成 NGH 颗粒状，如图 8.4 所示。2005 年，第二阶段生成单元（bench scale unit, BSU）（图 8.5）建成，该单元能连续、成功地实现天然气水合物的生产，如图 8.6 所示（Nogami 等，2012）。2008 年 11 月 MES 与日本新能源和工业开发组织（New Energy and Industrial Technology Development，NEDO）合作，在日本最大的 LNG 进口终端之一的柳井电站（CEP，The Chugoku Electric Power Co.，Inc）建立了日产 5t 水合物颗粒的生产装置（图 8.7），并测试了将该厂生产的水合物颗粒通过运输车运送到 100km 的两个天然气用户地，再气化给使用燃气发电机的工业用户、城市燃气消费者（Nogami 等，2012）。这被称为是世界上第一个陆上水合物法储运天然气的工业运输链。

图 8.2　英国 BG 公司试验工厂（据 Fitzgerald 等，2001）

图 8.3　MES 工艺开发单元 PDU（据 Nogami 等，2008）

2012 年，韩国工业技术研究所（Korea Institute of Industrial Technology，KITECH）的研

图 8.4　MES 生产的水合物颗粒（据 Nogami 等，2008）

图 8.5　MES 批次生产单元 BSU（据 Nogami 等，2008）

图 8.6　BSU 生产的水合物颗粒（据 Nogami 等，2008）

究人员，提出带有冷却夹套的双螺旋不同方向旋转的水合物反应器，可以有效地去除未反应的水，加强水合物的形成；同时发明了一种用于储存、运输和分离水合物颗粒的容器。

图 8.7　MES 日产 5t 水合物生产厂（据 Nogami 等，2008）

图 8.8 展示了水合物形成、降温与减压、制颗粒、储罐、再气化（5m³/d）等现场的照片，该生产单元具备日产 1 吨的水合物颗粒的生产能力。2012 年，德国在综合项目 SUGAR（submarine gas hydrate reservoirs）的支持下，全面研究了水合物法储运天然气的技术性（Rehder 等，2012），指出无论是资本密集型生产工厂还是颗粒低能量密度，均导致 NGH 运输运营成本高，对整体经济都有不利影响。

图 8.8　韩国工业技术研究所的 NGH 生产工厂（据 Veluswamy 等，2018）

　　总之，水合物法储运天然气的技术具有巨大的应用市场和发展潜力，但是相关方面的基础研究仍需深入。例如，水合物的大规模快速生成、固化成型、集装和运输过程的安全等问题（Veluswamy 等，2018）。该技术的发展与应用，必将带动相关工业链的发展，产生显著的经济效益和社会效益，同时对我国宏观能源战略决策具有重要而迫切的现实意义（陈光进等，2020）。

8.1.3　水合物法储运天然气技术经济分析

水合物法储运天然气技术的核心，是将天然气转化为固体水合物，储存、运输天然气。水合物生产设备、水合物分离设备和水合物运输设施等，是该技术的重要资本支出（Gudmundsson 等，1995）。随着技术的发展，水合物法储运天然气实施所需的资本支出与运营成本，都会呈现出不同程度的降低。Fitzgerald（2003）给出了水合物法储运天然气供应链的成本分解图（图 8.9），其中 NGH 生产占成本相对密度最大（为 63%），储存与运输成本次之（占 22%），气化和原料气处理成本较低（分别为 8% 和 7%）。

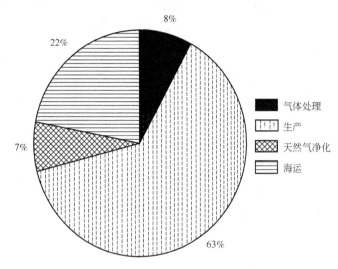

图 8.9　水合物法储运天然气供应链成本分解比例图（据 Fitzgerald，2003）

依据不同的前提条件和数据，研究者们给出的水合物法储运天然气技术经济性分析各不相同（陈光进等，2020）。总体上看，大多数研究认为水合物法储运天然气在买方市场小或是油气田生产周期短、没有敷设管道的价值时，具有较强的竞争优势（Thomas 等，2003）。为客观地理解水合物法储运天然气技术的可行性和经济性，本节系统总结了文献报道的有关水合物法储运天然气经济性分析的经典案例。

8.1.3.1　以支出成本为主的经济分析

Gudmundsson 等（1995，1998）对水合物法储运天然气、液化天然气在输运等量标准工况下天然气年产量 $4 \times 10^9 m^3$、资本支出不同运距的情况进行对比，运距为 5500km、6475km 的结果，分别列于表 8.1 和表 8.2。结果显示水合物法储运天然气的总资本支出较液化天然气而言总体低出四分之一，也就是说在经济上表现出比液化天然气更强的竞争力。水合物法储运天然气技术的主要优势表现在：其一，水合物生产及气化工艺简单，可利用当地资源、工厂和人力，专业化要求低，设备成本低；其二，固态天然气水合物运输船的设计建造比液化天然气运输船更简单，只需要在普通油船上保障一定的绝热条件即可，且长距离运输的安全性更强。

表 8.1   运距 5500km 下的总资本支出对比（据 Gudmundsson 等，1995）

项目	液化天然气		水合物法储运天然气		费用差	
	成本 百万美元	占总额比例 %	成本 百万美元	占总额比例 %	成本 百万美元	占总额比例 %
生产费用	1489	56	955	48	534	36
运输费用	750	28	560	28	190	25
汽化费用	438	16	478	24	-40	-9
总额	2677	100	1995	100	684	26

表 8.2   运距 6475km 下的总资本支出对比（据 Gudmundsson 等，1998）

项目	液化天然气		水合物法储运天然气		费用差	
	成本 百万美元	占总额比例 %	成本 百万美元	占总额比例 %	成本 百万美元	占总额比例 %
生产费用	1220	51	792	44	428	35
运输费用	750	32	704	39	46	6
气化费用	400	17	317	17	83	21
总额	2370	100	1813	100	557	24

为了更好地对比水合物法储运天然气与管输天然气、液化天然气、合成原油的经济性，Gudmundsson 等（1998）以运距变化下与各运输方式的成本花费进行对比分析，如图 8.10 所示。其中，管输天然气是以 508mm 海底管道为例，按 100 万美元/km 核算其投资成本；合成原油的投资成本，以高于液化天然气约 30% 计算；水合物法储运天然气投资成本按液化天然气的 25% 计算。数据表明：运距大于 1000km 时管输天然气的成本会高于水合物法储运天然气，运距大于 1800km 时管道运输成本会高于液化天然气；在运距小于 6000km 时，液化天然气比合成原油的投资成本低；当运距较长时，合成原油的经济效益才能优于液化天然气。

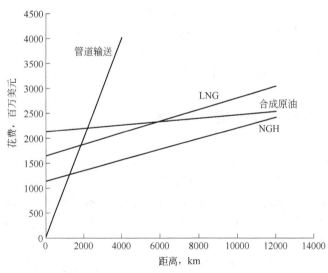

图 8.10   四种天然气输运资本支出与运距关系（据 Gudmundsson 等，1998）

Nogami 等（2012）分析给出了管道输送、压缩天然气输送、水合物法输送、液化天然气法输送这四种天然气储存输送供应链的资本支出与运距关系，如图 8.11 所示。显然，在中小产量的中短途运输距离情况下，水合物法储运天然气具有较强竞争力。特别是在 1~1.5mpta* 产量、运距 1000~6000km 的情况下，其水合物法储运天然气的资本支出要低于液化天然气法约 20%。

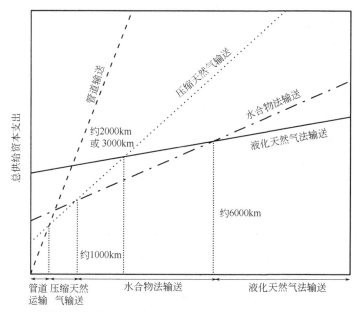

图 8.11　四种天然气储运方式资本支出与运距关系图（据 Nogami 等，2012）

Veluswamy 等（2016）在可比条件下，分别以水合物法与压缩天然气法储存等量的 67988637m³ 甲烷为前提，分析两种储存方式的资本支出和运营支出，列于表 8.3。数据表明在更温和的储存条件下，采取水合物法储存天然气开发 $15 \times 10^4 \mathrm{m}^3$ 的储罐，会比压缩天然气法具有更大的潜力、更低的资本支出和更低的运营支出。

表 8.3　压缩天然气法、水合物法储存天然气的成本估算（据 Gudmundsson 等，1998）

储存方式	储量	生成工况	存储工况	资本支出	运营支出
压缩天然气法	115	9.7MPa、10℃	9.7MPa、10℃/0℃	1158.4 百万美元	217 百万美元
水合物法	115	5~7.2MPa、10℃	0.1MPa、0℃	717.5 百万美元	155.6 百万美元

8.1.3.2　以运输能力为主的经济分析

Fitzgerald 等（2003）以英国 BG Group 公司水合物供应链为背景，给出了不同气体输送方法适宜的输量及运距的对比，如图 1.4 所示。以某陆上油气田每天需要向一个电力项目提供 $5.66 \times 10^6 \mathrm{m}^3$ 的天然气，单程运距约为 2000km 为基础，据图 1.4 可知在缺乏天然气基础设施的地区，所设计案例产量及运距需求下，水合物法储运天然气是具有最低运输成本的技术。因此，Fitzgerald 等（2003）指出水合物法储运天然气可以使海上被搁浅的经济效益差

---

* 1TCF÷20 年恒生产 = 50 BCF/年 ≈ 1.35BCM/年 ≈ 1mpta。

的伴生天然气项目重新获得具有经济价值的开发机会。因此，以干式工艺生产水合物颗粒被Fitzgerald 等（2003）认为是最为经济的天然气运输的方法，只是需要对大宗运输干式水合物的新技术，有待深入进行经济性的考量与分析。

　　Javanmardi 等（2005）根据其所提出的水合物生产工艺参数，估算了所需关键设备——压缩机、冷凝器、换热器、分离器、干燥器、反应器、泵、水合物存储罐等的总资本投资、运行维护费用和生产总成本。以承运载荷为 250000m³ 的水合物运输船为例，按单船资本支出为 8×10^8 美元，船年运营维护成本为 1200×10^4 美元。在日产量为 $7.08 \times 10^6 m^3$ 的情况下，结合工艺总成本、船运总支出，确定了以伊朗南部的 Asaluyeh 港口为起点，以水合物海运天然气到不同运距天然气市场所需费用，详见表 8.4。数据表明，液化天然气的资本成本，会高出表 8.4 所列水合物法储运天然气的成本约 48%。考虑到经济性和可行性，对于产量不高的滞留伴生气，水合物法储运天然气将是最合适的选择。

表 8.4　单位能量天然气不同运距成本（据 Javanmardi 等，2005）

不同天然气市场	费用 美元/MJ	不同天然气市场	费用 美元/MJ	不同天然气市场	费用 美元/MJ
中国	0.002711	韩国	0.002806	西班牙	0.002635
日本	0.002844	印度	0.002237	比利时	0.002825

　　Rehder 等（2012）将水合物法储运天然气与海底管道、液化天然气、压缩天然气的储运方式进行对比分析，得到了与大多数正面评价水合物法储运天然气经济性评价不同的分析结论。该经济分析的案例背景，是将产量为 20000m³/h 的天然气在生产压力为 7MPa 的情况下运输 1000km。以此梳理四种不同天然气输送方式的关键技术环节（图 8.12），并给出四种天然气输送方式单位输送质量的总支出，如图 8.13 所示。其中，液化天然气、压缩天然气的能耗分别是 12% 和 11%，而水合物法储运天然气的能耗相对较高为 24%，管道能耗占比较低没有列出。在此基础上，考虑了天然气输送前、输送中、输送后（包括设备建设及运维费用）总支出，忽略海上设备成本及承运费用随市场波动的影响，Rehder 等（2012）给出单位质量天然气以水合物法输送、液化天然气法输送和压缩天然气法输送能耗占比对比关用，如图 8.14 所示。图 8.15 数据表明：海底管道的总成本主要是海底基础设施的建设费

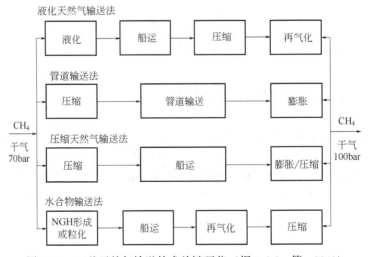

图 8.12　四种天然气输送技术关键环节（据 Rehder 等，2012）

用，而输运过程费用可以忽略不计，因此该运输方式对中/大容量、小/中距离特别重要；但是，对于资本支出占主的液化天然气而言，船舶运输运营成本相对较低，因此该运输方式适用于中/大容量和远距离的市场；压缩天然气的生产装置简单且存储系统能量密度低，因此该运输方式适宜小容量和小/中等距离的市场；然而，对于水合物法储运天然气而言，表现出资产投入高，船运水合物所需的高额租金和燃料成本增加导致运输运营成本增高，所以该运输天然气的方式与图 8.15 中三种天然气运输方式相比，既没有能源效益，也没有经济效益。因此，图 8.15 中并未列出水合物法输送天然气，而且 Rehder 等（2012）还指出与液体或气体转移相比，在恶劣的海上条件下，装卸固体水合物具有很大的挑战性。依 Rehder 等（2012）的研究数据分析，水合物法储运天然气与成熟的海上液化天然气运输技术相比，优势并不显著。

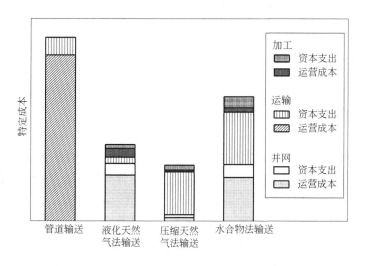

图 8.13　四种天然气输送方式单位输送质量的总支出（据 Rehder 等，2012）

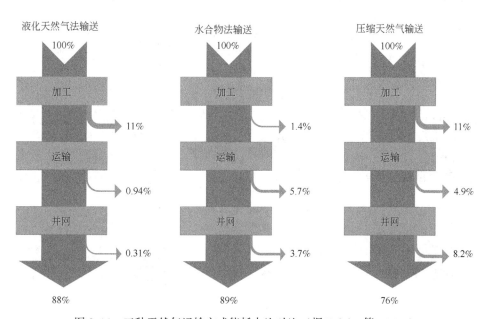

图 8.14　三种天然气运输方式能耗占比对比（据 Rehder 等，2012）

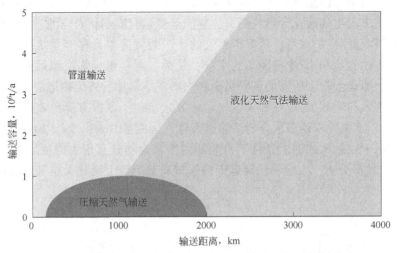

图 8.15　三种天然气运输技术输量与不同运距关系（据 Rehder 等，2012）

8.1.3.3　全产业链成本的经济分析

Nogami 等（2008，2012）报道了 MES 在 JOGMEC 的协助下所开展的水合物法储运天然气供应链可行性和经济分析的相关成果。该案例分析的背景资料是某个因运距和经济综合效益低、环保要求高而难以推进的中小搁浅气田，其产量为 $1×10^6 t/a$，运距为 4815.2km。实施水合物法储运、液化天然气法储运、压缩天然气法储运天然气的产业链，可依图 8.16 分析。三种天然气储运方式，产业链涵盖的成本，包括炼制厂的原料气成本、出口油库的存储成本、运送成本及进口终端的成本花费。因液化天然气需要更多的能源消耗，因此其产量最低；而压缩天然气所需要消耗能源最少，产量最高；水合物法储运天然气，则居中。

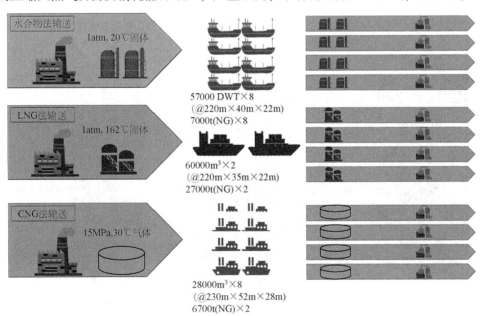

图 8.16　三种天然气储运方式产业链示意图（据 Nogami 等，2008）

Nogami 等（2008）综合上述而分析，以水合物法储运天然气的资本与运营总支出为100%，分析了该运输方式与液化天然气法、压缩天然气法的总支出的相对关系，如图8.17所示。数据表明水合物法储运天然气产业链的总成本比液化天然气法低约14%，比压缩天然气法低约20%。在此估算分析基础上，以整个项目生命周期的成本为衡量指标，水合物法储运天然气比液化天然气、压缩天然气相比，更加具有竞争力。

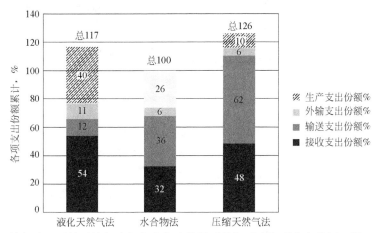

图 8.17　液化天然气法、压缩天然气法与水合物法输送天然气对比各项支出份额（据 Nogami 等，2008）

8.2　水合物法储运天然气关键技术

水合物法储运天然气，是利用水合物巨大的储气能力，将天然气利用一定工艺制成固态水合物，然后再把水合物运送到储气站，在储气站气化成天然气供用户使用，如图8.18所示。MES 提出的以颗粒状运输水合物的概念及其生产工业供应链，涵盖上游天然气开采，中游水合物研发生产、水合物运输，下游水合物储存、水合物再气化等，如图8.19所示。图8.20所示为 MES 提出 NGH 颗粒海洋运输至用户产业链的概念设计（Nogami 等，2012）。

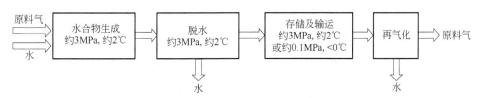

图 8.18　水合物法储运天然气基本原理（据樊栓狮，2005）

水合物法储运天然气技术作为一项高新技术，至今尚未大规模工业应用，原因是很多关键问题还有待深入研究。陈光进等（2020）指出需要解决的关键问题，包含以下三个层面：第一，天然气难溶于水，静态气水体系水合物成核诱导期长，且受传质传热阻力影响使大量裹挟在水合物中的"间隙水"难以快速且完全转化，导致天然气实际储气量远远低于其理论值（理论上每 $1m^3$ 水合物可以储存标准工况下 170 左右 m^3 的天然气，如图8.21所示），因此须缩短水合物成核诱导期，提速水合物生长，提高其储气密度；第二，水合物的生产工艺和设备研究亟需深入；第三，水合物储运方案工业规模化应用的研究亟需加速。第一层面

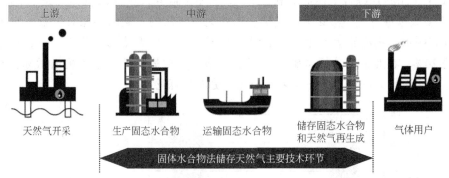

图 8.19　水合物法储运天然气基本原理（据 Nogami 等，2012）

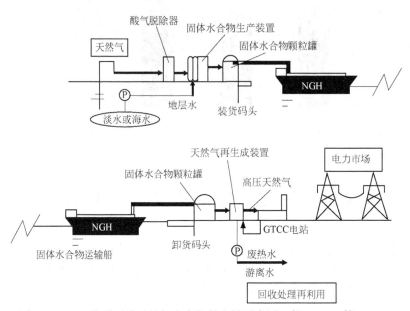

图 8.20　MES 海洋运输天然气水合物供应链示意图（据 Nogami 等，2008）

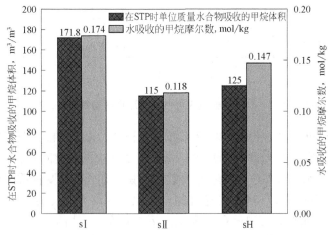

图 8.21　甲烷在不同水合物结构（sⅠ，sⅡ，sH）中、水中吸收的甲烷的体积比与
摩尔质量比（假设水合物笼的占有率为 100%）（据 Veluswamy 等，2018）

的基础研究，决定着第三层面问题解决的可行性，第二层面的工艺与设备研究，则是第三层面问题解决的关键环节。

就上述第一层面的问题，气体水合物成核诱导期长、生长速率低、储气量小，对这一决定水合物法储运天然气工业化应用的瓶颈问题，学术界开展了大量的基础科学研究。比如，在中等压力和接近环境温度条件下，通过多种可联合的促进方法，在简单且经济的反应器中实现水合物快速生成、规模化生成、高密度储气；或者通过强化气液接触，可促进水合物生成传质、加速水合物热移除，可促进水合物生成传热（樊栓狮，2005）。目前，研究者们常用的促进水合物生成并达到理想储气量的方法包括：热力学促进剂法、动力学促进剂法、物理强化法、媒介辅助法等（陈光进等，2020；Veluswamy 等，2018）。

8.2.1　热力学促进剂法

热力学促进剂，能使水合物生成相平衡条件，向更加温和的低压、高温方向改变。在加注了热力学促进剂的体系中，水合物生成条件可以更加温和；或者在高压、低温条件下，因热力学促进剂的加注，提高了水合物生成所需驱动力。热力学促进剂，主要包括四氢呋喃（THF，Tetrahydrofuran）和环戊烷（CP，Cyclopentane）等。还有些化合物能占用水合物结构中的大笼，稳定笼形结构，从而导致甲烷储气量的下降。

陈光进等（2020）指出 THF 或 CP 在生成水合物时，甲烷只占据小笼，若生成结构 I 型水合物则小笼与大笼比为 1∶3，单位体积结构 I 型水合物可以储存 $44m^3$ 的甲烷，能量密度为 $5.32×10^5kcal/m^3$；若生成结构 II 型水合物小笼与大笼比为 2∶1，单位体积结构 II 型水合物储存 $118m^3$ 的甲烷，能量密度为 $1.43×10^6kcal/m^3$；而对于 H 结构型水合物，小笼与大笼比为 5∶1，单位体积结构 H 型水合物可以储存 $146m^3$ 的天然气，能量密度为 $1.77×10^6kcal/m^3$。所以，结构 H 型水合物是热力学促进剂作用下储存天然气较好的选择。

总之，考虑到整个过程的经济效益，应用热力学促进剂，能够使水合物在较高温度、较低压力工艺生成，不仅可以降低增压成本，还可以降低冷却成本，水合物生成的总经济投资有望降低，从而有助于开发一种低成本、节能的水合物生产与储存技术。

8.2.1.1　四氢呋喃

Veluswamy 等（2018）总结了不同浓度下四氢呋喃、甲烷、水体系的相平衡曲线，如图 8.22 所示。很显然，四氢呋喃的引入，体系水合物生成所需要热力学条件会更加温和。此外，Veluswamy 等（2016a；2016b）还通过实验观察到四氢呋喃存在的甲烷水合物生成动力机制，相较于在相同的实验装置和实验过程中观察到的甲烷水合物的生成动力机制更为高效，不仅减少了水合物生成时间，相比纯甲烷水合物体系同条件的产率也有提高。

与此同时，Giavarini 等（2008）指出四氢呋喃—甲烷水合物存储在 0.3MPa，-1℃的条件下，需要 66 天才能完全分解，而同条件下纯甲烷水合物需要 16 天就能完全分解；在 0.3MPa 下，四氢呋喃—甲烷水合物，也可以在高于 0℃ 以上稳定存储一段时间，而纯甲烷水合物则不能在同条件下稳定储存。所以，尽管其储存量相比于纯甲烷会有所下降，但是四氢呋喃存在下生成的甲烷水合物在常压下储存具有长期稳定性。

在实验室实现四氢呋喃促进甲烷水合物生产的全工艺过程，是其工业应用中间性试验的

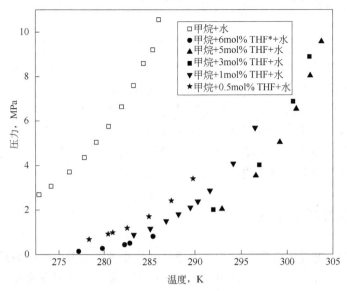

图 8.22　四氢呋喃存在下甲烷水合物相平衡曲线图（据 Veluswamy 等，2018）

前提，在这个过程中亟待解决的问题，包括优化四氢呋喃加注浓度、解析环境影响、查明四氢呋喃与其他水合物客体分子（如乙烷、丙烷、CO_2）的相互作用规律、设计用于连续水合物生成的反应器（最佳高度/直径比）等。

8.2.1.2　环戊烷及其他结构Ⅱ型水合物促进剂

环戊烷是另一种典型的结构Ⅱ型水合物生成促进剂，已被广泛应用。图 8.23 总结了文献中报道的除四氢呋喃外水合物促进剂存在下的结构Ⅱ型甲烷水合物相平衡图，这些促进剂包括丙烷、碘甲烷、丙酮、1,4 二氧烷、1,3 二氧烷、丙醇、异丙醇、叔丁醇和环氧丙烷等（Veluswamy 等，2018）。在这些热力学促进剂的作用下，体系生成结构Ⅱ型水合物，所需要的热力学条件会更加温和。在应用这些热力学促进剂时，需要关注不同浓度下的作用效果。

8.2.1.3　典型的半笼形水合物促进剂

除却气体小分子可以与水分子形成稳定的Ⅰ、Ⅱ、Ｈ型结构，也存在一些化合物可以与甲烷形成半笼形结构的化合物。即，一部分参与水合物笼的形成，而其余部分则占据笼形结构。因这些化合物的存在，可以使甲烷在接近室温和常压下稳定存在。

能与甲烷形成半笼形水合物的化合物（Veluswamy 等，2018），如图 8.24 所示，包括：烷基铵/鏻化合物（Tetra alkyl ammonium/phosphonium）、四丁基溴化铵（TBAB, tetrabutyl-ammonium bromide）、四丁基氯化铵（TBAC, tetrabutyl ammonium chloride）、叔丁基氟化铵（TBAF, terabutyl ammonium fluoride）和四异戊基氟化铵（TiPAF, tetraisopentyl ammonium fluoride）。但是，在这些热力学促进剂下，其储气量会显著下降，因此该类热力学促进剂的

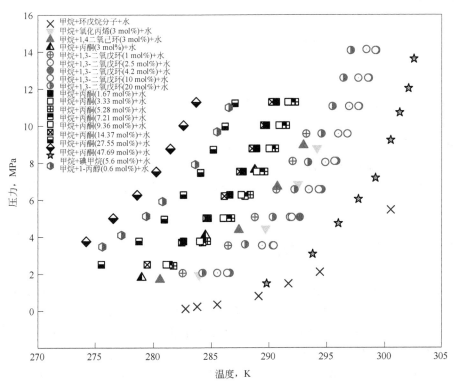

图 8.23 热力学促进剂存在下的甲烷水合物相平衡图（据 Veluswamy 等，2018）

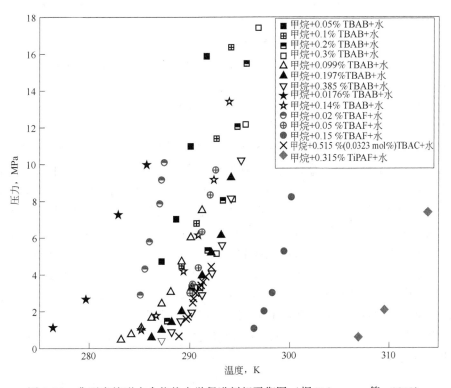

图 8.24 典型半笼形水合物热力学促进剂相平衡图（据 Veluswamy 等，2018）

应用前景不为乐观。

8.2.2　动力学促进剂法

动力学促进剂是在不影响水合物生成热力学条件下的有助于提高水合物生成速率的添加剂。被广泛研究的动力学促进剂，主要包括各类表面活性剂、氨基酸、聚合物和淀粉等（唐翠萍，2004）。加注动力学抑制剂，不仅能减少水合物储气工艺中的转动或搅拌装置，而且提高了水合物生产工艺的可靠性，还提高了水合物生产的经济性，减少能耗。这对水合物法储运天然气的技术应用具有重要的现实意义。确定动力学促进剂的加注浓度、储气条件，提高水合物储气经济性，是动力学促进剂促进水合物法储运天然气技术应用推广的关键。

8.2.2.1　表面活性剂及聚合物

表面活性剂是由碳氢化合物上一个或几个氢原子被极性基团取代而构成的物质。它的分子一般由极性基和非极性基构成，具有不对称性。极性基易溶与水，具有亲水性质，故称亲水基；非极性基不溶于水，易溶于"油"，具有亲油性质，故称亲油基。表面活性剂的"两亲结构"，使得表面活性剂溶于极性溶液水中时，会表现出一种特殊的吸附在界面的现象，致使极性溶液的表面张力下降。表面活性分子在界面上吸附越多，溶液的表面张力降低就越大。当表面活性剂在溶液中的浓度达到饱和时，表面吸附量不再增加，表面张力也不再降低。正是这样的吸附改变界面的性质，产出润湿或反润湿、乳化或破乳、分散或凝聚、起泡或消泡、增溶等一系列作用（陈光进等，2020）。

被广泛关注的阴离子型十二烷基硫酸钠（SDS），在接近临界胶束浓度（CMC，critical micell concentration）时，可以使静态非搅拌体系天然气水合物生成速率显著增加，储气量亦被显著增加（Kalogerakis 等，1993）。Zhong 和 Rogers（2000）在加注了 SDS 的 3.89MPa，2.25℃条件下，水合物储气量可达到 $156m^3/m^3$。Sun 等（2003）观察到在加入 300ppm 的 SDS，3.89MPa，0.9℃条件下，水合物储气量可达到 $159m^3/m^3$。Lucia 等（2014）在一个内部体积为 25L 的大型喷雾反应器中加注 SDS 下，观察到甲烷水合物能在几分钟内迅速形成。

能促进水合物生成的表面活性剂，包括各类非离子、阴离子、阳离子和传统型表面活性剂，列于表 8.5（Veluswamy 等，2018）。Veluswamy 等（2018）总结了对甲烷水合物生成有促进作用的聚合物，包括分子量为 90000 的水溶性羟乙基纤维素聚合物、聚（2-丙烯酰胺-2-甲基丙烷磺酸）钠盐、聚（丙烯酸）钠盐、分子量 2100 的聚丙烯酸、聚乙烯醇。

表面活性剂和聚合物等对水合物生成的促进机理的研究，备受关注。Kumar 等（2015）在综述中讨论了表面活性剂促进水合物生成的不同机制：其一，因表面活性剂所引起的毛细管吸力，呈对称填充，使得更多"间隙水"转化为水合物，从而提高了水合物的生长速率；其二，因表面活性剂对水合物的吸附和胶束的形成会促进烃类气体溶解，有效扩散界面上生成的水合物薄层，增加气水接触面积，强化水合物生成过程的传质作用，促进了水合物生成。因此，相关研究尚待借助微观实验和模拟手段，深入研究才可获得更为令人信服的理论，以揭示动力学抑制剂对水合物促进生长的机理，从而研发更高效的药剂，在特定工艺条件下，有效地提高甲烷水合物的生成速率。

表 8.5　被报道具有动力学促进剂作用表面活性剂（据 Veluswamy 等，2018）

非离子型	阴离子型	阳离子型	非传统
烷基聚葡萄糖苷-APG，十二烷基多糖苷-DPG，乙氧基烯基苯酚-ENP	十二烷基磺酸钠 SDS、线性烷基苯磺酸钠 LABS、十二烷基苯磺酸 DB-SA、油酸钠 SO、十二烷基硫酸锂 LDS、十二烷基磺酸钠 SDSN、十二烷基苯磺酸钠 SDBS、和其他烷基硫酸盐钠、丁硫酸钠、十四硫酸钠 STS、十六烷基硫酸钠 SHS 等	十六烷基三甲基溴化铵 CTAB、盐酸材料 DAH、DN2Cl、十六烷基三甲基溴化铵 HTABR，和非离子表面活性剂（如乙氧基壬基酚 ENP 等）	水溶性表面活性剂（如对甲苯磺酸 P - TSA）、生物型表面活性剂（源自枯草芽孢杆菌或绿脓杆菌 A11 株）、双子型或二聚型表面活性剂

8.2.2.2　氨基酸、聚合物和淀粉

作为蛋白质的组成部分，氨基酸由胺基（—NH$_2$）和羧基（—COOH）官能团以及一个特殊的侧链组成，被报道具有改善甲烷水合物的生动力学的作用。新加坡国立大学的 Linga 教授所带领的研究团队，致力于寻找生物友好型氨基酸，以促进水合物法储运天然气的工业应用。在 L-亮氨酸加注质量浓度大于 0.3% 时，Linga 教授研究团队发现溶液中的"甲烷气泡"有助于增强甲烷的传质扩散，从而促进甲烷水合物呈糊状快速生长（Veluswamy 等，2016c）；与此同时，在搅拌和未搅拌的反应器中，亮氨酸作用下 1 小时生成的甲烷水合物多孔、弹性好，且储气量可达 133mmol 气体/mol 水（Veluswamy 等，2017a）。另外，根据对其他三种不同类型的氨基酸甲烷水合物生成动力学的影响，包括：非极性疏水性具有芳香侧链的色氨酸、极性碱性具有芳香侧链组氨酸、极性碱性具有脂肪侧链精氨酸，可知具有芳香侧链和氨基酸的疏水性，可以更好地促进甲烷水合物的生成（Veluswamy 等，2017b）。但是，只有使用较高浓度的氨基酸才能达到与常规表面活性剂类似的动力学促进效果。

被报道具有促进水合物生成的淀粉，包括马铃薯淀粉和玉米淀粉。根据 Fakharian 等（2012）的研究，可知在加注 500ppm 的马铃薯淀粉的体系，甲烷水合物生成动力学的促进作用与加入 SDS 的情况类似；在加注 300ppm 的可溶性马铃薯淀粉加注，体系可达 163m^3/m^3 的最大甲烷存储量，且甲烷水合物的存储稳定性有所提高。Maghsoodloo 等（2015）研究指出当玉米淀粉浓度大于 400ppm 时，水合物的生成动力学得到了改善，且添加玉米淀粉浓度为 800ppm 时的最佳浓度为 8MPa 和 2℃。

尽管氨基酸、淀粉类的动力学促进的研究处于初步探索阶段。但是，因氨基酸、淀粉等具有较好的环境友好性，使这类动力学促进剂在促进水合物法储运天然气中具有良好的应用前景。

8.2.3　物理强化法

物理强化法，是通过机械或其他物理手段，增加气液接触面积，从而促进水合物生成、增加储气密度的方法，通常包括搅拌、鼓泡、喷淋、往复冲击等，分别应用于宏观或微观的不同尺度范围内，其中应用效果最好的是微米尺度的喷淋法。研究人员（陈光进等，2020），通过研制各种尺寸和构造不同的反应器，研究不同的物理强化方法对水合反应速率的促进作用。

8.2.3.1 搅拌强化法

搅拌，是促进主体水相中水合物生成最优主要的物理强化方法，也是被现有工业测试与示范项目中应用最多的一种方式（陈光进等，2020）。带有搅拌的反应器，通常被称为连续搅拌装置（CSTRS, continuously stirred tank reactors）。

在实验中或工业中使用的搅拌反应釜，在设计上是多种多样的，表现在不同的反应釜外形、不同的搅拌叶轮类型（螺旋桨、涡轮桨等）、不同的气体注入类型（直接注入气体或液体空间、穿孔环道喷射而出、叶轮空心轴供应）、不同的加热/冷却装置类型等。图 8.25 所示为一种典型的圆柱形搅拌反应器，其中的旋转搅拌桨，沿着容器的中心轴插入反应釜中（Mori，2015）。一般而言，反应器中水合物相和水相的质量比不宜超过 50%，才能充分发挥搅拌促进水合物生成的作用。

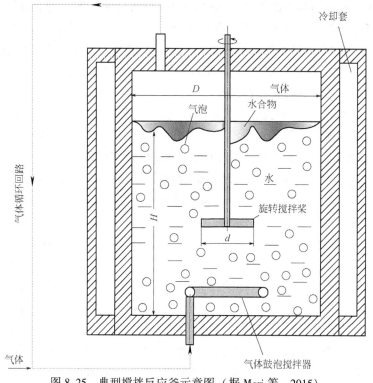

图 8.25　典型搅拌反应釜示意图（据 Mori 等，2015）

搅拌，使体系内气液相混合均匀，流场、温度场分布均匀，增大了气水接触面积，更新了水合物反应界面；加快了气相在液相溶解，缩短成核诱导期；增强了气液界面扰动，提高传质驱动，促进水合物生成热的快速疏散，从而强化水合物生成，增加天然气的储气量。但是，搅拌的设备投资与运行维护费用高；随着水合物的生成，水合物浆液的黏度增加，搅拌能耗将显著提升；生成的水合物浆液中会裹挟大量的未反应水，储气密度低；搅拌时间过长，会引起生成的水合物分解，水转化率提升不高。正是由于单一搅拌促进水合物生成的效率不高且能耗大，樊栓狮（2005）指出在工业化大规模应用中，应寻找一个搅拌系统、静态系统或半连续搅拌系统，能找到高效加快水合物生成速率的最好结合点。

8.2.3.2　鼓泡强化法

鼓泡强化法，是使天然气从底部经分布器或喷嘴以气泡形式进入主体水相中，气泡在上升过程中会在气泡周围迅速生成水合物。实际上，图 8.25 所示搅拌反应釜的气体注入方式，就引入了鼓泡法联合强化促进水合物的生成。通过鼓泡强化促进水合物生成的方法中，气泡是否能全部转化，依赖于反应的驱动力、气泡的尺寸、气泡在反应釜内的停留时间。上浮过程中的气泡破碎，有利于提供更多的水合物生长界面、有利于水合物生成热的有效移除、有利于减少间歇水被裹挟在生成的水合物中。

图 8.26（Luo 等，2007）和图 8.27（Lv 等，2012）分别是两个典型鼓泡实验装置。Luo 等（2007）通过底部的单管或烧结板用于鼓泡，联合注入 6%（摩尔分数）四氢呋喃可以在 0.2~1.0MPa，2.5~5℃开展甲烷水合物生成实验研究。而 Lv 等（2012）通过底部多孔分布设备鼓入大尺寸气泡，联合注入环戊烷，可以在 1.0~2.0MPa、3.3~7℃下通过增加天然气的流量有效提高水合物的生成速率。尽管研究者们选用的是不同实验装置，但是随着气泡流量的增加，体系内湍流度提高，可有效地剥离水合物外壳保证了甲烷气泡与液体反应的直接接触；同时，气体流量的增加，还可以提高微气泡的数目，进而增加气液界面比面积。

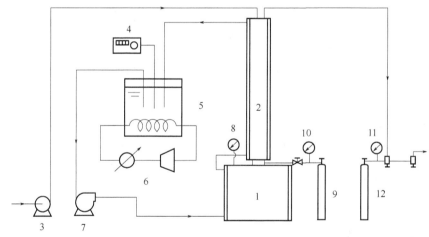

图 8.26　典型鼓泡实验装置（据 Luo 等，2007）

1—储罐；2—透明塔；3—液体给料泵；4—温度控制器；5—冷却箱；6—制冷系统；
7—冷却液循环泵；8、10、11—压力表；9—气源气瓶；12—气体回收气瓶

鼓泡，微纳气泡在水溶液中的上浮过程中，有效地增加了气体在水溶液中的溶解度，诱使水合物颗粒以气泡为核心转化，增加了气水接触面积，而且水合物颗粒周围的水相溶液热导率高，有利于水合物反应热的散失，从而强化水合物生成，增加天然气的储气量。但是，工业应用鼓泡法，需要防爆气体动力设备。由于生成的水合物外壳不易从气泡中剥离，更容易在液体中堆积，阻碍了水合物的进一步快速生成。所以，在实验过程中甲烷消耗速率不够高，水合物生成的促进作用不显著。因此，为了提高水合物的生成速率，应采用微气泡、大流量，增大气液比界面面积，增加流体湍流度，从而保持甲烷气泡与液体反应物直接接触。

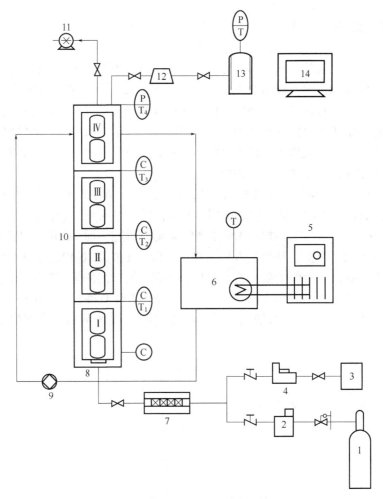

图 8.27 典型鼓泡实验装置（据 Lv 等，2012）

1—气瓶；2—质量流量计；3—液罐；4—计量泵；5—制冷系统；6—水浴；7—静态混合器；8—穿孔板；9—冷却液循环泵；10—反应器；11—真空泵；12—PID 压力控制器；13—气体收集气瓶；14—数据采集系统

8.2.3.3 喷淋强化法

喷淋，是水或冰粒从反应器的顶部以雾滴形式喷淋到气相中，在满足水合物生成条件时，下落的水滴会与周围的气体接触反应转化成水合物，生成的水合物浆可以从反应器底部过滤排出，而下落的冰粒会在融化的过程中与气体反应生成水合物。喷淋雾化的方法包括超声波雾化、锥形喷嘴雾化等（陈光进等，2020）。

Ohmura 等（2002）借助图 8.28 的锥形喷嘴喷淋水，实现了连续生成结构 I 型和结构 H 型水合物，水被喷淋到甲烷气体空间后，以液滴形式撞击底部的液体水形成结构 I 型水合物，或撞击底部的甲基环己烷液体，从而形成结构 H 型水合物；随后液体不断地从腔室底部排出，再通过喷嘴回流。在这个循环过程中，液体通过与喷淋室外的热交换器，释放水合物生成所产生的热量。从工程角度分析，要获得相同的储存速率，结构 H 型水合物所需的实验压力更低。相比于大部分实验室内的几百毫升至 1 升的反应容器，Lucia 等（2014）设计了一个较大的 25L 喷淋水合物反应器（图 8.29），联合 SDS 溶液，可使甲烷水合物能在几分钟内迅速形成，应用该装置还有利于研究喷淋方法的尺寸效应。

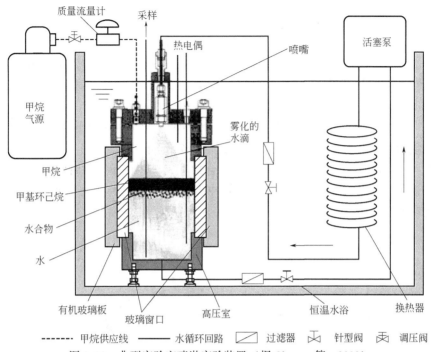

图 8.28　典型实验室喷淋实验装置（据 Ohmura 等，2002）

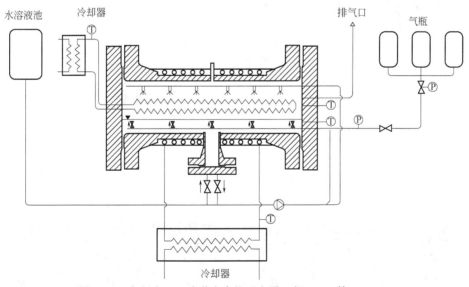

图 8.29　容积为 25L 喷淋水合物反应器（据 Lucia 等，2014）

喷淋可诱使水合物颗粒以水滴或冰粒为核心转化，提高了气/水接触面积，强化水合物生成，增加天然气的储气量。但是，喷淋需要设计专门的喷嘴或喷淋装置，超声雾化投资与运行费用高，且水合物壳层覆盖在水滴或冰粒表面，不利于水合物生成热的散失。因此，应用喷淋方法强化水合物生成，要通过减小水滴或冰粒的尺寸，或增加在反应釜的停留时间，并通过反应器外的冷却系统及冷却的水循环喷入，从而促进水合物生成热的散失。此外，为了使水循环环路稳定工作，反应器中的水合物/水体积比不宜过高（樊栓狮，2005）。

8.2.3.4　往复冲击强化法

往复冲击强化，是在反应釜外加强磁铁，通过顶部电机带动反应器中安装的往复冲击器往复运动，冲击反应器中生成的水合物，同时在反应器底部设置搅拌转子（陈光进等，2020）。

Xiao 等（2018）研制了如图 8.30 所示的往复冲击联合搅拌的装置，实验时可使水合物中甲烷储气量达到 $140m^3/m^3$（传统单一旋转搅拌转子的储气量仅为 $47m^3/m^3$）。即使仅使用往复冲击，不同的冲击器，均能有效促进水合物生成，并在较快的时间内获得较高的储气量，如图 8.31 所示。因此，应用单一的往复冲击，可以强化水合物生成，具有储气量高、速度快、能耗低的特点。

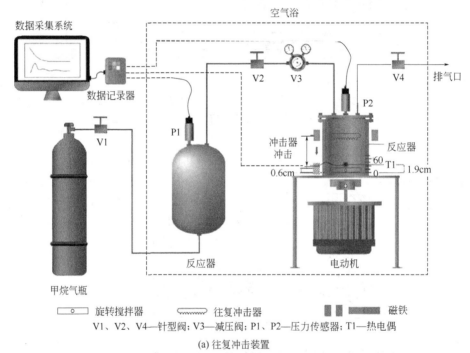

（a）往复冲击装置

（b）不同类型的冲击器

图 8.30　往复冲击实验装置及不同类型的冲击器（据 Xiao 等，2018）

往复冲击强化，可以使水合物间隙内未反应的水在冲击器的垂直往复冲击下被挤压出

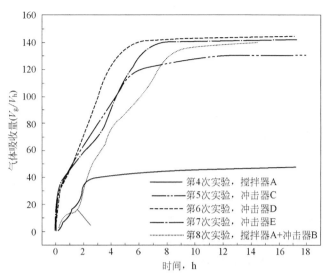

图 8.31　不同搅拌/冲击器在水合物生成中的甲烷储气量（据 Xiao 等，2018）

（图 8.32），促进气体吸收，也会通过冲击扰动增加气水反应界面，改善了水合物反应生成效率，从而促进水合物的持续生成。但是，该方法需要由磁力驱动往复冲击器。若能采用机械驱动进行此类冲击，也可显著提高水合物块体的气体吸收量、水合物块体形成效率以及液相载入系数。若要实施工业应用，还需要进一步提升冲击效率，同时需要克服该方法放大效应的影响。

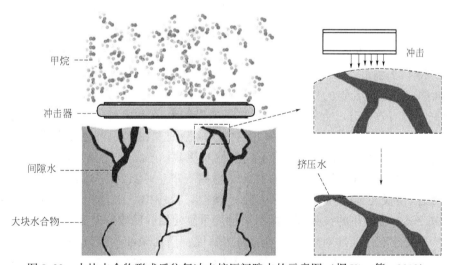

图 8.32　大块水合物形成后往复冲击挤压间隙水的示意图（据 Xiao 等，2018）

8.2.3.5　其他物理强化法

除了上述物理强化方法，还有一种无机械动力搅拌的静态物理强化方法，即 Stern 等（1996）提出的以冰沫替代纯水来促进甲烷水合物生成的方法。这种方法得到了很高的甲烷水合物储气量，甲烷和水的摩尔比达到了 1∶6.1，换算为标准工况下的甲烷和水合物体积比为 166m³/m³，而甲烷在结构Ⅰ型水合物中的理论储气量约为 176m³/m³。但是，其工业化应用的效果暂未见系统的报道。

8.2.4 媒介辅助法

媒介辅助法是指借助不同的材料促进水合物的生成速率，并提高气体的储气量的方法。被报道的能用于促进水合物生长的不同材料包括活性炭、干水/干凝胶、硅胶、砂、沸石、水凝胶、中空硅、泡沫铝、金属有机骨架材料等（Veluswamy 等，2018；Khurana 等，2017）。

尽管，由于媒介材料中存在较高的接触表面积，提高了水合物生成的甲烷存储能力，加快了水合物生成。但是，这些媒介材料在大规模应用于天然气存储时，仍存在各自的工程应用挑战，如生产各种材料所需额外的成本和处理费用，以及在水合物生成/分解重复循环使用过程中的可再生可行性和储气量稳定性等问题。

8.2.4.1 多孔介质

多孔介质具有巨大的比表面积，可为水合物的生成提供良好的气液接触界面，利用多孔介质提高甲烷水合物生成速度、增加储气密度，成为目前研究热点（陈光进等，2020）。常用的多孔介质以活性炭为主，而多壁碳纳米管、氧化多壁碳纳米管、金属有机骨架材料MOFs（metal organic frameworks）也具有促进水合物生成的能力。

活性炭具有可观的比表面积，是一种常见的多孔介质，对甲烷有很好的吸附作用。含活性炭体系水合物的生成过程中的气体的消耗，不仅包括水合物的生成，还包括大量被吸附在活性炭表面的气体。如果活性炭的含水率较低，吸附的气体在降压低温存储过程中极易脱附，不利于气体的运输；但是，当活性炭含水率较高时，材料的吸附性能下降，也会减少气液的接触面积，影响水合物的快速生成和储气量的增加。Zhou 等（2002）在 0~11MPa 和 3~10℃研究了可有效提升水合物的甲烷吸收量的最佳水炭比（水合物反应中反应釜中水量与反应时活性炭的质量比）。Perrin 等（2003）实验验证了在 2℃、8MPa 条件下，湿式活性炭（水炭比为 1∶1）的甲烷吸收量比干式活性炭更高。Yan 等（2005）在 7℃、9.49MPa的研究指出活性炭体系可以得到较高的水合物储气率——212m³ 气体/m³ 水。Siangsai 等（2015）指出活性炭在 841~1680μm（大粒径颗粒）范围内，水合物能获得较高的水转化率，约为 96.5%；在较小的粒径范围内，活性炭重复使用的回收率较高，约为 98.1%。Xiao等（2019）则提出利用柴油对烃类气体的高溶解性，借助柴油构筑气体通道，从而解决了高含水活性炭对甲烷吸附下降的问题，同时又能增加储存在水合物中的气体量。解决活性炭促进水合物生成工业应用的关键问题，诸如水炭比、实验条件、颗粒大小等，是学界关注的热点问题。

根据 Park 等（2010，2012）在蒸馏水中分别添加质量分数 0.004%多壁碳纳米管和质量分数 0.003%氧化多壁碳纳米管的实验，可知这两种碳纳米管，可使生成的水合物获得比传统 SDS 更高甲烷储气量。Kim 等（2011）指出物理上较短的、长度为 10~20μm 的C95 多壁碳纳米管，其气体吸收率比纯水体系高 3 倍，性能也优于较长的 C95 多壁碳纳米管。Pasieka 等（2013）则指出疏水性和亲水性多壁碳纳米管对甲烷水合物的生成均存在不同的促进作用。Ghozatloo 等（2014）指出加入质量分数 1%的单壁碳纳米管在质量分数 1.5%的 SDS 作用下，能有效促进甲烷水合物生成。将各种碳纳米管材料引入到促进水合物生成的研究中，将有利于更好地借助高新材料学科的技术，推广水合物法储运天然气的工业应用。

MOFs 是金属离子与多齿有机配体配位形成的多孔骨架材料，具有结构多样、热稳定性好、比表面积大等特点。Mu 等（2012）采用稳定性好的疏水性 MOFs 材料 ZIF-8 进行了吸附-水合耦合储气研究。与亲水性 MOFs 材料 MIL-100（Fe）相比，疏水性 MOFs 材料储气率更高，这是由于水合物在疏水性 MOFs 材料 ZIF-8 颗粒的表面及间隙生成，而疏水性材料使得水不能进入到孔隙结构内部，而使更多的气体吸附在其中（Veluswamy 等，2018）。若推进 MOFs 作为促进水合物生成的商业应用材料，尚需对其吸附-水合的协同作用开展深入的研究（陈光进等，2020）。

在应用多孔介质促进水合物生成时，多孔材料用量大，占据了一定的空间，表观上降低了储气密度；在水合物储气量增加的同时，水合物生成所需的相平衡压力也有所提升；而且，多孔介质吸附的甲烷会在吸附平衡破坏时被打破解吸，因此要求储存条件需要高于其解吸压力，致使水合物法储运天然气的经济性下降（陈光进等，2020）。

8.2.4.2　干水

干水（dry water，DW）是一种以水为主要成分，在高速搅拌情况下（19000r/min），通过纳米级疏水性颗粒包裹形成的具有良好分散性的功能材料，使得水在空气中呈现粉末状态（Binks 和 Murakami，2006），如图 8.33 所示。疏水性颗粒主要包括疏水性气相二氧化硅、石松粉等。疏水性气相二氧化硅将小水滴包裹，形成一个个相互分散且不易聚合的颗粒。干水的实质就是一种反相泡沫，由于疏水硅胶颗粒在微小水表面附着，阻碍了水滴的聚并。粉末状干水的水滴粒径小，在气液反应时能提供较大的气液接触面积，促进了生成过程中的传质与传热，强化了水合物的生成。除了通过高速搅拌的方法外，还可以通过液滴雾化法、高速振荡法、高强度搅拌法等制备干水（邱传宝，2011）。

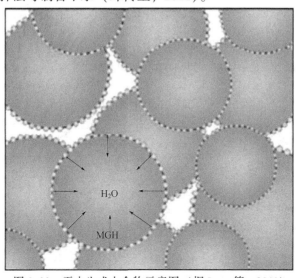

图 8.33　干水生成水合物示意图（据 Lang 等，2010）

Wang 等（2008）首次报道了在压力 8.6MPa、0℃时，在干水体系水合物的成核诱导期会缩短为 5~10min，甲烷储气量达到 175m³/m³（图 8.34）。但是，在水合物生成—分解的重复实验过程中，干水会发生聚集破坏，从而使甲烷水合物的储气量显著下降。重新搅拌的干水，可以恢复较高的甲烷储气量和提高水合物的生成速率；但是，额外的搅拌能源和反应器改造要求，限制了干水的商业应用。

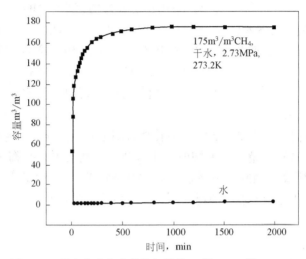

图 8.34　干水生成水合物储气性能（据 Wang 等，2008）

为了克服上述问题，Carter 等（2010）提出了一种添加凝胶剂到干水从而形成干凝胶体系的方法，使材料在连续水合物生成循环中，能具有更好地可循环性。但是凝胶剂的加入，会降低甲烷在水合物中的储气量和水合物的生成速率。樊栓狮课题组提出了冷冻干水的概念，联合冰粒和大分子客体物质（large-molecular guest substance，LMGS），共同强化水合物生成过程的传质和传热作用，可以获得相比于单纯干水体系更高的甲烷存储能力，如图 8.35 所示（Lang 等，2010；Fan 等，2014）。

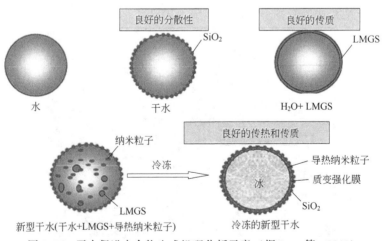

图 8.35　干水促进水合物生成机理分析示意（据 Lang 等，2010）

Ding 等（2013）提出了提高干水可回收性的方法，引入水凝胶微球到干水体系（图 8.36）；因水凝胶微球和干水滴之间的协同稳定作用，适用于多次水合物生成—分解循环，而不会显著降低该体系甲烷的储气能力。Shi 等（2014，2017）建立了描述干水—凝胶体系甲烷水合物生成缩核动力学模型（图8.37），确定并分析了甲烷水合物在水凝胶、干水及自由水滴中的生成参数；揭示了水凝胶、干水、自由水滴及生成的水合物，在反复加热—降温过程中，影响甲烷水合物储存率及反复生成稳定性的原因主要是干水的破裂（图8.38）。因此，制备具有更高稳定性的高分子水凝胶，维持循环使用过程中储气效率，是该技术在水合物法储运天然气工业应用的关键。

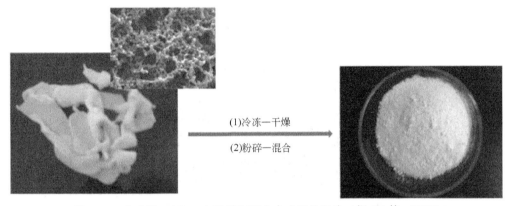

图 8.36　合成的 PHEMA10 及其与干水合成后的照片（据 Shi 等，2017）

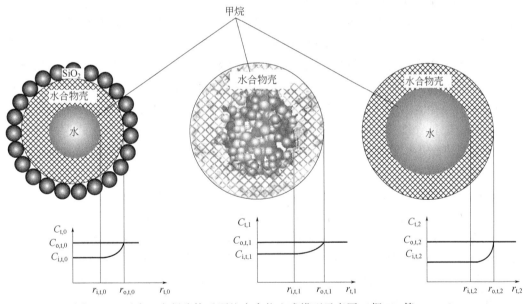

图 8.37　干水—水凝胶体系颗粒水合物生成模型示意图（据 Shi 等，2017）

8.2.4.3　孔隙介质

孔隙介质，是天然气水合物成藏和开采模拟研究的体系。与此同时，因观察到孔隙介质内水合物的生成速率大于纯水相体系，而被研究者所关注（陈光进等，2020）。用于强化水合物生成的孔隙介质，包括石英砂、硅胶、泡沫铝、空心二氧化硅、纳米流体等。

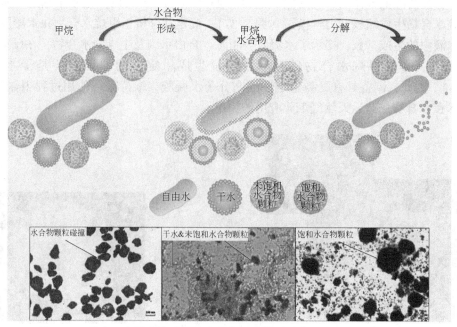

图 8.38　干水—水凝胶体系颗粒水合物生成模型示意图（据 Shi 等，2017）

Kang 等（2010）研究指出即使在较低的驱动力下，在 100nm 的二氧化硅凝胶体系中，甲烷水合物也能具有较高的生成速率。Yang 等（2011）观察到在加入 SDS 溶液的泡沫铝中，甲烷水合物的诱导过程和生成速度均被提升，这是因为泡沫铝不仅增加了气—水接触界面，也改善了水合物生成释放热的散失。Linga 等（2012b）对比了石英砂体系和搅拌体系中水合物生成实验，在石英砂体系实验的 34.7h 后，体系水的转化率能达到 94.7%；而在同实验条件下的搅拌体系中，在实验的 66.7h 后水的转化率仅为 74.1%；这表明石英砂孔隙介质对水合物生成具有较好的促进作用。Chari 等（2013）开展了纳米二氧化硅悬浮液中的水合物生成实验，结果有约 80% 的水会在 300min 内转化为水合物，且甲烷的储气量在多次冻融循环中是稳定的。

Prasad 等（2014，2015）指出空心二氧化硅（由薄的固体外壳包围的内部空隙）可作为提高甲烷水合物生成动力学的多孔介质材料，特别是在合适的水与空心二氧化硅比例的情况下，能得到较高的储气量。Veluswamy 等（2016d）指出空心二氧化硅与水的比例高于 1∶6 时，水合物会通过从孔隙中吸水而在空心二氧化硅床的顶部优先结晶；若低于 1∶6 时，水合物会在空心二氧化硅床的特定空间之间形成。正是由于空心二氧化硅具有极低的容重、高孔隙率、高表面积等优点，才能有效地促进水合物生成。但是，其储存成本是该方法工业应用要面对的挑战。

将金属或非金属纳米颗粒添加到水中时，会产生具有高传热效率的纳米流体，也有助于加速甲烷水合物的形成。Veluswamy 等（2018）总结了具有促进甲烷水合物生成、提高储气量的纳米流体，包括：银纳米颗粒（由硝酸银、硼氢化钠和柠檬酸三钠组成）、SDS 协同作用的氧化铜纳米颗粒、CTAB 协同作用的铜纳米流体、SDS 协同作用的氧化锌—氧化铝纳米颗粒。优化加注颗粒及协同作用动力学促进剂的浓度、生成工况条件是该技术应用的关键。

8.2.4.4 油水乳状液体系

在油气工业流动保障体系中生成的水合物是不利于安全生产的。油包水乳状液体系中水合物生成的速率较高，这是因为油相是天然气的良好溶剂，水相以液滴形式存在油相中，气液的接触面积会显著增加；油包水乳状液形成的水合物浆液流动性好，具有连续操作的可行性。因此油水乳液体系的稳定性，是该方法应用的关键；以水滴为核心的水合物壳体形成后，有效的传质和传热也是该方法工业应用的难点（陈光进等，2020）。

8.3 水合物法储运天然气工艺

水合物法储运天然气的生产工艺，包括水合物生产、储存与运输、气化三个重要的环节。确定最适宜的水合物生成方法，有效提高水合物生成速率，加速水合物生成热量的释放，并结合挤压、造粒等机械操作，借鉴其他领域技术进行水合物干燥处理，是建立经济、高效的水合物生产加工工艺方案的趋势。确定最适宜的水合物存储方式、存储条件、运输设备与设施，充分利用水合物的"自我保护效应"，在温和的存储条件下，保障水合物储存与运输过程中的稳定性，是水合物储存与运输工艺要解决的关键问题。确定最适宜的水合物气化方法，通过有效的热量传递，经济、高效、快速实现水合物分解是水合物气化工艺的目标。

不同水合物法储运天然气的生产工艺，会选择不同的水合物生产工艺、不同的水合物储存形态、不同的运输方式及不同的气化方法，本节以该技术工艺的三个关键环节为主线，汇总已有的具有典型参考借鉴意义的工艺流程。

8.3.1 水合物生产工艺

8.3.1.1 三级连续搅拌水合物生产工艺

由 Gudmundsson 等（1995）提出的三级连续搅拌水合物生产工艺，如图 8.39 所示。该流程可简述为：将来自于海运的船舶中的水，泵入储水罐；随后，通过制冰过程，制备比例为 50/50 的冰/水浆；根据反应所需冷量控制 0℃冰/水浆的注入速率，将来自于气液分离器的天然气从底部注入到三级连续水合物生成反应系统（图 8.40）的第一级反应器中，控制水合物反应器压力、温度为 5MPa、10℃（具备 4~6℃的过冷度条件），使第一级反应器出口的水合物浓度为 10%，经三级反应后，至第三级反应器出口水合物浓度为 30%的浆进入立式分离器（或风分离设备），将未反应的水和冷凝液体分离后泵送回反应器；提浓的水合物液到底部，从分离器进入水平的滗析器，湿水合物从一端挤出，水从另一端排出，增加滗析器数量，可以增加提浓水合物脱水的效率；通过脱水、几乎干燥的水合物被送入常压制冷系统，降温到-15℃，被制备成颗粒状或其他形式存储在绝缘设备中，直到被装入水合物运输设备中。其中，制冷过程可以直接使用天然气冷凝环境的冷能。而将密度相近的未反应水与水合物分离，是具有较大的技术挑战性的关键环节，可利用混合低密度的天然气凝析液来促进水合物与水的快速分离。

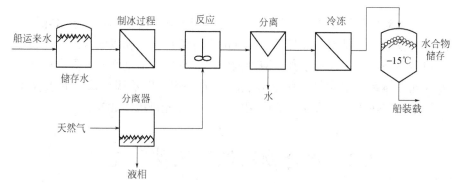

图 8.39　三级连续搅拌水合物生产工艺流程（据 Gudmundsson 等，1995）

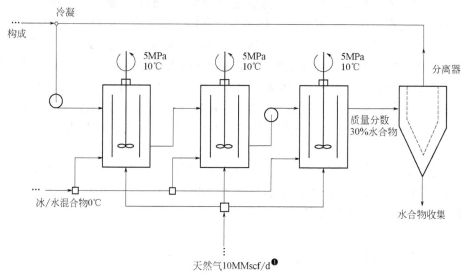

图 8.40　三级连续搅拌水合物生成系统（据 Gudmundsson 等，1995）

8.3.1.2　强力脱水干水合物生产工艺

Fitzgerald 等（2003）分析了英国 BG Group 公司的强力脱水干水合物生产工艺。该工艺的核心，除了需要一系列连续搅拌的水合物生成反应器外，还需要通过一阶段滤网和水力旋流器脱水、二阶段离心机脱水，去除生成水合物中几乎所有的游离水，才能生产出白色的、像雪一样的干水合物。该工艺要求来自油气田的原料气，需要进行最低限度的气体处理。从而，可保证每体积干水合物约含有 150 体积的天然气。

强力脱水干水合物生产工艺中的水合物生产过程，可简述为：首先，将天然气压缩到压力为 5~9MPa 后，再换热冷却到 10℃，注入到带有叶轮型搅拌的系列反应器中；水通过冷却至 2℃左右后，泵增压 5MPa 后送至反应器，再通过冷水喷射成细射流到反应器的高压冷

---

❶　MMscf 代表石万标准立方英尺。

却气体中；借助冷气体、水或从邻近工厂需要加热的流体等作为冷却介质，循环在反应器外设计的冷却循环夹套内，去除水合物生成释放的热量，保证天然气与水在反应器内停留时间为10min左右。

强力脱水干水合物生产工艺中的水合物脱水过程，是该制备干水合物工艺的关键环节。BG Group在实验室内开展了大量的水合物脱水工艺研究，分析重力沉降、滤网、水力旋流、离心机等的脱水分离效果（Fitzgerald，2003）。重力沉降，虽然能获得质量分数大于50%的水合物，但是需要较长的停留时间。滤网脱水和水力旋流，均能获得质量分数大于30%的水合物。实验用高压连续筛选离心机，可以去除水合物中大部分结合水，得到质量分数为98%~99.5%的水合物。所以，离心机的方式无疑是较好的一种用于脱除水合物浆中未反应水的制成干水合物的方法。最终，干水合物强力脱水生产工艺为一阶段滤网和水力旋流器脱水、二阶段离心机脱水的方案。

8.3.1.3　水合物浆生产工艺

Fitzgerald等（2003）分析了英国BG Group所提出的生产水合物浆生产工艺方法，就是在8.3.1.2所述强力脱水干水合物生产工艺上，简化了脱水环节。使每体积水合物浆约含有75体积的天然气。具体工艺简图如图8.41所示：在6~9MPa、10~15℃工况下，原料气体与水在一组连续搅拌的槽式反应器内转化为水合物；随后，气体/水合物/水的三相混合物，经气体/泥浆分离器中闪蒸分离出气体，经滤网筛选和水力旋流器分离出水，然后将未转化的气体和除去的水送回到反应器的入口循环反应；经两级分离后的水合物/水浆，浓缩成可泵送"墙纸糊"的稠度，就生产出可输送给用户的水合物浆。

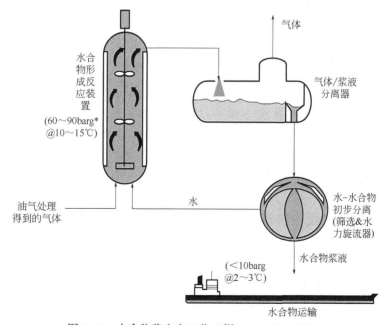

图8.41　水合物浆生产工艺（据Fitzgerald，2003）

---

* 　60~90barg 代表 6~9MPa 的表压。

与强力脱水干水合物工艺和其他非管道天然气输送技术相比，水合物浆生产工艺的一些优势，包括：该工艺本质上简单，只需对原料气进行最少处理；水合物生成过程不涉及极端温度或高压；除了标准工艺单元外，不需要添加剂，不需要任何其他复杂的单元操作；因采用模块化结构，该技术能适应随时间变化的天然气产量（如伴生气），通过控制反应器入口阀门来适应变化的原料气流量；可以撬装安装在浮动驳船上，允许不同领域间的生产工艺设备的转移/重用。

8.3.1.4　海水冷却循环水合物生产工艺

Javanmardi 等（2005）提出了海水冷却循环水合物生产工艺，如图 8.42 所示。该工艺最大的特点是水合物生成过程中所需的冷量通过海水冷却循环系统提供。

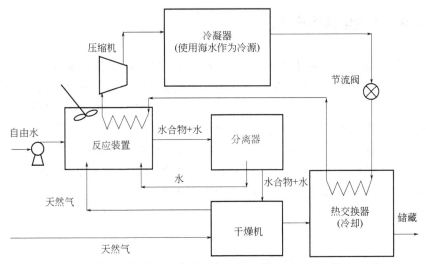

图 8.42　海水冷却循环水合物生产工艺（据 Javanmardi 等，2005）

该工艺流程简述如下：天然气通过烘干机借助水合物生成产物预冷后，被送入水合物搅拌反应器中。设定反应器内的温度比水合物在反应压力的平衡温度低 2℃，通过海水冷循环系统控制反应器的温度；反应器出口的水合物浆，随后被输送到分离器；分离出的游离水，被送回到反应器中循环，出口的水合物浆中含水率为 12%，在换热器中温度冷却到−15℃，以方便在常压下储存水合物。整个工艺涉及的关键设备包括反应器、换热器、干燥器、制冷系统等。

8.3.1.5　水合物颗粒生产工艺

典型的水合物颗粒生产工艺，由 MES 提出，如图 8.43 所示（Nogami 等，2008，2012），主要包括水合物浆生成与脱水（图 8.44 和图 8.45）、水合物造粒与冷却。除此之外，德国学者 Rehder 等（2012）也提出了一套水合物颗粒生产工艺，也包括水合物反应、脱水、颗粒化、颗粒冷却及减压等环节，如图 8.46 所示。水合物的颗粒化，可降低其存储空间；与粉末形状相比，颗粒化的尺寸和孔隙率决定了颗粒所表现的"自我保护效应"更为明显。其中，颗粒的物理性质，如大小，形状，强度和孔隙率，是选择造粒机设计和操作参数的主要依据。

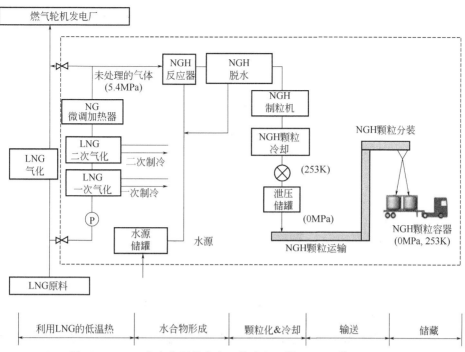

图 8.43　MES 水合物颗粒生产工艺流程（据 Nogami 等，2008）

图 8.44　MES 水合物颗粒生成反应器（据 Nogami，2012）

　　MES 水合物颗粒生产工艺关键环节的参数列于表 8.6。该工艺的流程，可简述为：借助 LNG 气化前的冷量，给水合物生成所需的水制冷后，与 LNG 气化后的天然气在 5.3MPa、4℃工况下于反应器内（图 8.44），充分搅拌混合与鼓泡，连续生产质量浓度为 10% 的水合物浆；水合物浆从底部进入水合物脱水塔（图 8.45），通过筛网脱水，重力作用，加压强化脱水，使水合物浆质量浓度提升到 40%；随后，浆料在两个反向旋转的圆鼓筒进料，并在间隙中被压实，在这个过程中挤出多余的水分后，在高速成型机制造水合物颗粒，再在冷却鼓中冷却到-20℃，冷却气体（-30℃）在鼓中循环，使水合物表现处于"自我保护效应"

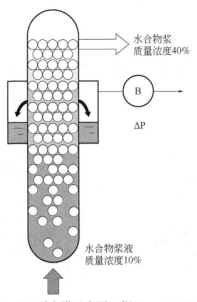

图 8.45　脱水塔示意图（据 Nogami，2012）

区；随后，将水合物颗粒装入有进、出口球阀的薄容器中，采用间歇工艺进行减压操作，将压力从 5.4MPa 降至常压；颗粒卸压后，温度保持在-20℃常压，由立式和卧式输送机运送至装载点，再由配料机自动装载至卡车或集装箱装运，形成了日产质量浓度 70%水合物颗粒 5 吨的生产能力。

表 8.6　MES 水合物颗粒生产工艺关键环节工况汇总（据 Nogami 等，2008）

关键环节	作业内容	压力 MPa	温度 ℃	NGH 浆浓度 %
LNG 接收站	从 LNG 管线气化天然气	5.4	4	—
生成反应器	混合搅拌和鼓泡，外壁 LNG 换热吸收冷流	5.4	4	10
脱水塔	脱水	5.4	4	40
造粒机	旋转，挤压多余的水	5.4	4	75
冷却减压设备	借助 LNG 冷量获得的冷却气体循环冷却	0	-20	75

　　Rehder 等（2012）所提出的甲烷水合物颗粒生产工艺，如图 8.46 所示。具体工艺流程，可以表述如下：进入反应器的水通过 P1010 和 E2020、甲烷气体通过 C1010 和 E2010，增压到 7MPa、冷却到 7℃；在一个或多个 CSTRs（R2001）中生成水合物，该反应器借助内部的热交换器（E2060）和反应器外的冷却回路（P2040、E2050）移除水合物生成热量；质量浓度为 10%的水合物浆液从反应器被泵（P2030）到压力鼓过滤器（D3001），该设备中一个缓慢旋转的圆筒可以浸没在水合物浆中，当悬浮液经过压力鼓的过滤表面，由于鼓内外压差，液体被迫进入鼓内，当压力鼓过滤表面再次浸入到悬浮液时，通过刮板刮下过滤脱水后的水合物滤饼，从而可保留 10μm 以下的水合物颗粒，并使水合物浆的残余含水率降到 50%，分离的水被泵（P3010）泵回反应器；提浓后水合物浆体被转移到具有更高的进料率、更低的设备重量和更低的空间要求的水平矩形压榨机（Y4001）制粒的同时，脱出的游离水被泵（P4010）回反应器，被压实的水合物浆在不使用黏合剂和热处理的情况下，通过

挤压机由螺丝、叶轮或滚子产生的压力，辊作用在一个水平矩形穿孔板上工作，同时还可以额外增加槽和开口集成到挤压板上；从挤压机另一侧挤压出的水合物管柱，再被切断成所需的长度，形成颗粒化的水合物，体压实后浓度被提升到90%；甲烷水合物颗粒通过倾斜表面向下依靠重力，或者传送设备如皮带等与冷甲烷气体流逆向接触冷却（E6030）到-20℃，再通过可交替工作的双气闸室减压（D6001）后与残余的10%的游离水聚并存储在储罐（D7010），等待被专用甲烷水合物颗粒运输船运往目的地。

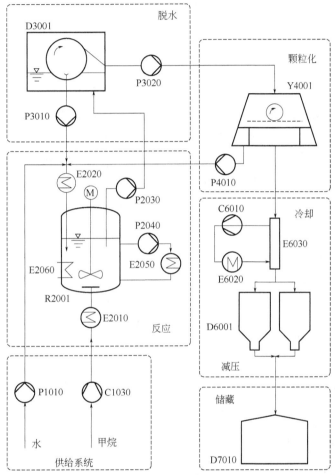

图 8.46　水合物颗粒生产工艺流程（据 Rehder 等，2012）

8.3.1.6　无持续搅拌水合物颗粒生产工艺

Veluswamy 等（2016a）提出了无需搅拌的水合物颗粒生产工艺，如图 8.47 所示。该工艺包括水合物生成、脱水、造粒、冷却和减压。在没有搅拌的促进作用下，水合物的快速生成和储气量的提升，依赖于加入热力学促进剂四氢呋喃（Veluswamy 等，2016b）。该水合物反应器的工作条件设为10℃，工作压力为5.0~7.2MPa，在加注5.56mol%四氢呋喃后，可以实现水合物的快速生长，能获得更高的甲烷存储能力（115m³/m³）；该工作温度相比于在1℃降低了冷却负荷约为60%。同时，可以使四氢呋喃、甲烷水合物的存储条件提升到0℃，

0.1MPa，如此单位体积水合物的冷却负荷又可减少约50%。

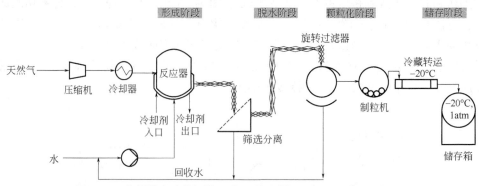

图 8.47　非搅拌水合物颗粒生产工艺（据 Veluswamy 等，2016a）

为了促进水合物的生成在室温下完成，Bhattacharjee 等（2020）在组合反应器（图 8.48）中加注疏水性的 L-亮氨酸 500ppm 后，在 25℃、9.5MPa 的实验条件下，实验进行 1.5h 后四氢呋喃、甲烷水合物的存储能力可达到 81.3±3.7mmol 气体/mol 水，达到了四氢呋喃与甲烷水合物理论储气量的 69%，表明体系水合物生成的效率被显著提升。

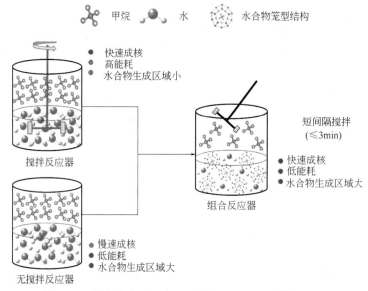

图 8.48　组合反应器示意图（据 Bhattacharjee 等，2020）

8.3.2　水合物储存与运输工艺

水合物的储存与运输工艺的选择，是水合物法储运天然气是否具有经济性的关键。根据不同的生产工艺，会产生不同的储存方式。水合物储量的设计与控制，应根据水合物生产的运输周期和储存形式而定。大多数的生产工艺倾向于将生成后的水合物固液分离，最终以固体形式储存和运输。不论采取何种方案生产水合物，在其被运输前都需要储存在绝热空间中，其温度和压力取决于水合物是固体、水泥浆还是油泥浆（Taylor，2003）。

Gudmundsson 等（1994）提出，常压下水合物储存，其分解所需的相变热，在绝热条件下很难获得；大规模存储水合物的分解，所需热量来源于临近的水合物，但是水合物的热导率仅为 18.7W/mK，低于普通的隔热材料 27.7W/mK；而且，在常压冰点下存储，水合物分解的水结冰，会保护水合物进一步分解。而实际上，对此更为合理的解释，为水合物分解所存在的"自我保护效应"。

通过绝缘的散货船、驳船或拖船拖曳的浮动集装箱，运输水合物是较为理想的运输方式，但是具体选择何种形式取决于运输距离。一般水合物的货舱应可以接收水合物作为干产品、水基或油基泥浆。最可能的方法就是低温常压储存、常温高压储存。最佳的储存运输形式，需要结合水合物存储形式的稳定性和相关经济分析来研究确定。

8.3.2.1　干水合物的船运

BG Groper 公司联合多家公司，提出了干水合物转移和运输概念的方法，如图 8.49 所示（Fitzgerald 等，2003）。可以运输干水合物的船类型，包括：标准散货船、液化石油气船、拖曳驳船、可拆卸驳船。由于干水合物的温度在−50℃以上，因此不需要使用特殊的低温钢材，只需要在标准船舶基础上为这些干水合物增加额外保温材料。对于短途运输（＜300km），拖曳式驳船将是最经济的；而对于长途运输，根据船级社的要求，改进型散货船将是最合适的。

(a) 散货船　　　　　　　　　　　　　　　　(b) 可拆卸驳船

图 8.49　水合物船运概念示意图（据 Fitzgerald，2003）

一般而言，干水合物可以通过气动方式运输，它的主要优点是可以在零下储存和运输，不会冻结自由水。但是，对于散货船卸货过程，则需要避免干水合物在运输途中凝固成一个大团。如果不通过流体（天然气、石油或水）加热，难于将团聚的大块水合物从容器中卸载到水合物气化厂。Taylor 等（2003）提出可以将产品储存在大型塑料容器中，然后用起重机吊装到船的货舱中；到达水合物气化地后，通过吊装倾倒塑料容器内的水合物到储罐中分解气化。

8.3.2.2　水合物浆的船运

水合物浆的输送压力和温度，一般为 1MPa 左右和 2~3℃ 左右（Fitzgerald 等，2001）。因此，其航运理念是将浓缩的水合物浆装在隔热加压容器中运输，该加压容器装在一艘改装过经过加固的散货船中。散货船货舱是否具备改造的条件，需要进行优化分析。

为了使水合物浆更容易地从生产设备转移到储存或运输装置，挪威 Akeer 提出可以在冷冻到−10℃温度下，将水合物与冷冻烃液（例如轻质原油）混合，以便于形成水合物悬浮于油相中的水合物油浆（樊栓狮，2005）。如此有利于在接近于常压下用泵将水合物油浆送入绝热的邮轮隔热封闭舱或者绝热性能良好、运输距离较短的输油管道中。显然，在输送阶段需要进行额外的处理，去除石油中的各类水合物污染物。此外，碳氢化合物液体需要通过制冷来保持水合物的稳定性。所以，水合物油浆的制备、运输和再气化阶段，都会额外增加部分成本。

8.3.2.3　水合物颗粒陆上运输

MES 的首个陆上运输水合物颗粒的示范项目，是通过运输卡车将水合物送到 100km 外的工业用户天然气发动机发电机（用户 1）、模拟城市燃气家庭用户的测试设施（用户 2）（Nogami，2012）。MES 所研发的车载水合物容器，具有双重功能：储存和再气化。该容器采用真空隔热、以及玻璃棉毡和普通硬质聚氨酯泡沫的联合作为外部容器的隔热材料，防止热量交换，形成水合物颗粒存储的绝热条件。

对应两种用户的水合物输运卡车的规格如表 8.7 所示。图 8.50 分别是为两种用户开发的专用集装箱运输卡车和水合物容器的照片。图 8.51 是两种规格卡车的模拟图。图 8.51(a) 对应工业用电用户的卡车，可以与卡车动力车头分离，以便动力车头返回水合物生产厂，进行另一次交付运输；图 8.51(b) 对应民用用户，携带两个小型水合物容器，可以通过起重设备卸货。

表 8.7　不同用户 NGH 运输卡车规格（据 Nogami，2012）

用户	用户 1	用户 2
天然气用户	GE 天然气发动机发电机	模拟城市燃气家庭用户
NGH 颗粒量	5~7.5t	0.4t/2 个容器
天然气量	650m³	50m³
设计压力	0.8MPa	0.8MPa
运行压力	0.5MPa	0.5~0.7MPa

(a) 用户1规格卡车照片　　　　　　　　(b) 用户2规格卡车NGH容器照片

图 8.50　NGH 陆上运输水合物颗粒卡车与容器照片（据 Nogami，2012）

(a) 用户1规格卡车　　　　　　　　　　　　　(b) 用户2规格卡车

图 8.51　NGH 陆上运输水合物颗粒卡车模拟图（据 Nogami，2012）

8.3.2.4　水合物颗粒船运

MES 所提出的水合物颗粒运输船研发计划，基于现有的散货船，如图 8.52 所示。以储煤仓改装的水合物仓储系统的冷藏散货船，储存条件是常压、−20℃。在综合考虑水合物产业链最优的情况下，可以选定运输船和船队构成为 57000 DWT×8 的船。该 NGH 船尺寸的设计源于：日本港口可以入驳的液化天然气船的最大尺寸（210000m³，315m×50m×12m）、尽量减少陆地储罐占地、满足港口承运船吃水限定等因素。此外，Nogami（2012）建议利用类似卸载煤或其他固体方式的机械系统，安装在运输船上，以减少设备初始投资；设计水合物装载系统的耗时为 24h/船，装载总量及速度为 2400t/h×24h。在 NGH 接收站气化分解的水，作为原材料压舱返回水合物生产地，需要水箱达 46000m³×4。

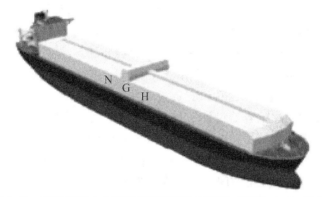

图 8.52　MES 研发水合物颗粒船运概念示意图（据 Nogami，2012）

考虑到安全的存储和环保的问题，参考 IGC（international gas code）所提出的"散装运输天然气水合物颗粒临时施工船舶和设备指南草案"，Rehder 等（2012）提出了甲烷水合物颗粒生产运输船的设计理念，如图 8.53 所示。在设计中，考虑全年工作连续性要求以及恶劣天气对运输船储存水合物颗粒的影响。在装载和卸载水合物颗粒时，控制在 40~70m 短距离内选择适宜的天气条件，运移水合物颗粒是可行的方案。水合物颗粒运输船还应具备优异的保航、定位能力，这就要求具备高效强劲的推进系统，配备量身定做的动力定位系统和优化的船舶设计。为了满足利用甲烷水合物颗粒分解所需废热，Rehder 等（2012）建议选择双燃料发动机的设计方案。这项措施有助于满足海岸附近及港口严格的排放标准。表 8.8 总结了图 8.53 所设计甲烷水合物颗粒运输船的主要特性参数。

图 8.53　甲烷水合物颗粒船设计概念示意图（据 Rehder 等，2012）

表 8.8　甲烷水合物颗粒船设计主要特性参数（据 Rehder 等，2012）

参数	数值	参数	数值
总长，m	176.6	载重，t	16650
垂线间长度，m	166.0	总容积，m³	20000
宽度，m	30.6	引擎	双燃料
高度，m	16.9	动态定位	DP2
最大吃水深度，m	8.4	类型	德国劳埃德船级社认证

　　为了安全分配和装载/卸载甲烷水合物颗粒，Rehder 等（2012）设计了一种带有货物处理设施的特殊货物的密封系统，如图 8.54 所示。密封系统由 8 个圆柱形货仓组成，水平布置和轴向安装，每个货仓容积为 2500m³。通过旋转储罐，避免了在船舶运输过程中甲烷水合物颗粒的烧结作用，防止因水合物颗粒结块严重影响卸载过程。这些储罐分别分布在四个隔热和具有主动冷却系统的货舱中，并与一个特殊设计的货物处理系统相连，该系统将甲烷水合物颗粒分散在具有高度冗余的密封储罐中。货物装卸系统主要由一个链条输送系统组成，输送能力约为 160m³/h 甲烷水合物颗粒。密封系统及链式输送系统的设计温度为 −20℃，压力 0.2MPa。在装载、运输和卸货过程中，需要维持在该温度压力条件下进行。主动的冷却设计和封闭的过压容器设计，有利于甲烷水合物颗粒维持在"自我保护效应"作用下稳定运输。需要注意的是，在恶劣天气下不允许进行装卸作业，这就要求设计的船体具有足够空间，储存无法卸载的甲烷水合物颗粒。同时，要求承运设备能够在良好的天气条件下以最快的速度，在相对短的时间内完成装卸作业。

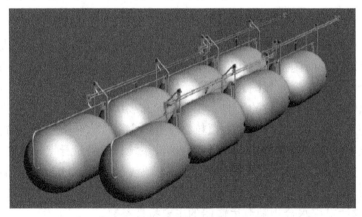

图 8.54　水合物颗粒船水平旋转圆柱形储罐设计概念示意图（据 Rehder 等，2012）

以水合物颗粒海运天然气是一种新的技术途径。引入新技术总是有可能引入新的风险，或者在替换现有技术解决方案时引入更高的风险，包括与人类安全、环境或财产有关的风险。与人类安全相关的碰撞、接触、火灾和安全设备故障（安全阀）风险指数最高；在环境方面，安全设备（安全阀）故障、碰撞、高沸以及船体或油箱的结构故障具最高的风险指数。现今的航运业监管机构（国际海事组织 IMO）要求在批准新的海事技术之前，需要就其对人类安全和环境的影响进行评价。通常，这样的评估是使用风险分析来执行的。为了防止水合物船运新技术引入受阻或造成不必要的高成本改进设计风险，需要在技术设计早期进行风险分析。

风险分析的步骤，包括风险识别、危害排名、建立风险模型、定量风险评价。风险分析，可借助专家（甲烷水合物性能、船舶机械、气罐设计、天然气燃驱船舶用等领域的专家）分析会或参比不同类型的船（例如 LNG 船或油船）运风险分析，应用失效模式、影响和临界分析方法 FMECA（failure modes，effects and criticality analysis）。危害排名，使用索引表估计发生的概率和后果的严重性进行实施，这些频率指数和严重指数要基于事件频率和后果的对数尺度分级，最终通过根据频率指数和严重指数的总和及风险指数排序；这种方法完全符合 IMO 正式安全评估 FSA（formal safety assessment）指南中提出的建议。风险模型，可参考 LNG 油轮和原油油轮风险分析模型，建立考虑事故类别碰撞、触地和设备故障（如管道、阀门和储罐）导致甲烷意外泄漏的风险模型；推荐以事件树的形式建立上述三种事故类别的定量风险模型。定量风险评价，可以使用绝对概率和依赖概率来计算所考虑的事故引发的所有情况的概率。

水合物储运是新技术，没有可供评估的数据源是定量风险评价的难点，可以通过专家判断来克服这个问题；还可以 LNG 船和油船的相关数据，并尽可能根据这些船型的最新数据进行更新。Rehder 等（2012）对水合物海运进行了风险分析，并将其安全水平与其他具有类似船型（LNG 船和油船）的安全水平进行了比较，给出了事故类别碰撞和触地风险模型计算所需的水合物运输船特征风险值。结果表明，水合物船发生事故类别碰撞的风险比 LNG 船和油船都低，这是因为水合物分解释放不会引起火灾；在搁浅的情况下，水合物船船员的风险与原油船船员相似，显著低于液化天然气船船员。

8.3.3 水合物气化工艺

水合物气化工艺简单，需要通过热量供给为水合物分解提供能量。气化装置的设计将取决于详细的工程需求和地方规定，以及距离工业用户发电厂、民用燃气用户的距离。通常，可以根据具体工艺用户的情况，充分利用工业余热来进行水合物的气化分解（Veluswamy 等，2018）。

8.3.3.1 混合搅拌水合物气化工艺

Gudmundsson 等（1995）提出的混合搅拌水合物气化工艺如图 8.55 所示：水合物气化所需热量来自于水合物分解后的水和天然气的接触换热，在混合搅拌后分解可以增加水合物分解所需传热的效率。天然气被压缩脱水进入气体储库或进入输气管网。分解的水存储到储水罐中，其中一部分循环换热用于分解水合物。大部分水通过水合物船运回到水合物生产地，利用分解水所具有的"记忆效应"，加速水合物的再次快速生成。

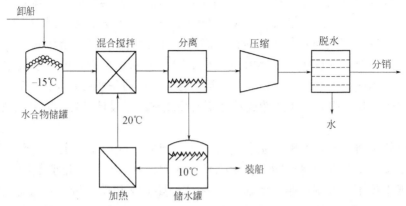

图 8.55　混合搅拌水合物气化工艺（据 Gudmundsson 等，1995）

8.3.3.2　水合物浆气化工艺

英国 BG Group 所提出的水合物浆气化工艺，如图 8.56 所示（Fitzgerald 等，2001）。该工艺在接收端，水合物浆体被泵入热交换器进行气化分解。分解的气体输送给发电厂、或输送至脱水系统进入城市燃气管网。分解水合物所需热量来源于电厂的废水余热等。分解后的水可以作为压载水返回到水合物生产地，或者作为饮用水在当地进行处理后出售。

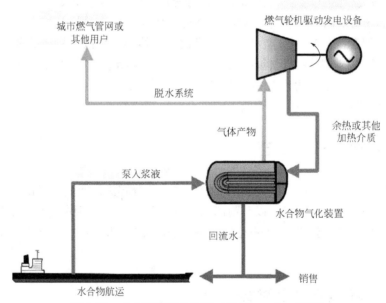

图 8.56　水合物浆气化工艺（据 Fitzgerald，2001）

海洋专家提议，水合物的气化可以在运输船上进行。这将减少储存和再气化设施的陆上的资本支出，但由于船舶停留的时间较长，或将增加运营成本。此外，气化作业期间，大规模的浆体输送和碳氢化合物的密封/释放，有待深入研究。

8.3.3.3 陆上工业用户水合物颗粒气化工艺

陆上 MES 通过卡车配送水合物颗粒给工业用户后，水合物颗粒存储容器内水合物的气化工艺流程（图 8.57），可直接借助车载气化设备为工业用户供气，如图 8.58 所示。该供气系统由水合物存储容器及气化设备、水循环系统、气体缓冲罐、其他相关机械和管道组成，并通过控制系统监控运行。发动机废气与循环水之间热交换为 NGH 颗粒的再气化提供热源。气化后的天然气，能以最大速率 $65m^3/h$ 输送给能源经济技术研究所的燃气发动机使用；水合物分解后 6~7℃ 的游离水，被送回发动机的冷却塔作为冷却液循环使用。

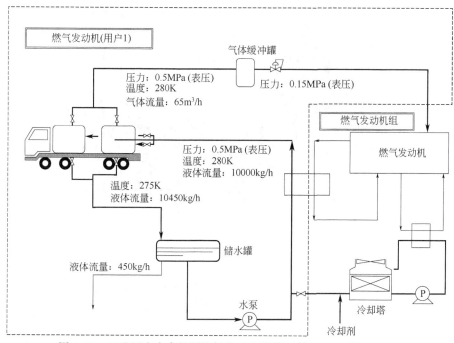

图 8.57 工业用户水合物颗粒气化工艺流程（据 Nogami 等，2008）

图 8.58 工业用户水合物颗粒气化工艺气化系统照片（据 Nogami 等，2012）

8.3.3.4 陆上民用用户水合物颗粒气化工艺

陆上 MES 民用用户位于广岛气体有限公司技术研究所,设计了用于模拟家用的设施,被设置为可 24h 连续自动运行,见图 8.59。该民用水合物颗粒存储容器的水合物气化工艺流程,如图 8.60 所示。

图 8.59　MES 陆上模拟民用气化系统照片(据 Nogami,2012)

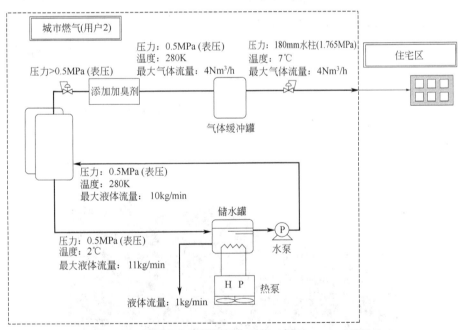

图 8.60　民用水合物颗粒气化工艺(据 Nogami,2008)

通过起吊卸载的两个小型水合物容器至民用用户的水合物气化区,借助热泵循环的热水给其底部加热,使存储在内的水合物颗粒分解气化,如图 8.61(a)所示。由于圆柱形容器垂直于加热地板，水合物颗粒落入热水中会吸热持续分解。这种传热的方式属于直接接触传热的方法。由于循环水在未分解的水合物颗粒之间有效流动，能显著提升传热效率。分解的水合物颗粒表面上浮的气泡，更新水合物分解边界，也会对传热效率有显著的提升。

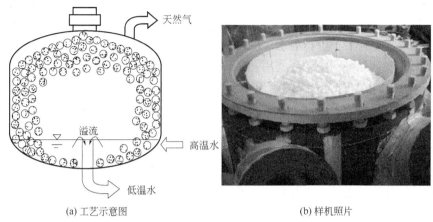

(a) 工艺示意图　　　　　　　　　　　　(b) 样机照片

图 8.61　民用存储 NGH 颗粒存储容器示意图和样机照片（据 Nogami，2008）

图 8.61（b）所示，存储水合物的容器的直径约为 700mm，与输送至民用天然气用户卡车上的水合物存储容器大小一致。由于水合物颗粒与水之间的传热面积近似固定，因此可以通过循环水量或温度来控制水合物的气化速度。假设模拟民用住宅小区用户为 10 户家庭，若以 $0.5 \sim 6.0 m^3/h$ 的速度实现水合物气化，可满足该模拟民用天然气用户群的用气。测试得到再气化天然气能以 $0.5 \sim 6.0 m^3/h$ 速度供应给模拟设施。根据前期的需求研究结果，晚餐时段燃气需求达到峰值，午夜之后的消费量趋于零；全年的最大需求量为 1 月份 $4.0 m^3/h$。根据最大需求确定了供气系统的容量。针对城市燃气需要配备加嗅装置，研制了一种超小型加味装置。同时，增加了对分解气体的气质监测，以满足当地要求的城市燃气湿度、气味水平和沃伯指数等要求。

8.4　水合物法储运天然气技术应用

8.4.1　水合物法储运天然气应用案例

为应对全球气候变化，天然气作为一种可以减少温室效应的"清洁能源"备受关注。日本已有 40 余个 LNG 接收站，但是没有形成天然气输送的陆上管网。针对非管道地区的大型天然气用户，主要依赖陆上 LNG 运输卡车供给所用。但是，对于难以负担 LNG 接收设施及其维护费用的潜在小型天然气用户则只能放弃使用天然气。因此，通过水合物的生产、运输和利用，将水合物作为天然气运输的新媒介，输送到没有敷设天然气管网地区的潜在客户处，成为日本工业界关注的焦点。水合物法储运天然气最具工业化应用的前期工作，由日本 MES 主导建设了千叶 PDU 测试单元、BSU 试验装置、柳井首个陆上水合物汽车运输示范项目，并提出了该技术的商业化开发计划。

8.4.1.1　PDU 及 BSU 工业测试

在 2003 年，MES 首次尝试在日本千叶建造了一个人工生产水合物颗粒 600kg/d 的测试单元，称为 PDU（图 8.5）。PDU 可以连续高速生产高纯度水合物颗粒，通过原料气与水接触，生成天然气水合物后，进行脱水、冷却后，将制成 NGH 颗粒，并能通过气化工艺分解这些颗粒成天然气，在工厂中循环利用。

在 2005 年，作为 MES 水合物生产工艺开发的第二阶段，在千叶建成了另一个水合物生产试验装置，简称 BSU（图 8.6）。该试验装置实现了从混合气中生产水合物颗粒的技术突破。

MES 通过 PDU 和 BSU 在不同条件下的广泛的测试运行，为稳定生产高质量水合物颗粒矿积累了大量的工程数据。BSU 通过更新的工艺设备升级，不断扩大工艺开发的各种测试。相关工艺的具体分析，参见 8.3 部分。

8.4.1.2　陆上水合物汽车运输示范项目

作为陆上运输水合物颗粒汽车运输的工业化测试，受日本 NEDO 资助 MES 与 CEP 合作，在柳井电站建造了一个生产能力为 5t/d 的水合物颗粒生产厂。2005 年，在千叶生成的水合物颗粒被运送到 350km 外的爱知世界博览会，并在火魔剧场以"冰与火"的形式进行了展示。

2009 年，该项目将生产出来水合物颗粒通过特制罐车运输给 100km 外再气化，供工业用户（用户 1）和城市燃气使用（用户 2）（图 8.62）。该示范项目以城市名字命名为"Y 项目"，旨在验证为非管道地区的小型潜在天然气用户，提供一种安全经济的陆上水合物储存与运输天然气方式的可行性。图 8.63 是"Y 项目"的工艺的总览。

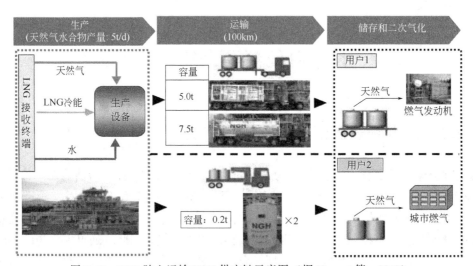

图 8.62　MES 陆上运输 NGH 供应链示意图（据 Nogami 等，2012）

"Y 项目"的生产单元（详见 8.3.1.5），基于 BSU 生产流程，包括水合物生成、脱水、造粒、冷却和减压 5 个主要过程。该项目的脱水单元，增加了附加压差驱动脱水的系统。造

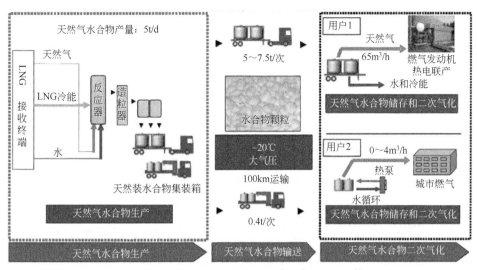

图 8.63　MES"Y 项目"的工艺流程示意（据 Nogami 等，2008）

粒设备选用与 BSU 所用同款高速成型机制造水合物颗粒。所产的水合物颗粒浓度为 75%，其余部分是冰。该生产工艺有效利用了 LNG 终端气化气作为水合物生产的原料气，并利用 LNG 接收站的冷量作为生产水合物的冷量来源。

"Y 项目"的运输单元（详见 8.3.2.3），对应的车载水合物容器具有双重功能：储存和再气化。利用水合物专用集装箱（载荷 5.0t 或 7.5t）运输水合物颗粒，到大型的天然气用户所在地气化供一台 280kW 的天然气发动机发电机使用；利用水合物小型卡车（载荷 0.4t）装载水合物的容器，模拟为城市燃气家庭用户提供天然气。根据气体消耗量和 NGH 产量信息，计划每隔 3~4d 运送一次。在 2h 的运输过程中，水合物容器内温度会略有提高，表明水合物在该储存条件下的分解率很低。在储存条件为 0℃ 时，水合物分解速率小于 1%/d，因此运输卡车在常压-20℃ 可以实现 NGH 颗粒的稳定运输。

"Y 项目"的再气化单元（详见 8.3.3.3 和 8.3.3.4），可供工业用户天然气发电机使用、也可以供城市燃气家用燃气燃烧器和燃气加热器使用，验证了水合物法储运天然气工业应用的适用性和安全性。

"Y 项目"通过天然气水合物的生产、运输、储存、再气化等方式验证了整个陆上运输供应链，对天然气未来陆上运输的可能性也具有重要意义和重大影响。实现日产 5t 水合物，为水合物法储运天然气技术走向商业化积累了有价值的操作技术、生成环境信息以及工艺设计数据。通过该供应链，天然气水合物在工业和城市的天然气应用的可能性得到了确认，以水合物法储运天然气的输送方式将扩大到在地理上或地质上难以敷设管道网络的非管道地区或其他国家的内陆地区。同时，该项目还测试充分利用了尚待开发的 LNG 接收终端冷量的可行性。

8.4.1.3　MES 水合物法储运天然气技术商业开发计划

图 8.64 所示为 MES 发布的水合物法储运天然气技术商业开发计划中的水合物颗粒船运概念。从第一阶段的 PDU、第二阶段的 BSU 及陆上示范项目到商业开发过程，有待高效的水合物生成工艺的研发。

第一个商业项目将是一个岸上—基地联合项目；除了陆上项目外，MES 也在寻求 NGH 在 FPSO 的应用，目标是海上被点燃的伴生气。但是，关于 100t/d 第一商业试点项目及后续的 6000t/d 的商业化项目进展较缓慢。

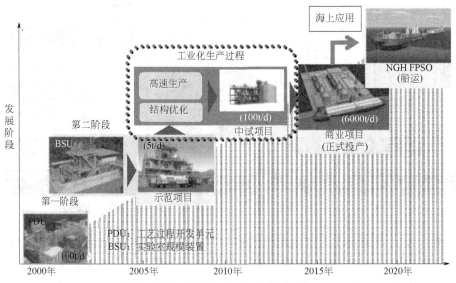

图 8.64　MES 研发水合物颗粒船运概念示意图（据 Nogami 等，2012）

图 8.65 所示为 MES 在 JOGMEC 的协助下，对水合物法储运天然气供应链进行的可行性研究，给出了具有单线最大 NGH 产量 6000t/d，四条生产线总产能到 24000t/d 的工艺流程架构图。其中，每条生产线，包括：水源储存、冷却水系统、NGH 生产、脱水、

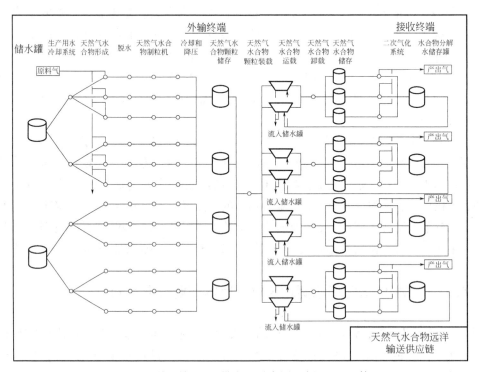

图 8.65　MES 海洋运输 NGH 供应链示意图（据 Nogami 等，2008）

NGH 造粒、冷却降压、NGH 颗粒储存、NGH 颗粒装载、NGH 颗粒运输、NGH 颗粒卸载、NGH 颗粒储存、NGH 颗粒气化、分解水储存等一系列环节（Nogami 等，2008）。水合物存储所需的空间几乎是液化天然气的 10 倍。考虑到土地的可用性以及水合物是液化天然气储运天然气方式的补充，MES 在 JOGMEC 的协助下提出了单条产能为 6000t/d，四条生产线总产能到 24000t/d 的工艺需求。以 2d 消耗量增加到水合物船承运能力总量上为 34000m^3×4，作为水合物接收站水合物颗粒存储容积。此外，需要设计 60000m^3×1 的水合物分解气化游离水的存储装置。由此，MES 给出了水合物产能为 1×10^{6}t/a 出口、0.25×10^{6}t/a 接收港口的设计图纸（Nogami 等，2008）。其气化处理能力为 250t/h，出气量为 32t/h，要注意的是水合物在接收终端气化过程，需要满足常压下 -20℃ 连续解离，不断获得 5MPa 高压气体。

8.4.2 水合物法储运天然气应用展望

水合物法储运天然气技术，具有投资小、技术简单、安全性好的优点，但由于天然气市场及新技术不成熟等因素，该技术尚未得到全面大规模实际运用。其适合处理产量相对少、运距适宜、市场规模小的天然气产业中的情况，例如边际油田的伴生气（闲置状态无市场的天然气储量、海上无法燃烧的伴生气、无法进行经济开采的小型储层）、生物制气、沼气等（Veluswamy 等，2018）。此外，在管道设施建成或其他基础设施开发完毕之后，该技术具有一定的竞争力。

就 NGH 技术可行性和经济性分析，具正面评价的研究较多。虽然该技术目前还不完全成熟，正处于研究发展阶段，但与管输或是液化天然气相比，水合物法储运天然气具有较低的基础建设成本、运行耗费，具有简单灵活的工艺处理过程，可以实施小型化、小规模化、模块化设计，适应低产量或低运量的需求，常具有推广价值。此外，水合物技术不仅可以在世界范围内适应中小型气田开发，而且在未来还有其他一些应用潜力：利用气体分子成水合物机理的生产技术，可用于二氧化碳与其他气体的分离。例如，水合物技术可用于综合煤气化联合循环，或将高二氧化碳含量气田货币化（Nogami，2012）。

现有的多种水合物反应器和运行工艺方案，要实施工业应用推广，尚需开展技术试验、经济分析、安全评估等关键环节的深入研究，以提高其可靠性和经济性（Veluswamy 等，2018）。不仅要深入研究 NGH 生产挤压和造粒的机械操作技术，更需要解决 NGH 生产速率低、储气量不高的问题。关键是需要在中等压力和接近环境温度的条件下，在简单低成本的反应器中，通过多种可以联合的促进方法，以较高的水合物生成速率规模化生成水合物；还能够在大气压和环境温度下稳定储存大量水合物。上述研究问题是使水合物法储运天然气技术成为具有前途且有竞争力工业化储运天然气的重要基础问题。

强化对"自我保护效应"本征机理的理解，进一步关注不同大小和形状的水合物颗粒在不同温度下的"自我保护效应"行为，更应通过规模储存来试验其应用于水合物存储的实用性；此外，应增强开展适合商业应用最佳温度下可靠储存（从几个月到几年）周期的研究，并深入开展运输设备的研发与试验。要关注多相对流传热控制的水合物气化分解过程。另外，在进一步降低成本外，还必须对目前设计的从天然气水合物生产到消耗的整个链条进行优化。

水合物法储运天然气技术，与传统的天然气储运方式不同，储存在水合物中的甲烷或天然气不会以爆炸性的方式释放出来，而且即使在点燃时，也表现出较高的安全性。但是，在使用天然气水合物运输船运输水合物颗粒需要进行详细的危害识别研究（Rehder 等，2012；Kim 等，2015）。

　　总之，利用气体水合物高储量的特点储存天然气，凭借其安全性、可靠性以及其经济性方面的一定优势，将促使学术界和工业界持续深入开展其关键应用技术攻关。

参 考 文 献

操泽，2016. 数值模拟混输管道水合物流动规律 ［D］. 北京：中国石油大学（北京）.

曹辛，赵炜，乔欣，杨方方，2005. 在阿尔伯塔气田应用的强化型水合物抑制技术 ［J］. 国外油田工程，21（10）：14-16.

陈赓良，2004. 天然气采输过程中水合物的形成与防止 ［J］. 天然气工业，24（8）：89-91.

陈光进，孙长宇，马庆兰，2020. 气体水合物科学与技术 ［M］. 2 版，北京：化学工业出版社.

陈宏举，周晓红，王军，2011. 深水天然气管道流动安全保障设计探讨 ［J］. 中国海上油气，23（2）：121-125.

陈俊，2014. 油水分散体系水合物形成和分解过程研究 ［D］. 北京：中国石油大学（北京）.

陈玉川，2021. 微米级分散颗粒体系水合物生成流动规律研究 ［D］. 北京：中国石油大学（北京）.

陈玉川，史博会，李文庆，等，2018. 水合物动力学抑制剂的作用机理研究进展 ［J］. 化工进展，37（5）：1726-1743.

程艳，黄泾，李支文，等，2012. 低剂量天然气水合物抑制剂对渤海 M 油气田原油破乳脱水的影响 ［J］. 中国海上油气，24（2）：47-49，57.

代晓东，蔡荣海，杨合平，等，2012. 忠武管道天然气水合物的形成与抑制 ［J］. 油气储运，31（2）：158-159.

代晓东，李晶森，张超，赵业林，孙海燕，2016. 大沈天然气管道投运初期水合物"冰堵"防治实践 ［J］. 油气储运，34（4）：37-41.

丁麟，2018. 多相混输管路天然气水合物浆液流动稳定性研究 ［D］. 北京：中国石油大学（北京）.

丁乙，刘骁，2012. 长输天然气管道冬季冻堵防治案例 ［J］. 油气储运，31（4）：318-319.

段常贵，2011. 燃气输配 ［M］. 4 版. 北京：中国建筑工业出版社.

樊栓狮，2005. 天然气水合物储存与运输技术 ［M］. 北京：化学工业出版社.

冯叔初，郭揆常，2006. 油气集输与矿场加工 ［M］. 东营：中国石油大学出版社.

高发连，2004. 天然气管道干燥石工方法 ［J］. 油气储运，23（10）：43~45.

葛业武，1996. 国外天然气管道试压水的排放与管道干燥 ［J］. 石油工程建设，4：52-54.

宫敬，王玮，2016. 海洋油气混输管道 ［M］. 北京：科学出版社.

宫敬，史博会，陈玉川，等，2020. 含天然气水合物的海底多相管输及其堵塞风险管控 ［J］. 天然气工业，40（12）：139-148.

顾安忠，2015. 液化天然气技术 ［M］. 北京：机械工业出版社.

郭天民，2002. 多元气—液平衡和精馏 ［M］. 北京：石油工业出版社.

胡德芬，许丽，李祥斌，等，2009. 天然气技术管线冬季冻堵及措施分析 ［J］. 天然气与石油，27（1）：21-24.

蒋洪，唐廷明，刘晓强，等，2008. 克拉 2 气田第一处理厂乙二醇注入量优化分析 ［J］. 石油与天然气化工，37（1）：15-17.

兰峰，崔大勇，2007. 渤西油气田海底输气管道堵塞管道问题研究 ［J］. 中国海上油气，19（5）：350-352，360.

李大全，2012. 天然气管道清管过程水合物生成预测技术研究 ［D］. 西南石油大学.

李大全，艾慕阳，王玉彬，等，2012. 涩宁兰输气管道水合物事故及其预防 ［J］. 油气储运，31（4）：267-269.

李宏欢，2014. 输气管道分输站调压系统安全设计浅析 ［J］. 化工管理，（9）：93-94.

李研，吴刚，2015. 页岩气地面集输工艺设计研究 ［J］. 石油工程建设，41（3）：49-53.

李玉星，姚光镇，2012. 输气管道设计与管理 ［M］. 2 版. 东营：中国石油大学出版社.

梁德青，何松，李栋梁，2008. 微波对天然气水合物形成/分解过程的影响 [J]. 科学通报，53（24）：3045-3050.

刘永飞，秦蕊，李清平，姚海元，2018. 深水高产水气田水合物防控措施研究 [J]. 海洋工程装备与技术，5（3）：149-153.

刘月勤，刘静怡，徐立昊，2019. 致密气田地面集输集中加热节流工艺 [J]. 油气田地面工程，38（4）：58-62.

刘祎，王海登，杨光，刘子兵，王遇冬，薛岗，2007. 苏格里气田天然气技术工艺技术的优化创新 [J]. 天然气工业，27（4）：139-141.

刘子兵，刘祎，王遇冬，2003. 低温分离工艺在榆林气田天然气集输中的应用 [J]. 天然气工业，23（5）：103-106.

柳扬，2019. 蜡与水合物共存体系流动及沉积规律研究 [D]. 北京：中国石油大学（北京）.

吕晓方，2015. 高压多相体系水合物浆液生成/分解及流动规律研究 [D]. 北京：中国石油大学（北京）.

马永明，韩海彬，王伟，李岩，2010. 陕京输气管道水合物的处理与防范措施 [J]. 油气储运，29（1）：46-48.

孟凡臣，王仙之，于长录，耿厚忠，2014. 苏格里天然气集输管道冻堵预测软件开发及应用 [J]. 石油工程建设，40（3）：58-61.

苗建，郑新，王凯，付俊，2016. 天然气—凝析液混输管道水合物防控策略经济性研究 [J]. 油气田地面工程，35（5）：1-4.

庞维新，姚海元，李清平，等，2016. 水合物防聚剂的性能评价和现场测试 [J]. 石油化工，45（7）：862-867.

邱传宝. 基于干水的水合物储气实验研究 [D]. 广州：华南理工大学. 2011.

阮超宇，2017. 天然气凝析液管道水合物堵管概率评估 [D]. 北京：中国石油大学（北京）.

史博会，2012. 天然气—凝析液管道中水合物的生长流动规律研究 [D]. 北京：中国石油大学（北京）.

史博会，宫敬，2010. 流动体系天然气水合物生长研究进展 [J]，化工机械，37（2）：249-256.

史博会，钱亚林，王华青，等，2012. 管输天然气含水量/水露点的计算方法 [J]. 油气储运，31（3）：188-192.

史博会，全恺，乔国春，等，2014. 榆济输气管道水合物冰堵防治措施 [J]. 油气储运，33（3）：274-278.

史博会，王莹，吕晓方，等，2014. 流动体系水合物分解研究进展 [J]. 油气储运，33（7）：685-691.

宋尚飞，2020. 油水体系水合物分解机理与流动规律研究 [D]. 北京：中国石油大学（北京）.

宋尚飞，史博会，许海银，等，2017. 水合物生成记忆效应研究进展 [J]. 化工机械，44（5）：463-470.

孙志高，樊栓狮，郭开华，等，2001. 气体水合物法储运天然气技术 GTS 与发展 [J]. 化工进展，20（1）：9-12.

汤晓勇，宋德琦，陈宏伟，2006. 克拉 2 气田集气工艺选择 [J]. 天然气与石工，24（3）：7-11.

王保群，赵永强，王小强，等，2015. 长输天然气管道冰堵治理与案例分析 [J]. 石油规划设计，2015，26（5）：22~25，52.

王静，王希国，刘安昌，2011. 几种常用的天然气管道干燥方法的比较 [J]. 广东化工，2011，38（4）：46-48.

王晓光，2019. 延长气田集输工艺探索与实践 [J]. 油气田地面工程，38（9）：26-30.

王永强，刘占良，洪鸿，郭自新，李莲明，郝玉鸿，2007. 榆林气田合理注醇量计算方法及防堵认识 [J]. 石油地质与工程，21（4）：98-101.

王玉彬，闫峰，聂超飞，黄光前，魏幼峰，欧阳欣，2017. 输气管道干燥石工水露点验收指标 [J]. 油气储运，2017，36（9）：1019-1023.

王遇冬，2007. 天然气处理与加工工艺 [M]. 北京：石油工业出版社.

王哲，2018. 压力波法输气管道水合物堵塞检测系统［D］. 大连：大连理工大学.

吴长春，张孔明，2003. 天然气的运输方式及特点［J］. 油气储运，22（9）：39-43.

吴志欣，2012. 普光气田地面集输系统堵塞原因分析与解堵措施研究［D］. 青岛：中国石油大学（华东）.

许彦博，赵小川，王康，等，2012. 西气东输二线冰堵问题与处理［J］. 油气储运，2012，31（8）：636-639.

闫柯乐，吴伟然，胡绪尧，等，2020. 天然气水合物动态防控技术研究及现场应用［J］. 应用化工，49（4）：997-1001.

叶建良，秦绪文，谢文卫，等，2020. 中国南海天然气水合物第二次试采主要进展［J］. 中国地质，47（3）：557-568.

衣华磊，周晓红，朱海山，等，2012. 深水气田水下井口开发水合物抑制研究［J］. 中国海上油气，24（5）：54-57.

雍宇，史博会，丁麟，等，2018. 水合物生成诱导期研究进展［J］. 化工进展，37（2）：505-517.

于达，宫敬，2002. 海底长距离输气管道投产研究［J］. 天然气工业，22（3）：78-80.

袁运栋，文剑，杨克瑞，2011. 清管作业冰堵问题与解决建议［J］. 油气储运，30（2）：154-155.

郑新伟，吕传品，闫广涛，2013. 天然气分输站冰堵的成因及防治［J］. 内蒙古煤炭经济，（4）：126，142.

张科嘉，李长俊，欧阳欣，等，2020. 中俄东线天然气管道投产初期水合物预测及防治模拟［J］. 油气储运，39（7）：821-826.

张荣甫，黄祥峰，2016. 新型水合物抑制剂 Z-6 的研究及应用［J］. 天然气与石油，34（6）：31-34.

赵小川，管志伟，南宇峰，2012. 西气东输二线干线西段清管作业研究与实践［J］. 天然气与石油，30（2）：17-22.

中国石油学会，2018. 2016—2017 油气储运学科发展报告［M］. 北京：中国科学技术出版社.

周厚安，唐永帆，康志勤，等，2009. 动力学水合物抑制剂 GHI-1 在高含硫气田的应用［J］. 天然气工业，29（6）：107-109.

周厚安，汪波，金洪，等，2012. 川渝气田天然气水合物防治技术研究与应用进展［J］. 石油与天然气化工，41（3）：300-303.

Anderson R, Mozaffar H, Tohidi B, 2011. development of a crystal growth inhibition based method for the evaluation of kinetic hydrate inhibitors［C］//Proceedings of the 7th International Conference on Gas Hydrates（ICGH 2011），Edinburgh，Scotland，United Kingdom，July 17-21.

Arjmandi M, Tohidi B, Danesh A, et al, 2005. Is subcooling the right driving force for testing low-dosage hydrate inhibitors?［J］. Chemical Engineering Science，60（5）：1313-1321.

Arnold K, Stewart M, 2014. Surface production operations：volume Ⅱ：design of gas-handling systems and facilities［M］，3rd ed，Houston：Gulf Publishing Company.

Azarinezhad R, Chapoy A, Anderson R, et al, 2010. A wet cold-flow technology for tackling offshore flow-assurance problems［J］. SPE Proj. Facil. Constr.，5（2）：58-64.

Bai D S, Zhang D, Zhang X, et al, 2015. Origin of self-preservation effect for hydrate decomposition：coupling of mass and heat transfer resistances［J］. Scientific Reports，5.

Ballard A L, Sloan Jr E D, 2002a. The next generation of Hydrate prediction：an overview［J］. Journal of Supramolecular Chemistry，2（4-5）：385-392.

Ballard A L, Sloan Jr E D, 2002b. The next generation of hydrate prediction：I. Hydrate standard states and incorporation of spectroscopy［J］. Journal of Supramolecular Chemistry，194-197（4）：371-383.

Ballard A L, Sloan Jr E D, 2004a. The next generation of hydrate prediction：Part Ⅲ. Gibbs energy minimization formalism［J］. Fluid Phase Equilibria，218（1）：15-31.

Ballard A L, Sloan Jr E D, 2004b. The next generation of hydrate prediction Ⅳ：A comparison of available hydrate prediction programs［J］. Fluid Phase Equilibria，216（2）：257-270.

Barnes B C, Knott B C, Beckham G T, et al, 2014. Reaction coordinate of incipient methane clathrate hydrate nucleation [J]. Jounral of Physical Chemistry B, 118 (46): 13236-13243.

Bernal J D, Fowler R H, 1933. A theory of water and ionic solution, with particular reference to hydrogen and hydroxyl ions [J]. Journal of Chemical Physics, 1 (8): 515-520.

Bhattacharjee G, Veluswamy H P, Kumar R, et al, 2020. Rapid methane storage via s Ⅱ hydrates at ambient temperature [J]. Appllied Energy, 269: 115142.

Binks B P, Murakami R, 2006. Phase inversion of particle-stabilized materials from foams to dry water [J]. Nature Materials, 5: 865-869.

Boswell R, 2011. Current perspectives on gas hydrate resources [J]. Energy & Environmental Science, 4 (4): 1206-1215.

Boxall J, Greaves D, Mulligan J, et al, 2008. Gas hydrate formation and dissociation from water-in-oil emulsions studied using PVM and FBRM particle size analysis [C]. Proceedings of the 6th International Conference on Gas Hydrates (ICGH 2008), Vancouver, British Columbia, Canada, July 6-10.

Carroll John, 2014. Natural gas hydrates: a guide for engineers [M]. Houston: Gulf Profeesional Publishing.

Carson D B, Katz D L, 1942. Natural gas hydrates [M]. Transactions of AIME, 33: 662-671.

Carter Bo, Wang W, Adams Dj, et al, 2010. Gas storage in "dry water" and "dry gel" clathrates [J]. Langmuir, 26: 3186-3193.

Chari V D, Sharma D V S G K, Prasad P S R, et al, 2013. Methane hydrates formation and dissociation in nano silica suspension [J]. Journal of Nature Gas Science and Engineeing, 11: 7-11.

Chen G, Guo T, 1996. Thermodynamic modeling of hydrate formation based in liquid water [J]. Fluid Phase Equilibria, 122 (1-2): 43-65.

Chen G, Guo T, 1998. A new approach to gas hydrate modeling [J]. Chemical Engineering Journal, 71 (2): 145-151.

Chen J, Sun C, Liu B, et al, 2012. Metastable boundary conditions of water-in-oil emulsions in the hydrate formation region [J]. AIChE Journal 2012, 58 (7): 2216-2225.

Chen J, Sun C, Peng B, et al, 2013. Screening and compounding of gas hydrate anti-agglomerants from commercial additives through morphology observation. Energy & Fuels, 27 (5): 2488-2496.

Christiansen R L, Sloan E D, 1994. Mechanisms and kinetics of hydrate formation [J]. Annals of the New York Academy of Sciences, 715 (1): 283-305.

Clarke M A, Bishnoi P R, 2000. Determination of the intrinsic rate of ethane gas hydrate decomposition [J]. Chemical Engineering Science, 55: 4869-4883.

Clarke M A, Bishnoi P R, 2001a. Determination of the activation energy and intrinsic rate constant of methane gas hydrate decomposition [J]. Canadian Journal of Chemical Engineering, 79: 143-147.

Clarke M A, Bishnoi P R, 2001b. Measuring and modelling the rate of decomposition of gas hydrates formed from mixtures of methane and ethane [J]. Chemical Engineering Science, 56: 4715-4724.

Clarke M A, Bishnoi P R, 2005. Determination of the intrinsic kinetics of CO_2 gas hydrate formation using in situ particle size analysis [J]. Chemical Engineering Science, 60: 695-709.

Collins M J, Ratcliffe C I, Ripmeester J A, 1990. Line-shape anisotropies chemical shift and the determination of cage occupancy ratios and hydration number [J]. Journal of Physics Chemistry, 94 (1): 157-162.

Davies S R, Selim M S, Sloan E D, et al, 2006. Hydrate plug dissociation [J]. AIChE Journal, 52 (12): 4016-4027.

Ding A, Yang L, Fan S, et al, 2013. Reversible methane storage in porous hydrogel supported clathrates [J]. Chemical Engineering Science, 96: 124-130.

Ding L, Shi B, Wang J, et al, 2017. Hydrate deposition on cold pipe walls in water-in-oil (w/o) emulsion systems [J]. Energy & Fuels, 31 (9): 8865-8876.

Du J, Wang X, Liu H, et al, 2019. Experiments and prediction of phase equilibrium conditions for methane hydrate formation in the NaCl, CaCl$_2$, MgCl$_2$ electrolyte solutions [J]. Fluid Phase Equilibria, 479 (1): 1-8.

Du Y, Guo T, 1990. Prediction of hydrate formation for systems containing methanol [J]. Chemical Engineering Science, 45 (4), 893-900.

Duchateau C, Glenat P, Pou T E, et al, 2010. Hydrate precursor test method for the laboratory evaluation of kinetic hydrate inhibitors [J]. Energy & fuels, 24 (01-02): 616-623.

Elwell D, Scheel H J, 1975. Crystal growth form high temperature solution [M]. London: Academic Press.

Englezos P, Kalogerakis N, Dholabhai P D, et al, 1987a. Kinetics of formation of methane and ethane gas hydrates [J]. Chemical Engineering Science, 42 (11), 2647-2658.

Englezos P, Kalogerakis N, Dholabhai P D, et al, 1987b. Kinetics of gas hydrate formation from mixtures of methane and ethane [J]. Chemical Engineering Science, 42 (11): 2659-2666.

Fan S, Yang L, Wang Y, et al, 2014. Rapid and high capacity methane storage in clathrate hydrates using surfactant dry solution [J]. Chemical Engineering Science, 2014, 106: 53-59.

Fang B, Ning F L, Hu S J, et al, 2020. The effect of surfactants on hydrate particle agglomeration in liquid hydrocarbon continuous systems: a molecular dynamics simulation study [J]. Rsc Advances, 10 (52): 31027-31038.

Fatykhov M A, Bagautdinov N Y, 2005. Experimental investigations of decomposition of gas hydrate in a pipe under the impact of a microwave electromagnetic field [J]. High Temperature, 43 (4): 614-619.

Fakharian H, Ganji H, Naderi Far A, et al, 2012. Potato starch as methane hydrate promoter [J]. Fuel, 94: 356-360.

Fitzgerald A, Taylor M, 2001. Offshore gas-to-solids technology [C]//Proceeding of offshore Europe Conference. Aberdeen: Society of Petroleum Engineers Inc.

Freer E M, Selim M S, Sloan E D, 2001. Methane hydrate film growth kinetics [J]. Fluid Phase Equilibria, 185 (1-2): 65-75.

Ghozatloo A, Shariaty-Niassar M, Hassanisadi M, 2014. Effect of single walled carbon nanotubes on natural gas hydrate formation [J]. Iranian Journal of Chemical Engineering, 11 (3): 67-73.

Giavarini C, Maccioni F, Santarelli M, 2008. Dissociation rate of THF-methane hydrates [J]. Petroleum Science Technology, 26: 2147-58

Gudmundsson J S, Parlaktuna M, Khokhar A, 1994. Storing natural gas as frozen hydrate [J]. SPE Production & Facilities, 9: 69-73.

Gudmundsson J S, Hveding F, Børrehaug A, 1995. Transport of Natural Gas as Frozen Hydrate [C]// Proceeding of the 5th International Offshore and Polar Engineering Conference. Hague.

Gudmundsson J S, Børrehaug A, 1996. Natural gas hydrate-An alternative to liquefied natural gas? [J]. Petroleum Review, 50 (592): 232-235.

Gudmundsson J S, Andersson V, Levik O L, et al, 1998. Hydrate concept for capturing associated gas [C]//Proceeding of 1998 SPE European Petroleum Conference, Hague, Netherlands, October 20-22.

Gudmundsson J S, Andersson V, Levik O L, Parlaktuna M, 1999. Natural gas hydrates: a new gas-transportation form [J]. Journal of Petroleum Technology, 51 (4): 66-67.

Gudmundsson J S, 2002. Cold flow hydrate technology [C]. Proceeding of the fourth International Conference on Gas Hydrates, Yokohama, Japan, May 19-23.

Gupta A, 2007. Methane Hydrate Dissociation Measurements and Modeling: The Role of Heat Transfer and Reaction Kinetics [D]. Thesis: Colorado School of Mines, Golden, CO.

Hammerschmidt E G, 1934. Formation of gas hydrates in natural gas transmission lines [J]. Industry Engineering

Chemistry, 26: 851-855.

Handa Y P, 1986. Compositions, enthalpies of dissociation, and heat capacities in the range 85 to 270 K for clath-rate hydrates of methane, ethane, and propane, and enthalpy of dissociation of isobutane hydrate, as determined by a heat-flow calorimeter [J]. Journal of Chemical Thermodynamics, 18 (10): 915-921.

Hassanpouryouzband A, Joonaki E, Farahani M V, et al, 2020. Gas hydrates in sustainable chemistry [J]. Chemical Society Reviews, 49: 5225-5309.

Hendriks E M, Edmonds B, Moorwood R A S, et al, 1996. Hydrate structure stability in simple and mixed hy-drates [J]. Fluid Phase Equilibria, 117: 193-200.

Javanmardi J, Nasrifar K, Najibi S H, et al, 2005. Economic evaluation of natural gas hydrate as an alternative for natural gas transportation [J]. Applied Thermal Engineering, 25 (11-12): 1708-1723.

Jeffery G A, Mcmulla R K, 2007. The clathrate hydrates: progress in inorganic chemistry: volume 8 [M]. Hobo-ken: John Wiley & Sons, Inc.

John V T, Holder G D, 1985. A generalized model for predicting equilibrium conditions for gas hydrates [J]. AIChE Journal, 31 (2): 252-259.

Joshi S V, Grasso G A, Lafond P G, et al, 2013. Experimental flowloop investigations of gas hydrate formation in high water cut systems [J]. Chemical Engineering Science, 97 (7): 198-209.

Kalogerakis N, Jamaluddin Akm, Dholabhai Pd, Bishnoi Pr, 1993. Effect of surfactants on hydrate formation kinet-ics [C]//Proceeding of the SPE International Symposium on Oilfield Chemicstry, Los Angeles, USA, March 2-5.

Kang S, Lee J, 2010. Formation characteristics of synthesized natural gas hydrates in meso- and macroporous silica gels [J]. Journal of Physiscal Chemistry B, 114: 6973-6978.

Kawasaki, et al, 2008. NGH Chain: A New Gas Transportation Concept [C]//International Petroleum Technology Conference, Kuala Lumpur, December 3-5, 2008.

Ke W, Chen D, 2019. A short review on natural gas hydrate, kinetic hydrate inhibitors and inhibitor synergists [J]. Chinese Journal of Chemical Engineering, 27 (9): 2049-2061.

Ke W, Kelland M A, 2016. Kinetic hydrate inhibitor studies for gas hydrate systems: a review of experimental e-quipment and test methods [J]. Energy & Fuels, 30 (10): 10015-10028.

Kelland M A, 2006. History of the development of low dosage hydrate inhibitors [J]. Energy & Fuels, 20 (3): 825-847.

Kelland M A, 2018. A review of kinetic hydrate inhibitiors from an environmental perspective [J]. Energy & Fu-els, 32 (11): 12001-12012.

Khurana M, Yin Z, Linga P, 2017. A review of clathrate hydrate nucleation [J]. ACS Sustain Chemistry & Engi-neering, 5: 11176-11203.

Kim H C, 1985. A kinetic study of methane hydrate decomposition [D]. Calgary: University of Calgary.

Kim N J, Park S S, Kim H T, Chun W, 2011. A comparative study on the enhanced formation of methane hydrate using CM-95 and CM-100 MWCNTs [J]. International Communintes in Heat and Mass Transfer, 38: 31-36.

Kim K, Kang H, Kim Y, 2015. Risk assessment for natural gas hydrate carriers: a hazard identification (HAZID) study [J]. Energies, 8: 3142-64.

Kumar A, Bhattacharjee G, Kulkarni B D, et al, 2015. Role of surfactants in promoting gas hydrate formation [J]. Industry & Engineering Chemistry Research, 54: 12217-12232.

Lang X, Fan S, Wang Y, 2010. Intensification of methane and hydrogen storage in clathrate hydrate and future prospect [J]. Jounarl of Gas Chemistr, 19 (3): 203-209.

Larsen R, Lund A, Andersson V, et al, 2001. Conversion of water to hydrate particles [C]// 2001 SPE Annual Technical Conference and Exhibition, Los Angeles, USA, Sep. 30-Oct. 3, 2001.

Larsen R, Lund A, Argo C, et al, 2007. Cold flow-a simple multiphase transport solution for harsh environments [C]. 18th International Oilfield Chemistry Symposium, Geilo, Norway, Mar. 25-28, 2007.

Lee Y H, Koh B H, Kim H S, et al, 2013. Compressive strength properties of natural gas hydrate pellet by continuous extrusion from a twin-roll system [J]. Advances in Materials Science and Engineering, 207867.

Linga P, Daraboina N, Ripmeester J A, et al, 2012a. Enhanced rate of gas hydrate formation in a fixed bed column filled with sand compared to a stirred vessel [J]. Chemical Engineering Science, 68 (1): 617-623.

Linga P, Daraboina N, Ripmeester J A, et al, 2012b. Enhanced rate of gas hydrate formation in a fixed bed column filled with sand compared to a stirred vessel [J]. Chemical Engineering Science, 68 (1): 617-623.

Liu H, Guo P, Du J, et al, 2017. Experiments and modeling of hydrate phase equilibrium of $CH_4/CO_2/H_2S/N_2$ quaternary sour gases in distilled water and methanol-water solutions [J]. Fluid Phase Equilibria, 432 (1): 10-17.

Lo C, Zhang J, Couzis A, et al. Adsorption of cationic and anionic surfactants on cyclopentane hydrates [J]. J. Phys. Chem. C 2010, 114, 13385-13389.

Long J, 1994. Gas hydrate formation mechanism and kinetic inhibition [D]. Thesis: Colorado School of Mines. Golden. CO.

Lucia B, Castellani B, Rossi F, et al, 2014. Experimental investigations on scaled-up methane hydrate production with surfactant promotion: Energy considerations [J]. Journal of Petroleum Science Engineering, 120: 187-93.

Luna-Ortiz E, Healey M, Anderson R, et al, 2014. Crystal Growthinhibition studies for the qualification of a kinetic hydrate inhibitor under flowing and shut-in conditions [J]. Energy & Fuels, 28 (5): 2902-2913.

Lund A, Larsen R, Kaspersen J H, et al, 2011. Treatment of produced hydrocarbon fluid containing water [P]. U. S. Patent US2011/0220352 A1, Sep. 15, 2011.

Lund F, 2013. Pipeline pig apparatus, and a method of operating a pig [P]. U. S. Patent US2013/0340793 A1, Dec. 26, 2013.

Lund F, 2016. Method and system for removing deposits within a pipe or pipeline [P]. U. S. Patent US2016/0279684 A1, Sep 29, 2016.

Luo Y T, Zhu J H, Fan S S, et al, 2007. Study on the kinetics of hydrate formation in a bubble column [J]. Chemical Engieering Science, 62: 1000-1009.

Lv Q, Li X, Xu C, et al, 2012. Experimental investigation of the formation of cyclopentane-methane hydrate in a novel and large-size bubble column reactor [J]. Industry & Engineering Chemistry Research, 51: 5967-5975.

Ma Q, Chen G, Guo T, 2003. Modelling the gas hydrate formation of inhibitor containing systems [J]. Fluid Phase Equilibria, 205 (2): 291-302.

Maghsoodloo Babakhani S, Alamdari A, 2015. Effect of maize starch on methane hydrate formation/dissociation rates and stability [J]. Journal of Natural Gas Science Engineering, 26: 1-5.

Makogon Y F, 1997. Hydrates of hydrocarbons [M]. Tulsa: Pennwell Publishing Company.

Makogon T Y, Sloan E D, 2002. Mechanism of kinetic hydrate inhibitors [C]//Proceeding of the Fourth International Conference on Gas Hydrates, Yokohama, May 19-23.

Mann S L, Mcclure L M, Poettmann F H, et al, 1989. Vapor-solid equilibrium ratios for structure I and structure II natural gas hydrates [C]//Proceeding of 69th Annual Gas. Proc. Assoc. Conv. , San Antonio, Texas.

Miller B, Strong E R, 1946. Hydrate storage of natural gas [J]. American Gas Association Monthly, 28 (2): 63-67.

Mochizuki T, Mori Y H, 2006. Clathrate-hydrate film growth along water/hydrate-former phase boundaries—numerical heat-transfer study [J]. Journal of Crystal Growth, 290 (2): 642-652.

Mori Y H, 2001. Estimating the thickness of hydrate films from their lateral growth rates: application of a simplified heat transfer model [J]. Journal of Crystal Growth, 223 (1): 206-212.

Mori Y H, 2015. On the scale-up of gas hydrate forming reactors: the case of gas-dispersion-type reactors [J]. Energies, 8: 1317-1335.

Mori Y H, Mochizuki T, 1997. Mass transport across clathrate hydrate films—a capillary permeation model [J]. Chemical Engineering Science, 52 (20): 534-538.

Mu L, Liu B, Liu H, et al, 2012. A novel method to improve the gas storage capacity of ZIF-8 [J]. Journal of Materials Chemistry, 22 (24): 12246-12252.

Ng H J, Robinson D B, 1976. The measurement and prediction of hydrate formation in liquid hydrocarbon-water system [J]. Industrial and Engineering Chemistry Fundamentals, 15 (4): 293-297.

Nicholas J W, 2008. Hydrate deposition in water saturated liquid condensate pipelines [M]. Thesis: Colorado School of Mines, Golden, CO.

Nogami T, Watanabe S, 2008. Development of natural gas supply chain by means of natural gas hydrate [C]//Proceeding of International Petroleum Technology Conference, Bangkok, Thailand. IPTC.

Nogami T, 2012. World's first demonstration project of natural gas hydrate (NGH) land transportation [C]//Proceeding of International Petroleum Technology Conference, Bangkok, Thailand. IPTC.

Nuland S, Tande M, 2005. Hydrate slurry flow modeling [C]//Proceeding of 12th International Conference on Multiphase Productinon Technology, Barelona, Spain, May 25.

Ohmura R, Kashiwazaki S, Shiota S, et al, 2002. Structure-I and structure-H hydrate formation using water spraying [J]. Energy & Fuels, 16: 1141-1147.

Parrish W R, Prausnitz J M, 1972. Dissociation pressure of gas hydrates formed by gas mixtures [J]. Industrial & Engineering Chemistry Process Design and Development, 11: 27-35.

Park S S, An E J, Lee S B, et al, 2012. Characteristics of methane hydrate formation in carbon nanofluids [J]. Journal of Industry Engineering Chemistry, 2012, 18: 443-448.

Park S S, Lee S B, Kim N J, 2010. Effect of multi-walled carbon nanotubes on methane hydrate formation [J]. Journal of Industry Engineering Chemistry, 2010, 16: 551-555.

Pasieka J, Coulombe S, Servio P, 2013. Investigating the effects of hydrophobic and hydrophilic multi-wall carbon nanotubes on methane hydrate growth kinetics [J]. Chemical Engineering Science, 104: 998-1002.

Perrin A, Celzard A, Marêché Jf, et al, 2003. Methane storage within dry and wet active carbons: a comparative study [J]. Energy & Fuels, 17: 1283-1291.

Peysson Y, Nuland S, Maurel P, et al, 2003. Flow of hydrates dispersed in production lines [C]//Proceeding of SPE Annual Technical Conference and Exhibition, Denver, Colorado, Octorber.

Prasad Psr, 2015. Methane hydrate formation and dissociation in the presence of hollow silica [J]. Journal of Chemical & Engineering Data, 60: 304-310.

Prasad Psr, Sowjanya Y, Dhanunjana Chari V, 2014. Enhancement in methane storage capacity in gas hydrates formed in hollow silica [J]. Journal of Physical Chemistry C, 118: 7759-64.

Radhakrishnan R, Trout B L, 2002. A new approach for studying nucleation phenomena using molecular simulations: application to CO_2 hydrate clathrates [J]. Journal of Chemical Physics, 117 (4): 1786-1796.

Rao I, Zerpa L E, Sloan E D, et al, 2013. Multiphase flow modeling of gas-water-hydrate systems [C]. Offshore Technology Conference, Houston, Texas, USA, May 6-9.

Rehder G, Eckl R, Elfgen M, et al, 2012. Methane hydrate pellet transport using the self-preservation effect: a techno-economic analysis [J]. Energies, 5: 2499-2523.

Ripmeester J, 2000. Hydrate research-from correlations to a knowledge-based discipline: the importance of structure [J]. Annals of the New York Academy of Sciences, 912: 1-16.

Schuller R B, Tande M, Kvandal H K, 2005. Rheological hydrate detection and characterization [C]//Annual

Transactions of the Nordic Rheology Society, Volume 13.

Shi B, Chai S, Wang L, et al, 2016. Viscosity investigation of natural gas hydrate slurries with anti-agglomerants additives [J]. Fuel, 185, 323-338.

Shi B, Gong J, Sun C, et al, 2011. An inward and outward natural gas hydrates growth shell model considering intrinsic kinetics, mass and heat transfer [J]. Chemical Engineering Journal, 171 (3): 1308-1316.

Shi B, Fan S, Lou X, 2014. Application of the shrinking-core model to the kinetics of repeated formation of methane hydrates in a system of mixed dry-water and porous hydrogel particulates [J]. Chemical Engineeing Science, 109: 315-325.

Shi B, Song S, Chen Y, et al, 2021. Status of natural gas hydrate flow assurance research in China: A review [J]. Energy & Fuels, in Press. https://doi.org/10.1021/acs.energyfuels.0c04209.

Shi B, Song S, Lv X, et al, 2018. Investigation on natural gas hydrate dissociation from a slurry to a water-in-oil emulsion in a high-pressure flow loop [J]. Fuel, 233: 743-758.

Shi B, Yang L, Fan S, et al, 2017. An investigation on repeated methane hydrates formation in porous hydrogel particles [J]. Fuel, 194: 395-405.

Siangsai A, Rangsunvigit P, Kitiyanan B, et al, 2015. Investigation on the roles of activated carbon particle sizes on methane hydrate formation and dissociation [J]. Chemical Engineering Science, 126: 383-389.

Sloan E D, Fleyfel F, 1991. A molecular mechanism for gas hydrate nucleation from ice [J]. AIChE Journal, 37 (9): 1281-1292.

Sloan E D, Koh C A, 2007. Clathrate hydrates of natural gases [M]. 3rd ed. New York: Taylor & Francis Group.

Sloan E D, Koh C A, Sum A K, et al. 2010. Natural gas hydrates in flow assurance [M]. New York: Elsevier.

Song S, Shi B, Yu W, et al, 2019. A new methane hydrate decomposition model considering intrinsic kinetics and mass transfer [J], Chemical Engineering Journal, 361: 1264-1284.

Stern L A, Circone S, Kirby S H, et al, 2001. Anomalous preservation of pure methane hydrate at 1 atm [J]. Journal of Physical Chemistry B, 105 (9): 1756-1762.

Stern L A, Kirby S H, Durham W B, 1996. Peculiarities of methane clathrate hydrate formation and solid-state deformation, including possible superheating of water ice [J]. Science, 273: 1843-1848.

Straume E O, Morales R E M, Sum A K, 2019. Persperctive on gas hydrates cold flow technology [J]. Engergy & Fuels, 33, 1-15.

Subramanian S, Kini R A, Sloan E D, 2000. Evidence of structure II hydrate formation from methane + ethane mixtures [J]. Chemical Engineering Science, 55: 1981-1999.

Sum A K, Burruss R C, Sloan E D, 1997. Measurement of clathrate hydrates via Raman spectroscopy [J]. Journal of Physical Chemistry B, 101 (38): 7371-7377.

Sun Z, Wang R, Ma R, et al, 2003. Natural gas storage in hydrates with the presence of promoters [J]. Energy Convers Management, 44: 2733-2742.

Sun B, Liu Z, Wang Z, et al, 2019. Experimental and modeling investigations into hydrate shell growth on suspended bubbles considering pore updating and surface collapse [J]. Chemical Engineering Science, 207: 1-16.

Taylor M, Dawe R A, Thomas S, 2003. Fire and Ice: gas hydrate transportation - a possibility for the Caribbean Region [C]//Proceeding of the SPE Latin American and Caribbean Petroleum Engineering Conference, Port-of-Spain, Trinidad, West Indies, April 27-30.

Thomas S, Dawe R A, 2003. Review of ways to transport natural gas energy from countries which do not need the gas for domestic use [J]. Energy, 28 (14): 1461-1477.

Turner D J, Miller K T, Sloan E D, 2009. Methane hydrate formation and an inward growing shell model in water-in-oil dispersions [J]. Chemical Engineering Science, 64 (18): 3996-4004.

Turner D J, Kleehammer D M, Miller K T, et al, 2005. Formation of hydrate obstructions in pipelines: hydrate particle development and slurry flow [C]//The 5th International Conference on Gas Hydrates (ICGH), Trondheim, Norway, June 13-16, 2005.

Tung Y, Chen L, Chen Y, et al, 2010. The Growth of structure I methane hydrate from molecular dynamics simulations [J]. Journal of Physical Chemistry B, 114 (33): 10804-10813.

Uchida T, Ebinuma T, Kawabata J, et al, 1999. Microscopic observations of formation processes of clathrate-hydrate films at an interface between water and carbon dioxide [J]. Journal of Crystal Growth, 204 (3): 348-356.

Uchida T, Ebinuma T, Narita H, 2000. Observations of CO_2 - hydrate decomposition and reformation processes [J]. Journal of Crystal Growth, 217 (1): 189-200.

van Der Waals J A, Platteeuw J C, 1959. Clathrate Solutions [J]. Advances in Chemical Physics, 2: 2-57.

Veluswamy H P, Wong A J H, Buba P, et al, 2016. Rapid methane hydrate formation to develop a cost effective largescale energy storage system [J]. Chemical Engineering Journal, 290: 161-173.

Veluswamy H P, Kumar S, Kumar R, et al, 2016. Enhanced clathrate hydrate formation kinetics at near ambient temperatures and moderate pressures: Application to natural gas storage [J]. Fuel, 182 (oct. 15): 907-919.

Veluswamy H P, Hong Q W, Linga P, 2016. Morphology study of methane hydrate formation and dissociation in the presence of amino acid [J]. Crystal Growth & Design, 16: 5932-5945.

VeluswamyH P, Prasad P, Linga P, 2016. Mechanism of methane hydrate formation in the presence of hollow silica [J]. Korean Journal of Chemical Engineering, 33: 2050-2062.

Veluswamy H P, Kumar A, Kumar R, et al, 2017. An innovative approach to enhance methane hydrate formation kinetics with leucine for energy storage application [J]. Applied Energy, 188: 190-199.

Veluswamy H P, Lee P Y, Premasinghe K, Linga P, 2017. Effect of biofriendly amino acids on the kinetics of methane hydrate formation and dissociation [J]. Industy & Engineering Chemistry Research, 2017, 56: 6145-6154.

Veluswamy H P, Kumar A, Seo Y, et al, 2018. A review of solidified natural gas (SNG) technology for gas storage via clathrate hydrates [J]. Applied Energy, 216: 262-285.

Wang L, Cui J, Sun C, et al, 2021. Review on the applications and modifications of the Chen-Guo model for hydrate formation and dissociation [J]. Energy & Fuels, in Press. https://doi.org/10.1021/acs.energyfuels.0c03977.

Wang W, Bray C L, Adams D J, et al, 2008. Methane storage in dry water gas hydrates [J]. Jouranl of American Chemmical Society, 130: 11608-11609.

Wang W, Carter B O, Bray C L, et al, 2009. Reversible methane storage in a polymer-supported semi-clathrate hydrate at ambient temperature and pressure [J]. Chemisty of Materials, 21: 3810-3815.

Wang W, Fan S, Liang D, et al, 2010. A model for estimating flow assurance of hydrate slurry in pipelines [J]. Journal of Natural Gas Chemistry, 19: 380-384.

Wang Z, Sun B, Gao Y, 2020. Natural gas hydrate management in deepwater gas well [M]. Berlin: Springer.

Wilcox W I, Carson D B, Katz D L, 1941. Natural gas hydrates [J]. Journal of Industrial and Engineering Chemistry, 33: 662-671.

Xiao P, Yang X, Sun C, et al, 2018. Enhancing methane hydrate formation in bulk water using vertical reciprocating impact [J]. Chemical Engineering Journal, 336: 649-658.

Xiao P, Yang X, Li W, et al, 2019. Improving methane hydrate formation in highly water-saturated fixed bed with diesel oil as gas channel [J]. Chemical Engineering Journal, 368: 299-309.

Xu P, Lang X M, Fan S S, et al, 2016. Molecular dynamics simulation of methane hydrate growth in the presence of the natural product pectin. Journal of Physical Chemistry C, 120 (10): 5392-5397.

Xu S, Fan S, Wang Y, et al, 2015. An investigation of kinetic hydrate inhibitors on the natural gas from the south China sea [J]. Journal of Chemical & Engineering Data, 60 (2): 311-318.

Yan K, Sun C, Chen J, et al, 2014, Flow characteristics and rheological properties of natural gas hydrate slurry in the presence of anti-agglomerant in a flow loop apparatus [J]. Chemical Engineering Science, 106: 99-108.

Yan L, Chen G, Pang W, et al, 2005. Experimental and modeling study on hydrate formation in wet activated carbon [J]. Journal Physical Chemistry, B, 109: 6025-6030.

Yang L, Fan S, Wang Y, et al, 2011. Accelerated formation of methane hydrate in aluminum foam [J]. Industry & Engineering Chemistry Research, 2011, 50: 11563-11569.

Yang S O, Kleehammer D M, Huo Z, Sloan E D, Miller K T, 2004. Temperature dependence of particle-particle adherence forces in ice and clathrate hydrates [J]. Journal of Colloid and Interface Science, 277 (2): 335-341.

Yevi G Y, Rogers R E, 1996. Storage of Fuel in Hydrates for Natural Gas Vehicles (NGVs) [J]. Journal Energy Recourses Technology, 118 (3): 209-213.

Yousuf M, Qadri S B, Knies D L, et al, 2004. Novel results on structural investigations of natural minerals of clathrate hydrates [J]. Applied Physics A: Materials Science Processing, 78 (6): 925-939.

Zerpa L E, Rao I, Aman Z M, et al, 2013. Mutlipahse flow modeling of gas hydrates with a simple hydrodynamic slug flow model [J]. Chemical Engineering Science, 99: 298-304.

Zhong Y, Rogers R E, 2000. Surfactant effects on gas hydrate formation [J]. Chemical Engineering Science, 55: 4175-4187.

Zhou L, Sun Y, Zhou Y, 2002. Enhancement of the methane storage on activated carbon by preadsorbed water [J]. AIChE J., 48: 2412-2416.